邵阳县特色农业气象服务技术

吕中科　吕　渊　周陈栋仁　陶学林
邓　梅　杨志军　陈耆验 等　　编著

气象出版社
China Meteorological Press

内 容 简 介

湖南省邵阳县是革命老区,是国务院批准的扶贫工作重点县,国家林业局命名的"中国油茶之乡"和"中国茶油之都"。

本书围绕精准扶贫,整理了邵阳县的历史气象资料,阐述了邵阳县的农业气候资源与农业气象灾害特点,科学地做出了农业气候区划和油茶农业气象灾害气候风险区划,探讨了气候资源与特色农业的关系,并提出了趋利避害、发展特色农业、减轻和防御农业气象灾害的对策。本书内容简明扼要、针对性强、具有可操作性。可作为党政领导和农业、林业、水利与工业、交通、建筑、电力、商业、文教、卫生、医药、财经等部门领导,以及学校、科研部门与农民专业合作社、农民家庭农场、农业种植大户、规模养猪大户了解邵阳县气候资源和农业气象灾害情况,合理利用气候资源,减轻和防御气象灾害,因地制宜,兴利避害,科学规划决策和指挥工农业生产的参考。

图书在版编目(CIP)数据

邵阳县特色农业气象服务技术 / 吕中科等编著. —
北京:气象出版社,2018.12
ISBN 978-7-5029-6848-9

Ⅰ.①邵… Ⅱ.①吕… Ⅲ.①农业气象-气象服务-
邵阳县 Ⅳ.①S165

中国版本图书馆 CIP 数据核字(2018)第 238770 号

Shaoyangxian Tese Nongye Qixiang Fuwu Jishu
邵阳县特色农业气象服务技术

吕中科　吕　渊　周陈栋仁　陶学林
邓　梅　杨志军　陈耆验 等　　　编著

出版发行:气象出版社

地　　址:	北京市海淀区中关村南大街 46 号		邮政编码:	100081

电　　话:010-68407112(总编室)　010-68408042(发行部)

网　　址:http://www.qxcbs.com　　　　E-mail:qxcbs@cma.gov.cn

责任编辑:刘瑞婷　　　　　　　　　　终　审:吴晓鹏
责任校对:王丽梅　　　　　　　　　　责任技编:赵相宁
封面设计:博雅思企划
印　　刷:北京中石油彩色印刷有限责任公司
开　　本:787 mm×1092 mm　1/16　　印　张:14.75
字　　数:360 千字
版　　次:2018 年 12 月第 1 版　　印　次:2018 年 12 月第 1 次印刷
定　　价:98.00 元

编 委 会

前　言

邵阳县位于湖南省中部偏西南,资水上游,邵阳市的南部。北纬 26°40′36″～27°06′08″、东经 110°59′56″～111°40′04″。南北长 64.3 千米,东西宽 66.7 千米,总面积 1996.89 平方千米,合 299.53 万亩,占全省总面积的 0.94%,全县总人口 104.82 万人。下辖 12 个镇,8 个乡,3 个农林场,共 633 个行政村,24 个(社区)居委会,9355 个村民小组。属革命老区,是国家扶贫工作重点县和国家退耕还林项目重点县,被誉为"中国油茶之乡"和"中国茶油之都"。

邵阳县境处于南岭山脉向衡邵丘陵盆地西南边缘倾斜的过渡地带。地形基本特征为南高北低。越城岭余脉伸入县境南部,最高峰河伯岭主峰海拔 1454.9 米,北部资江河滩海拔高度仅 210 米。中北部突起,岩溶地貌发育,地貌类型以丘陵为主,山地、平原、岗地兼有。

县内大部分地貌类型为垄丘宽谷,海拔高度一般 200～450 米,相对切割深度 50～150 米,垄丘排列方向受构造线控制。谷地宽阔平坦,横断面呈 V 型,自然土壤以红壤为主,水田是双季稻和经济作物的主产区。

南端的河伯岭地带为中低山峰脊峡谷地貌,海拔高度 850～1300 米,相对切割深度 400～500 米,山势雄厚,山顶尖峭,峰脊明显,地形陡峻,沟谷深切,呈 V 型峡谷,气候温凉,年平均气温 12～14℃,降水量丰沛,年降水量 1500 毫米左右,是邵阳县主要用材林基地。

邵阳县气候温暖、湿润、光照充足,土壤肥沃,为油茶生长高产提供了得天独厚的自然气候条件。但由于地表切割强烈,溪谷平原多呈条状形态分布,冬半年有利于冷空气沿峡谷长驱直入,造成冷冬天气;夏半年,南方暖湿气流越过南岭山脉越城岭,下沉增温,常产生焚风效应,造成高温炎热的酷暑天气;春夏之交北方极地大陆气团南侵至南岭山脉受阻,常形成南岭静止锋,造成春季长期低温阴雨寡照的"倒春寒"天气,导致早稻烂秧死苗和移栽后僵苗不发;五月低温影响幼穗分化造成空壳秕粒,而致早稻低产歉收。夏季风向冬季风过渡的九月份常因冷空气南下而形成秋季低温寒露风,造成双季晚稻青风不实,空壳减产。由于季风环流地形地貌的综合影响,在春夏之交常造成地方性强对流暴雨、洪涝和大风冰雹及雷击灾害,给工农业生产和人民生命财产造成了巨大损失。由此可见,农业气象灾害是影响和制约邵阳县工农业生产经济发展的重要瓶颈之一。

为此,在上级气象部门和邵阳县委、县政府领导的重视和大力支持下,邵阳县气象局经过 3 年的努力,整理出 1960 年以来历年的气象观测资料,并深入各部门及乡镇农林场等有关单位,搜集洪涝、干旱、大风、冰雹、雷击、低温冷害与冰冻等各种气象灾害与水稻、玉米、红薯、油茶、烤烟、生猪等特色农业生产试验研究资料,并用气象资料进行计算,从气象与农业平行资料的相关分析中,找出双季稻、玉米、红薯、油茶、烤烟、生猪与气象条件的关系,找出农业气象指标,做出邵阳县农业气候区划、邵阳县油茶农业气象灾害气候风险区划、油茶种植农业气候区划,为充分利用邵阳县的气候资源、兴利避害、发展邵阳县现代特色农业生产提供农业气象科学依据。从气象科学角度,助力邵阳县现代农业发展,为富民强县全面建成小康社会,早日实现中华民族伟大复兴,做出新的贡献。

本书分二篇十一章:第一篇邵阳县农业气候资源与农业气象灾害,分五章,第一章邵阳县的自然地理环境和农业生产概况与气候特点,第二章农业气候资源,第三章农业气象灾害及防御,第四章邵阳县历年气象灾害与农业气候条件评述,第五章邵阳县农业气候区划。第二篇邵阳县气象与特色农业,分六章,第六章水稻与气象,第七章玉米与气象,第八章红薯与气象,第九章烤烟与气象,第十章现代油茶与气象,第十一章现代养猪与气象。

本书由吕中科、吕渊主编,周陈栋仁、陶学林、邓梅、杨志军、陈耆验、邓见英、谢佰承、王艳青、黄卓禹、马琴、陈美玲、左仁钰等参与编写及调查研究及资料统计,全局同志给予了大力支持,全书由吕中科统稿。中国科学院地理科学与资源研究所闵庆文研究员,中国人民解放军少将、国防科技大学博导朱亚宗教授,广东科技学院副院长陈标新教授提出了许多宝贵意见,并审阅了全稿。本书的出版是在湖南省气象局,邵阳市气象局和邵阳县委、县政府领导的大力支持下完成的。邵阳县委、县政府领导对本书编写提出了要求,邵阳市气象局和邵阳县农业局、林业局、水利局、档案局、县志办、统计局、畜牧水产局、国土局、烟草专卖局、民政局等领导和专家给予了大力支持,在此对所有关心支持本书编写出版的领导与专家同仁,表示衷心的感谢!

本书编写中引用了许多他人的相关研究成果,所列参考文献可能有所疏漏,敬请相关作者谅解,并深表歉意。

本书囊括科研和各方面科技工作者的成果,由于内容较多,涉及面广,编著人员专业水平有限,加之时间仓促,错误之处在所难免,诚请批评指正。

编著者

2018 年 4 月

目　录

第一篇

邵阳县农业气候资源与农业气象灾害

第一章　邵阳县的自然地理环境和农业生产概况与气候特点

第一节　邵阳县的地理环境与自然资源

一、地理位置

邵阳县位于湖南省中部偏西南、资水上游,邵阳市南部。东与邵东、祁东为邻,南连东安、新宁,西接武冈、隆回,北抵新邵、邵阳市。地理坐标为北纬 26°40′36″～27°06′08″,东经 110°59′56″～111°40′14″。南北长 64.3 千米,东西宽 66.7 千米,全县总面积 1996.89 平方千米,合 299.53 万亩 *,占全省总面积的 0.94%。

二、地形地貌

邵阳县境处衡邵丘陵盆地西南边缘向南岭山地过渡地带,地形的基本特征为南高北低,中北部突起,岩溶地貌发育。地貌类型以丘陵为主,山地、平原、岗地兼有。地表切割强烈,溪谷平原呈条状形分布。县境最高点在南部的河伯岭主峰山顶,海拔 1454.9 米;最低点在北部的长阳铺镇龙湾岭沙滩,海拔 210 米,高差 1244.9 米。县内地貌分 4 大类、9 亚类。

1. 山地

(1)邵阳县的主要山脉

邵阳县内山脉分两支:第一支首于河伯岭,由东安县伸入县境南部。山体由北北西向转为北北东向呈弧形展布。河伯岭为河伯乡和河伯岭林场属地,原名吴三岭、五马岭,相传昔有何姓者在此立寨,人称其为何伯,岭以人名,后讹为河伯岭。河伯岭位于县境南端,处邵阳、新宁、东安三县交界处,西北山脚距县城 40 千米,为资、湘水系的分水岭。南东首于东安,南西邻靠新宁,北亘县境,县内占地约 36 平方千米,有大小山峰 50 座,其中海拔 800～1000 米的山峰 9 座,1000～1200 米的山峰 6 座、1200 米以上的山峰 5 座。主峰海拔 1454.9 米,相对高差 1050 米,为县内最高点。山峰呈北西—北东向弧形展布,山体西南面险峻,北东面坡度略为低缓。山体组成岩性以白垩系砂岩为主,有少量板页岩出露。海拔 1000 米以上山地,年平均气温为 12.9℃,是县内最大的林区和主要用材林基地。山上现存乔灌木树种 300 余种,木本药材 20 余种。其叶龙坑、马头岭一带有银杏、香果、楠木、红豆杉等国家重点保护的珍稀树种。用材林主要有杉、竹和樟、檫、楠木、赤桐、泡花楠等。北端为四尖峰,余脉越砂子岭,至黄塘乡东端过旌旗岭后即为黄荆岭。黄荆岭旧称王瓜岭,位于县境中北部,主要为黄荆乡属地,西山脚距县城 29 千米,为资江上游和其二级支流檀江的分水岭。黄荆岭是一座呈北北东向的短条状山脉。清光绪三十一年(1905 年)《邵阳县乡土志》载:"王瓜岭,以形似名,亦作黄荆岭,高而甚

---

　* 1 亩＝666.67 m²

平。"黄荆岭由 15 座海拔 500 米以上的山峰组成,南北直线长 15 千米,北伸至大祥区面铺乡为止,东西直线宽 2.5 千米,面积约 31 平方千米。最高峰金人罐,海拔 660.4 米,组成物质为石灰岩,地表经流水剥蚀、溶蚀,基岩裸露面积大。山间洼地发育,地表破碎,渗水严重,易旱。岩溶地貌,溶洞随处可见。

第二支为四明山余脉,自东安、祁东两县的董家山、登云岭东来,入县境东南,由胡家岭、高霞山、谭家岭、山角岭、小眉山至朝阳岭后,再西出经朝拜岭往东北过塘冲山、吊井岭、狮子庵山至东大岭,从东大岭北行为排头岭,右下为祁东县的文家岭、洪家岭。

（2）山地类型

邵阳县内山地主要分布于东南四明山余脉和南部河伯岭及中部黄荆岭等地,面积 410.75 平方千米,占全县总面积的 20.57％,海拔多在 400 米以上,坡度大于 25°,主要由泥盆系、石炭系、白垩系、震旦系、寒武系灰岩、页岩、砂岩、浅变质板岩组成。地势高峻,山脊脉络明显,呈波状延伸,山体走向南部为北北西向,向北逐渐转为北北东向或北东向。根据相对高度及坡度形态可分为低山、中低山、中山。

低山　主要分布于罗城、黄荆、塘田市等乡镇,分布面积 290.15 平方千米,占全县山地面积的 70.64％。相对高度 200～400 米,坡度 25°～30°,多为石灰岩低山,基岩裸露,土层较浅,流水溶蚀作用较强,山间谷地漏斗遍地,地表风化壳较薄,山脉呈短条状延伸,其中塘田市、罗城等乡镇境内低山山顶多呈锥状,黄荆岭低山山顶多呈浑圆状。

中低山　分布在四尖峰、四明山等地,面积 58.1 平方千米,占全县山地面积的 14.14％,相对高度 400～600 米,坡度大于 30°。按其物质组成分为变质岩中低山、砂页岩中低山、石灰岩中低山。山势高大陡峻,走向明显,山脊较窄,山顶较尖,山脉走向为北北东向。山谷呈"V"形沟谷发育,地表风化土层较厚,土壤有机质含量高。森林植被繁茂,多为杉林、楠竹及其他阔叶林。

中山　集中分布在南部河伯岭,面积 62.5 平方千米,占全县山地面积的 15.22％,海拔 800 米以上,相对高度大于 600 米,坡度大于 30°,按其物质组成分为浅变质岩中山和石灰岩中山。山峻、坡陡、谷深,山顶较尖,山脊较窄。主山脊走向为北北西—南南东向。山谷呈"V"形沟谷发育,气候温凉,多云雾,冰冻期较长,流水侵蚀、下切及物理风化作用较强,风化壳较厚,土壤有机质含量高,自然条件具有垂直分布的特点。

2. 丘陵

丘陵为县内主要地貌类型,多分布于县内西部和中部,面积 864.2 平方千米,占全县总面积的 43.28％,相对高度 60～200 米,坡度 15°～20°,局部达 30°。组成岩性主要为石炭系石灰岩和二迭系砂页岩。丘谷交错,丘间凹地较发育。丘体浑圆,多呈馒头状,地势和缓起伏,具有向山地过渡的特点。冲沟发育,流水侵蚀作用较强,依形态可分低丘陵和高丘陵。

低丘陵　分布于塘渡口、金称市、黄塘、九公桥、蔡桥、下花桥等乡镇,面积 619 平方千米,占全县丘陵面积的 71.63％。县内低丘陵相对高度 60～150 米,坡度 15°～20°,地表破碎,丘间谷地宽阔平坦,丘陵表层多为薄层红土覆盖,松树、桐树、檫木及薪炭林混交生长较好。其中组成岩性为石炭系石灰岩的低丘陵主要分布于塘渡口、黄塘、下花桥、九公桥等乡镇,面积 457.83 平方千米,占全县低丘陵面积的 73.96％,石灰岩低丘陵呈沟谷发育,洼谷多垦为水田,丘坡多为旱粮地和果园。砂页岩低丘陵主要分布于金称市、蔡桥、长乐等乡镇,面积 161.17 平方千米,占全县低丘陵面积的 26.04％,多为油茶林地。

高丘陵　主要分布于河伯、郦家坪及下花桥、小溪市、塘渡口、蔡桥、金称市等乡镇,面积245.2 平方千米,占全县丘陵面积的 28.37%,相对高度 150～200 米,坡度 20°～25°,基岩裸露,丘顶浑圆,丘体走向零乱,沟谷发育,多低洼平地,但延伸短。其中石灰岩高丘陵主要分布于河伯、下花桥、诸甲亭、小溪市等乡镇,面积 199.53 平方千米,占全县高丘陵面积的81.37%。因其分布地区内人工垦荒面积大,水土流失严重,宜种经济林木和柏、椿及其他薪柴林。砂页岩高丘陵分布于塘渡口、蔡桥、金称市等乡镇,面积 45.67 平方千米,占全县高丘陵面积的 18.63%,多为油茶及松、杉混交林地。表 1.1 列出了邵阳县海拔超过 400 米的高丘陵。

表 1.1　邵阳县海拔超过 400 米的高丘陵山岭一览表

山名	所在地	海拔 (米)	山名	所在地	海拔 (米)
阳乌岭	黄亭市镇兴隆村	511.9	金子岭	黄亭市镇油斯村	482.0
髻子岭	岩口铺镇	408.0	香炉山	黄亭市镇金峰村	500.0
人字岭	九公桥镇人字村	441.7	观音山	黄亭市镇坪塘村	429.7
斗谷岭	九公桥镇	461.0	求雨岭	黄亭市镇乙龙村	453.0
毛岭观	塘渡口镇	433.0	卢妹山	塘田市镇	441.0
天子岭	霞塘云乡塔水桥村	450.0	黄岭上	塘田市镇	405.6
雷神观	黄塘乡合兴村	587.5	羊角岭	白仓镇	407.5
佛界岭	小溪市乡小溪市村	428.7	龙家岭	金称市镇罗家村	414.0
猴山岭	小溪市乡	421.0	豹子岭	金称市镇大塘村	435.0
炎山岭	塘渡口镇大岭村	530.5	金子岭	金称市镇罗家村	492.8
迎仙观	下花桥镇堡口村	407.2	屏峰山	塘田市镇屏峰村	511.5
金子岭	金江乡金江村	442.0	青头山	塘田市镇	442.0
芙蓉岭	白仓镇双合村	497.0	老瓜岭	郦家坪镇天马村	564.0
虎山岭	白仓镇邓八村	465.0	排头岭	郦家坪填姚家铺村	551.0
檀木山	蔡桥乡回龙村	498.0	野鸡山	郦家坪镇大桥、甲山、石山三村交界处	472.0
大中界	长乐乡大联村	431.2	狗鸡石	郦家坪镇城天堂村	665.0
大栗山	长乐乡江东村	433.0	楠木山	郦家坪镇	465.0
鸭公岭	长乐乡新华村	408.0	高望岭	诸甲亭乡新安村	502.7
石子岭	黄亭市镇冷水村	461.0	西山岭	诸甲亭乡龙井村	458.0
坤灵山	黄亭市镇茶铺、蔡桥乡坤灵、金称市镇石冲三村交界处	486.0	雨坛岭	郦家坪填	402.0

3. 岗地

邵阳县内岗地面积 217.55 平方千米,占全县总面积的 10.89%,多分布在县境西北部和中部。海拔高度 300 米左右,相对高度小于 60 米,坡度小于 15°,岗顶平滑,地表切割弱,土壤红土化程度高,大部分已辟为水田和旱土。根据其形态特征,可分为低岗地和高岗地。低岗地主要分布于长阳铺、九公桥、谷洲等乡镇,面积 104.78 平方千米,占全县岗地面积的 48.16%。相对高度 10～30 米,坡度 5°～10°,地势起伏小,岗顶浑圆,风化壳较厚,土壤偏酸性。按其物质组成又可分为红土低岗地和石灰岩低岗地。高岗地主要分布于县境中部,面积 112.77 平方千米,占全县岗地面积的 51.84%。相对高度 30~60 米,坡度 10°~15°,地势起伏和缓,岗顶浑圆。根据其组成岩性可分为石灰岩高岗地和砂页岩高岗地。

4. 平原

(1)平原类型

邵阳县内平原系新生代第四系松散物组成,地面平坦,坡度小于 5°,相对高度小于 10 米,分布在溪谷两岸,面积 504.39 平方千米,占全县总面积的 25.26%。根据其成因可分为堆积平原和溶蚀平原。

堆积平原　因河流侵蚀堆积作用而成。分布于资江、夫夷水、赧水及檀江两岸,面积 452.12 平方千米,占全县平原面积的 89.64%。堆积平原土层较厚,土层下部为砂砾层,上部为粘土层,土地肥沃,光照充足,灌溉便利,是县内水稻的主要产区。但地势低平,易遭洪灾,部分水田含砂量偏高,保水、保肥性差。

溶蚀平原　县内溶蚀平原零星分布于黄荆、河伯、郦家坪、白仓等乡镇,面积 52.27 平方千米,占全县平原面积 10.36%。物质成分为粘土和亚粘土,土壤偏碱性,土层较厚,有机质含量低,保水保肥性好,透气性差。田块相邻高差大,不利机耕。

(2)田荡

平原为邵阳县内主要产粮区和水田集中地,随平原面积的大小而形成许多大小不一的田荡。县内较大的田荡有 3 处。

谷洲田荡　位于檀江中下游,范围包括谷洲镇东北部的古楼、清水、鸟山、中坝、谷洲、式南、大塘、湾里等村,省道 S217 线从田荡经过。田荡土质 60% 为砂质土壤,40% 为冲积土壤,水田总面积 2.65 万亩,为县内主要产粮区之一。20 世纪 90 年代后,为县内主要西瓜产地。

白仓田荡　位于四尖峰脚下,范围包括白仓镇中心区的白仓、大旺、何伏、坦湾、鸟语、白云、迎丰、井阳、观竹等村。207 国道从田荡正中穿过。田荡土质多为红砂岩砂质土壤,水田总面积 2.34 万亩,为县内稻谷主要产区之一。

板桥田荡　位于檀江上游,范围包括五峰铺镇西部的板桥、胡桥、六里桥等村。省道 S217 线从中经过。田荡土质以粘壤土为主,有少量砂质土壤。水田总面积 1.46 万亩。

除上述外,县内面积较宽的田荡还有塘渡口镇的白羊铺田荡和红石田荡、塘田市镇的河边田荡和对河田荡、罗城乡的落担田荡、五峰铺镇的东田田荡、下花桥镇的下花桥田荡、霞塘云乡的霞塘云田荡等。

三、地质、土壤

1. 地层

邵阳县内地层除志留系、第三系缺失外,从上元古界到新生界、第四系皆有出露,其中以泥盆系、石炭系、二迭系分布广泛。元古界至下古生界地层仅分布于境内东南部和南部中低山地。

震旦系　主要分布于河伯乡和河伯岭林场山原地带,分上、下两统,出露面积 1.3 平方千米。

寒武系　下、中、上三统发育齐全,与震旦系呈整合接触。分布于河伯乡、河伯岭林场及白仓镇中低山地区。

奥陶系　下、中、上三统出露齐全,分布于白仓镇、五峰铺林场、河伯岭林场和郦家坪镇罗汉寺等地,总面积 26.29 平方千米。

泥盆系　下统缺失,中统主要出露于郦家坪镇张家冲、白仓镇至河伯乡五皇冲一带,五峰铺林场有少部分出露。上统主要分布于境内东部、南部及东南丘陵区和黄荆岭背斜等地。长乐、红石、九公桥有零星出露。

石炭系　主要分布于檀江流域、夫夷水和资江西岸大部分地区以及黄塘乡、白仓镇新建、九公桥镇等地,总面积 1046.86 平方千米,占全县总面积的 52.42%,下、中、上三统发育齐全。

二迭系　分布于长阳铺镇、岩口铺镇、塘田市镇、黄亭市镇、金称市镇等地,出露面积 319.99 平方千米,占全县总面积 16.02%。下、上统发育齐全。上统龙潭组上段为薄至中厚层页岩、砂质页岩、粉砂岩及石英砂岩,其中含煤 4～6 层,可采 2～3 层,地质史上为第二个成煤期。

三迭系　主要分布于九公桥、霞塘云、岩口铺等乡镇及长阳铺镇桄木山、黄亭市镇双清、金称市镇芙蓉等地含煤层的向斜轴部,分布面积 57.84 平方千米,占全县总面积 2.9%。

侏罗系　上三迭统至下侏罗统零星分布于罗城乡、五峰铺镇水田等地,中—上侏罗统零星分布于九公桥镇等地。

白垩系　零星分布于长阳铺镇桄木山、塘渡口镇红石及金称市镇等地,出露面积 41.67 平方千米。

第四系　出露面积 23.96 平方千米,可分中、下更新统和全新统,分布于资水、夫夷水两岸。

2. 地质构造

邵阳县境在大地构造上位于赣湘台向斜次一级构造单元,涟邵复式向斜的东南翼。构造方向呈北东 20°～30°,构造形迹以压扭性为主,褶皱次之。祁阳山字型构造的前弧北翼以白仓镇新民村→黄塘乡峦山铺村→谷洲为内、外带分界线,其构造形迹有褶皱和断裂,褶皱形态比较宽缓完整,如黄荆岭背斜,长 15 千米,宽约 7 千米,轴向北东 40°左右,轴部由上泥盆统余田桥组组成,两翼地层陡缓不一,东南翼较缓,一般为 10°～20°;西北较陡,多呈 20°～40°。断裂按其形态大体可分为两组,一组弧度较小,走向近于南北;另一组弧度较大,呈弧形弯曲,如火烧冲→金称市压性断裂,长约 45 千米,据长乐煤矿钻孔资料,发现断层带宽约 10 米,断层角砾岩,胶结紧密,北端断裂面倾向北西,倾角平缓,北西翼向南东方向强烈逆掩,使下石炭系盖于白垩系之上。水田、罗城一带断裂密集,岩层变化强烈。

县内又处新华夏系巨型第二沉降带的边缘,构造线方向多呈北东 20°～30°。构造形迹以压扭性断裂为主,褶皱次之,常与祁阳山字型构造成斜接或重斜关系,如芦山→宋家塘断裂,走向呈波状弯曲,长 30 千米,总的走向朝北东 30°的方向延伸。

县内白仓至五皇冲和罗城等地,虽分别保留有东西向和南北向地质构造,但多被祁阳山字型构造干扰归并,且都规模较小,仅见一些残留形迹。

3. 岩石

按岩石成因分类,邵阳县内岩石有沉积岩、变质岩、火成岩 3 种。

沉积岩　县内沉积岩的分布面积占全县总面积的 92.15%,分碳酸岩、碎屑岩两种。其中碳酸岩分布面积 1339.2 平方千米,占全县总面积的 67.06%,县内从南到北,由东往西均有碳酸岩出露,郦家坪镇的城天堂、河伯乡的城背及黄荆乡尤为集中,白仓镇、蔡桥乡、岩口铺镇也有大面积分布。碳酸岩主要产生于泥盆系、石碳系,其次是二迭系、三迭系,由于受自然条件和岩性的制约,出现埋藏型和裸露型两种碳酸岩类型。碎屑岩主要分布于县内东南部及南部中、低山地,面积 501 平方千米,占全县总面积的 25.09%。产生于中泥盆统跳马涧组、上统锡矿山组上段、下石碳统岩关阶中段、大塘阶侧水组、下二迭系当冲组和上统大隆组,主要由石英砂岩、粉砂岩、砂质页岩及硅质页岩等组成。

变质岩　分布于河伯岭至四尖峰、高霞山至罗城等古隆起地带以及郦家坪镇的罗汉寺局部地区,影响地层主要是奥陶系和震旦系,主要岩性为变质砂岩、板岩、硅质岩等。

火成岩　县内未发生过火山爆发,只是河伯乡陈仕垅有 3 处地方有花岗岩脉侵入,约 0.3 平方千米,为燕山期产物,由长石、石英、云母等组成。

4. 土壤

邵阳县土壤分属 9 个土类、14 个亚类、39 个土属、104 个土种,其分布构成情况如下。

水稻土　分布面积 49.58 万亩,含 5 个亚类、18 个土属、61 个土种。其中淹育性水稻土 3.47 万亩,一般分布于高岸田、塝田;潴育性水稻土 35.37 万亩,主要分布在冲垄田和二塝田的中上部;渗育性水稻土约 1000 亩,主要分布在白仓、金称市、塘渡口等乡镇的冲垄低洼处;潜育性水稻土 10.58 万亩,主要分布于山丘地区垄田、冲田及山塘、水库脚下的冷浸水田;沼泽性水稻土 570 亩,分布于低洼积水地带。

红壤　分布面积 99.99 万亩,含 2 个亚类、11 个土属、21 个土种,分布于海拔 800 米以下的低山、丘陵和岗地。

山地黄壤　分布面积 3.23 万亩,含 1 个亚类、2 个土属、6 个土种,主要分布在海拔 800 米以上的河伯岭和五峰铺林场一带。

山地黄棕壤　分布面积 6350 亩,含 1 个亚类、2 个土属、2 个土种,分布在海拔 1000～1200 米的河伯岭与五峰铺林场的中山地带。

山地草甸土　分布面积 3090 亩,含 1 个亚类、1 个土属、2 个土种,分布在海拔 1200 米以上的河伯岭林场马头岭一带。

潮土类　分布面积 1720 亩,含 1 个亚类、1 个土属、1 个土种,分布在县内河流两岸。

紫色土　分布面积 8470 亩,含 1 个亚类、2 个土属、2 个土种,主要分布在桎木山与邵阳市接界地。

黑色石灰土　分布面积 6.92 万亩,含 1 个亚类、2 个土属、2 个土种,零星分布于白仓镇、黄荆乡和九公桥镇东田等地的石灰岩山地。

红色石灰土　分布面积 20.05 万亩,含 1 个亚类、2 个土属、2 个土种,零星分布于石灰岩山丘地。

四、水系河流

1. 地表水

邵阳县内有长度 5 千米以上或流域面积 10 平方千米以上的河溪 62 条,总长度 738.1 千米,河网密度平均每平方千米 0.37 千米。县内河溪主要为资江水系,流域面积占全县总面积的 95.5%,分资江干流、资江南源夫夷水、资江西源赧水、资江二级支流檀江 4 个流域区;湘江水系流域面积仅占全县总面积的 4.5%。

（1）夫夷水系

夫夷水为资江南源，发源于广西壮族自治区资源县金紫山，于新宁县回龙镇车上伍家入县境金称市镇，再经塘田市镇、白仓镇、塘渡口镇，在霞塘云乡双江口与资江西源邵水汇合为资江。夫夷水在县内流程 45.3 千米，流域面积 548.77 平方千米，年平均流量 118 立方米/秒。夫夷水在县内有支流 10 条，分别如下。

黎家冲溪　全长 6.1 千米，县内长度 1.3 千米，流域面积 11 平方千米（含在新宁县的流域面积），发源于新宁县铁炉冲，于金称市镇金河村周家汇入夫夷水。

黄泥溪　全长 17 千米，县内长度 11 千米，流域面积 74 平方千米（含在新宁县的流域面积），发源于新宁县狮子堖，于金称市镇金河村小江边汇入夫夷水。

社溪田溪　全长 8.4 千米，流域面积 19 平方千米，发源于金称市镇墨斗山，流经该镇社田、大兴村，于金称市汇入夫夷水。

涟溪　全长 9.9 千米，流域面积 26 平方千米，发源于金称市镇大岭上，流经该镇石冲、涟溪、张家、新屋里等地，于金称市镇陡石村汇入夫夷水。

双江溪　又名岔江，全长 53 千米，县内长度 8.3 千米，流域面积 408 平方千米（含在新宁县的流域面积）。双江溪发源于新宁县高挂山东麓，流经新宁县三渡水、二渡水、一渡水、县内塘田市镇河边等地，于塘田市镇岔江口汇入夫夷水。双江溪在县内有支流 3 条：大木塘溪发源于县内河伯岭，流经陈仕垅、龙石塘，于新宁县涂家汇入双江溪；杨青溪发源于县内河伯岭，流经源头、杨青，于河伯乡杨田村汇入双江溪；黄义塘溪发源于塘田市镇坡家湾，流经茶铺亭、肖七，于塘田市镇艾坝张家汇入双江溪。

紫阳观溪　全长 10 千米，流域面积 35 平方千米，发源于太阳山北麓，流经天山、田方塘、紫阳观，于塘田市镇汇入夫夷水。紫阳观溪有支流水口山溪，于塘田市三房头汇入紫阳观溪。

白仓溪　全长 22 千米，流域面积 75 平方千米，发源于太阳山北麓，流经白仓镇陈家冲、竹山、迎丰、坦湾、竹元、石牛坝，于邓家汇入夫夷水。白仓溪有支流黄伏园溪，于白仓镇贺家村杨通庙汇入白仓溪。

横板桥溪　全长 12 千米，流域面积 54 平方千米，发源于鸭山岭，于塘田市镇桥头村江口汇入夫夷水。横板桥溪有支流 2 条，即柿山林家溪和石背底溪。

唐家湾溪　全长 18 千米，流域面积 68 平方千米，发源于白仓镇邓拾村，流经白仓镇杨易、黄塘乡谭政桥、塘渡口镇五星、堆上、石桥，于塘渡口镇向阳村唐家湾汇入夫夷水。唐家湾溪有支流 2 条：高塘冲溪发源于白仓镇高塘冲，流经白仓镇塘代、莫元和塘渡口镇五星、桂花、堆上，于塘渡口镇石桥村汇入唐家湾溪；羊田溪发源于黄塘乡黄塘村，流经塘渡口镇羊田村，于塘渡口镇石桥村汇入唐家湾溪。

沙坪溪　分别发源于塘渡口镇大岭村和双合村，在县祁剧团处汇合后于建筑公司背后处汇入夫夷水。现该溪在城建时被覆盖，已修建为地下下水道。

（2）邵水水系

邵水为资江西源，发源于城步苗族自治县西岩镇青界山主峰黄马界西麓，于隆回县北山乡大田庄村入县内长乐乡渡头村，流经黄亭市镇，至霞塘云乡双江口村与夫夷水汇合为资江。邵水在县内流程 37 千米，流域面积 315.6 平方千米，年平均流量 108 立方米/秒。邵水在县内有支流 5 条，分别如下。

伏溪桥溪　全长 24 千米，县内长度 22 千米，流域面积 151 平方千米（含在新宁县的流域面积),发源于新宁县吉山曾家,流经县内蔡桥乡龙口、毛坪、蔡家桥及长乐乡江东桥、塔桥等地,于长乐乡伏溪桥溪汇入赧水。伏溪桥溪在县内有支流3条:下石燕溪于长乐乡江东桥汇入伏溪桥溪,石桥溪于长乐乡相木山汇入伏溪桥溪,石井溪于长乐乡马头岭汇入伏溪桥溪。

檀山坝溪　全长12千米,流域面积19平方千米,发源于蔡桥乡立华村陶家冲,于黄亭市镇金檀村圳上罗家汇入赧水。

道光山溪　全长16千米,县内长度3千米,流域面积62平方千米(含在隆回县的流域面积),发源于隆回县大柱庵,入县境后,于黄亭市镇道光山汇入赧水。

大水塘溪　全长8.2千米,流域面积12平方千米,发源于黄亭市镇坪塘村,流经黄亭市镇石冲杨家、葬塘杨家、冷水田,于大水塘村汇入赧水。

塔水桥溪　全长23千米,县内长度21千米,流域面积66平方千米(含在隆回县的流域面积),发源于隆回县野里岩,入县境后,自北向南,和资江逆向而流,经岩口铺、小溪市、霞塘云等乡镇,于霞塘云乡孟家塘村芦茅塘汇入赧水,为县内唯一流向为自北向南的溪水。

(3)资江干流水系

夫夷水、赧水两水于霞塘云乡双江口村汇流后,自南向北流经小溪市乡、九公桥镇,于长阳铺镇竹林寨入邵阳市境。资江干流在县内流程38.5千米,流域面积1269.5平方千米。资江为山溪型河流,暴涨暴落。其罗家庙水文站河段最高水位236.5米(发生于1996年7月18日),最低水位222.71米。多年平均径流量90.28亿立方米,年均输沙量165万吨,含沙量0.176千克/立方米。

资江干流在县内有支流5条,分别如下。

银仙桥溪　全长21千米,流域面积91平方千米(含在隆回县的流域面积),发源于隆回县黄泥畲,流经县内岩口铺镇肖家坝、皇安寺,于长阳铺镇金龙村肖家汇入资江。银仙桥溪有支流花桥溪。

大坝溪　又名泥江,全长37千米,流域面积190平方千米,发源于白仓镇老屋冲,流经黄塘乡、塘渡口镇和七里山园艺场,于九公桥镇泥江口汇入资江。大坝溪有支流3条:塔石湾溪于塘渡口镇康家汇入大坝溪;虎石坝溪于塘渡口镇石虎村汇入大坝溪;白竹桥溪于九公桥镇云南李家汇入大坝溪。

石溪　全长13千米,流域面积37平方千米,发源于岩口铺镇,流经长阳铺镇贯冲村、秋田村,于石溪村江边罗家汇入资江。

李山峰溪　全长9千米,县内长度3.7千米,流域面积33平方千米(含在新邵县的流域面积),发源于长阳铺镇陆家凼老屋院子,流经新邵县杉木岭、长塘、柑子桥、木山等村落,再绕回县内长阳铺镇李山峰汇入资江。

大湾冲溪　全长13千米,县内长度5.5千米,流域面积25平方千米(含在邵阳市的流域面积),发源于九公桥镇人字岭,流经大祥区雨溪桥镇汇入资江。

(4)檀江水系

檀江为邵水一级支流、资江二级支流,发源于东安县尖木岭南麓,从界牌桥流经五峰铺和下花桥镇,于谷洲镇杨吉坝入大祥区檀江桥汇入邵水。县内流程44.3千米,流域面积450.91平方千米,平均流量8.5立方米/秒,檀江在县内有支流7条,分别如下。

兰桥头溪　全长12千米,县内长度1.4千米,流域面积18平方千米(含在东安县的流域面积),发源于东安县罗家,于县内五峰铺镇新桥村大湾汇入檀江。

五峰铺溪　全长 7.8 千米,流域面积 18 平方千米,发源于五峰铺镇董家山,于五峰铺镇沉淹塘村毛家冲汇入檀江。

落马桥溪　全长 10 千米,县内长度 8 千米,流域面积 79 平方千米(含在东安县的流域面积),发源于东安县右塘,流经县内白仓镇岩塘、五峰铺镇石板桥、排桥等村落,于五峰铺镇落马桥汇入檀江。落马桥溪有支流 3 条:长铺溪于五峰铺镇弄子村长铺汇入落马桥溪;陈保冲溪于五峰铺镇陈保村汇入落马桥溪;金江溪全长 17 千米,县内长度 4 千米,发源于东安县张家冲,于县内五峰铺镇板桥村得月桥汇入落马桥溪。

双江溪　全长 22 千米,流域面积 121 平方千米,发源于县内尖木岭,流经大江里、四房头、宋家桥等地,于下花桥镇双江村汇入檀江。双江溪有支流 3 条,分别为驻马桥溪、田塘铺溪、杉树湾溪。

老堡家溪　全长 7.7 千米,流域面积 15 平方千米,发源于油榨冲,流经祖家宅、堡口冲等地,于下花桥镇史家汇入檀江。

谢家桥溪　全长 7.8 千米,流域面积 20 平方千米,发源于雷家冲,流经金艮斗、杨家亭、神山庙、南子垫等地,于下花桥镇谢家桥汇入檀江。

小江溪　全长 21 千米,流域面积 70 平方千米,发源于大安塘,流经二水院子、沙白塘、杉榔坝、蒋家坪、湾塘,于谷洲桥汇入檀江。

(5)资江水系县内其他支流

槎江　邵水一级支流、资江二级支流,全长 41 千米,县内流程 9.8 千米,发源于郦家坪街口,在郦家坪镇杨家冲入邵东县境汇入邵水,槎江在县内有支流 4 条,即发源于张古塘的将军庙溪,发源于狗基石的东园溪,发源于邵东县的郑家冲溪和仰山庙溪。

清江庙溪　资江二级支流,全长 16 千米,县内长度 6.2 千米,发源于岩口铺镇牛阿塘,流经隆回县地后,再入新邵县于溪里汇入资江一级支流石马江。

大庙边溪　全长 15 千米,县内长度 6.5 千米,发源于岩口铺,从烂坝入新邵县境于大庙边汇入资江一级支流石马江。

(6)湘江水系

楼脚底溪　湘江二级支流,全长 31 千米,县内长度 8 千米,发源于祁东县马鞍山,流经县内罗城乡,再入祁东县境于楼脚底汇入湘江一级支流祁水。楼脚底溪流经县内地段有罗城溪汇入。

西子院溪　湘江三级支流,全长 6.5 千米,县内长度 2.6 千米,发源于郦家坪镇城天堂,流经罗汉寺入祁东县于永隆桥汇入湘江二级支流雷家寺溪。

田心洞溪　湘江二级支流,全长 24 千米,县内长度 4.5 千米,发源于河伯岭南麓,流经马头岭入东安县境于小田汇入芦洪江。

蒋家村溪　发源于河伯岭高岭岩北,流经向阳水库再入东安县境汇入芦洪江水系。

2. 地下水

邵阳县内地下水年自然资源量 2.97 亿立方米,有地下河 50 条,其中雨季每秒流量超过 400 升的 1 条、300～400 升的 1 条、200～300 升的 1 条、100～200 升的 15 条、50～100 升的 5 条、50 升以下的 26 条。县内泉点密布,其中有岩溶大泉 87 处,每秒流量 20 升以上的泉井 34 处,水质以碳酸钙型为主,pH 值在 6.5～7.5,均属低矿化淡水,按富水岩组可分四大类。

　　松散岩类堆积层孔隙潜水　主要分布于金称市、小溪市等地,分布面积 23.96 平方千米,占全县总面积的 1.2%;泉流量一般为 0.014～0.461 升/秒,水量中等。

　　碎屑岩孔隙裂隙水　主要分布于长阳铺、塘渡口、金称市、郦家坪、罗城等地的断陷盆地中,分布面积 49.11 平方千米,占全县总面积的 2.46%;泉流量一般为 0.04～0.087 升/秒,水量中等。

　　基岩裂隙水　分布于蔡桥、塘田市、罗城、黄亭市、岩口铺、河伯、五峰铺林场等地,分布面积 505.82 平方千米,占全县总面积的 25.33%。

　　碳酸岩裂隙岩溶水　分布于黄荆、河伯、白仓、黄塘、岩口铺、蔡桥、小溪市、下花桥、九公桥、五峰铺、长乐、黄亭市等地,分布面积 1418 平方千米,占全县总面积的 71.01%。

　　自 20 世纪 50 年代末期后,因县内植被严重破坏,地下水流量逐年降低。20 世纪 90 年代后,地下水流量有所回升。表 1.2 列出了邵阳县每秒流量 50 升以上的地下河。表 1.3 列出了邵阳县每秒流量 20 升以上的泉井。

表 1.2　邵阳县每秒流量 50 升以上的地下河一览表

地下河位置	主干发育方向	长度(米)	出口标高(米)	雨季流量(升/秒)
河伯乡民水	东—西	2500	330	162.40
河伯乡石塘	南—东	1400	320	101.58
谷洲镇有底井	北—东	4000	240	233.45
塘田市镇土岭	南—北	2000	410	108.68
河伯乡源头	东—西	5100	320	574.00
白仓镇坦湾	北东—南	1000	260	108.00
郦家坪镇罗汉寺	北—西	2600	285	184.50
郦家坪镇湖眼塘	北—东	800	300	107.67
郦家坪镇地田冲	东—西	3000	310	415.80
郦家坪镇栗树庙	东—西	1000	455	105.84
九公桥镇凤凰蒋家	南—东	2800	310	154.74
九公桥镇东义村坦边	南—西	1800	315	126.00
岩口铺镇岩田冲	北—东	1100	275	325.50
小溪市乡槽门头	西—南	1200	250	130.95
长乐乡大井田	北—西	1300	280	171.36
长乐乡龙眼井	南—东	2500	280	100.80
郦家坪镇王家兆	东—西	700	395	112.32
郦家坪镇大岩头	南—东	1000	335	174.08
黄荆乡各文冲	北—东	2000	270	92.50
白仓镇中乙村	北东—南西	1800	235	71.65
下花轿镇两路口	南—西	2500	380	94.74
蔡桥乡新屋雷家	西—东	900	310	55.73
河伯乡易仕村	东—西	700	350	51.20

表 1.3　邵阳县每秒流量 20 升以上的泉井一览表

泉井位置	水位标高（米）	流量（升/秒）	泉井位置	水位标高（米）	流量（升/秒）
金称市镇乐家	280	39.68	小溪市乡毛坪	230	26.13
金称市镇毛坪	250	28.58	塘田市镇五皇冲	535	23.63
九公桥镇板栗冲	320	33.75	河伯乡杨青	300	68.34
白仓镇莫清	290	69.94	蔡桥乡上清塘	290	88.34
白仓镇彭家院子	350	56.00	蔡桥乡雷家	300	34.28
谷洲镇太阳坪	245	26.25	金称市镇岩门前	300	25.56
塘田市镇毛坪	290	31.65	塘田市镇划船塘	310	39.74
河伯乡雷公铺	320	28.00	岩口铺镇油草桥	240	25.64
蔡桥乡骡子江	310	23.29	岩口铺镇岩田冲	250	22.73
蔡桥乡井塘口	300	99.84	长阳铺镇四方井	240	20.49
谷洲镇贺家冲	245	23.86	岩口铺镇唐家	260	40.77
金称市镇岩门前	290	36.75	霞塘云乡坳头山	275	42.03
河伯乡石塘	330	52.20	罗城乡冷水坝	295	35.33
黄塘乡大院	350	43.89	谷洲镇山东冲	290	21.33
五峰铺镇大井	340	31.89	谷洲镇金银冲	325	49.21
小溪市乡活水坑	245	37.24	五峰铺镇八角井	340	34.62
九公桥镇九公桥村	230	20.00	塘渡口镇	250	23.94

五、自然资源

1. 土地资源

1982 年农业区划查明,全县土地总面积 298.87 万亩,如下。

耕地 130.32 万亩(含田埂、土埂),占全县土地总面积的 43.6%。其中水田 61.35 万亩,田埂 23.18 万亩,旱土 31.58 万亩,土埂 14.21 万亩。

林地 120.81 万亩,占全县土地总面积的 40.4%;园地 6.79 万亩,占 2.3%。

居住用地 9.6 万亩,占 3.2%。

交通用地 1.2 万亩,占 0.4%。

工矿用地 0.14 万亩,占 0.04%。

水域 15.83 万亩,占 5.3%。

难利用地 13.94 万亩,占 4.69%。

特殊用地 0.23 万亩,占 0.07%。

1992 年,县内土地资源调查结果,县内土地总面积 1996.89 平方千米,合 299.53 万亩,其构成分布状况如下。

耕地 90.23 万亩(不含田埂、土埂),占全县土地总面积的 30.12%。其中水田 64.23 万亩,占耕地总面积的 71.18%;旱土 26 万亩,占 28.82%;水田面积中,灌溉水田 59.43 万亩,占水田总面积的 92.52%,天水田 4.8 万亩,占水田总面积 7.48%。

林地 117.69 万亩,占全县土地总面积的 39.29%;其中有林地 106.61 万亩,占林地总面积的 90.58%;灌木林地 3.15 万亩,占 2.68%;疏林地 1.5 万亩,占 1.28%;未成林造林地 5.38 万亩,占 4.58%;迹地 1.04 万亩,占 0.88%;苗圃 129 亩,占 0.01%。

园地 11.03 万亩,占全县土地总面积的 3.68%;其中果园 5.68 万亩,占园地总面积的 51.5%;菜地 1.42 万亩,占 12.83%;桑园 191.7 亩,占 0.17%;其他园地 3.92 万亩,占 35.5%。

牧草地 5854 亩,占全县土地总面积的 0.2%;其中天然草地 5805 亩,占牧草地总面积的 99.17%。

建筑用地及工矿用地 10.68 万亩,占全县土地总面积的 3.57%;其中农村居民建筑用地 9.22 万亩,占 86.32%;城镇建筑用地 3012 亩,占 2.82%;独立工矿用地 4106 亩,占 3.84%。

交通用地 1.47 万亩,占全县土地总面积的 0.49%;其中公路用地 8317 亩,占交通用地面积的 56.51%;农村道路用地 6401 亩,占交通用地面积的 43.49%;港口码头用地 0.6 亩。

水域 18.30 万亩,占全县土地总面积的 6.11%;其中河流水面 4.81 万亩,占水域面积 26.28%;水库面积 1.46 万亩,占 7.96%;坑塘水面 5.83 万亩,占 31.88%;滩涂 5.30 万亩,占 28.91%;沟渠 8231 亩,占 4.5%;水工建筑用地 864 亩,占 0.47%。

未利用地 49.54 万亩,占全县土地总面积的 16.54%;其中荒草地 2.36 万亩,占未利用地面积 4.76%;沙地 3743 亩,占 0.76%;裸土地 2934 亩,占 0.59%;裸岩、石砾地 1.63 万亩,占 3.29%;田埂 29.92 万亩,占 60.4%;土埂 14.75 万亩,占 29.77%;其他面积 2118 亩。占 0.43%。

2. 矿产资源

(1)非金属矿

县内已探明的非金属矿藏主要有石灰石、煤炭、石膏、大理石、重晶石和少量油页岩、高岭土、花岗石、白云岩砾石、硅质板岩、腐殖酸氨(油土)等。

无烟煤 县内无烟煤矿主要分布于长乐、三比田、枫江溪 3 矿区,另隆回县的箍脚底矿区和新宁县的丰田矿区均部分延伸县内(表 1.4)。全县无烟煤累计探明储量 8767.5 万吨,保有储量 7554 万吨,其中工业储量 1134.6 万吨。含煤面积 197.6 平方千米,约占全县总面积的 9.9%。长乐矿区北起长乐余家湾,南止新宁县界,东起蔡桥上院子,西止落马水库,含煤面积 85 平方千米,已探明地质储量 3943.5 万吨,保有储量 3920.3 万吨,其中工业储量 580.4 万吨。三比田矿区北起霞塘云朝阳村,南止金称市镇芙蓉村,东起赧水河道,西止黄亭市镇兴隆村,含煤面积 75.6 平方千米,估算地质储量 1881 万吨。枫江溪矿区北起枯木山,南止大木山,东起孔塘,西止枫江溪,含煤面积 36.2 平方千米,已探明地质储量 2608 万吨,保有储量 1541.9 万吨,其中工业储量 512.3 万吨。箍脚底矿区内部 0.8 平方千米,已探明地质储量 335 万吨,保有储量 210.8 万吨,其中工业储量 41.9 万吨。丰田矿区仅在金称市镇金良、黄泥等村占一线边角,含煤面积及储量不明。

表 1.4　邵阳县各矿区煤质分析表

矿区名称	煤层	原煤分析				
		水份（%）	灰粉（%）	挥发份（%）	全硫（%）	发热量（卡/克）
枫江溪矿区	4	0.78	6.61	7.66	2.15	7856
三比田矿区	4	5.87	9.57	8.36	2.89	7404
箍脚底矿区	3	1.27	2.88	7.32	1.40	8587
长乐矿区	3	2.41	20.57	6.07	5.49	6447

大理石　分布于黄荆、塘渡口、九公桥、黄塘、下花桥、谷洲、郦家坪、五峰铺、白仓、河伯等乡镇，有墨玉、花色两种，储量 3.3 亿立方米。

石膏　分布于长乐乡和黄亭市镇，埋藏较深，储量 3.6 亿吨，居全省第一。

重晶石　分布于郦家坪填罗汉村，储量 20 万吨。

（2）金属矿

邵阳县内已探明的金属矿藏有铁、锰、锑和少量铅、铝、铜、铀、钒等。

铁　分布于霞塘云、塘渡口、黄塘、下花桥等乡镇，储量 2250 万吨，含铁量 24%～40%，主要有菱铁矿、赤铁矿、褐铁矿三种。

锰　分布于岩口铺、小溪市、黄亭市、霞塘云等乡镇，估计储量 8218 万吨，含锰量 25%～35%。

锑　分布于河伯、白仓、小溪市、岩口铺、罗城、郦家坪等乡镇，储量 2.36 万吨。

3. 旅游资源

邵阳县内无建成开放的风景旅游区，散布的自然景点中，较有开发价值的如下。

双江口　位于县城西 2 千米，为夫夷水和赧水汇合处。江面开阔，河西为平坦的田荡，有宋代修建的罗公庙和渔父亭遗址。东岸有双庐冲，谷口窄长，腹谷幽深。南岸有山名侯王寨，古木葱茏，传为西汉夫夷侯狩猎处。夫夷水入口处有江心小岛鹭洲，岛上面积约 200 亩，植被繁茂，为避暑佳地。

渣滩　自双江口溯赧水上游 2 千米有渣滩，1980 年建成渣滩大坝后，上游形成长 6.2 千米、水域宽 1.8 万余亩的渣滩平湖，湖光山色，为县内一景。河西岸有天子岩和天子岭。天子岩洞口离河面约 2 米，洞分上下两层，上层为旱洞，长 100 米，最高处 10 米，洞内怪石嶙峋，造型奇特，色彩斑斓。下层为水洞，泉水叮咚，暗流宛转，深不可测。天子岭竹林青翠，松杉繁茂，建有天子岭国有林场（又名反封岭林场）。

城南景点　城之南 2 千米，有旺爷山、道公山，两山对峙，遍山竹林。两山间有鲤鱼冲，谷壑深幽，草茂林深。旺爷山建有普济寺。旺爷山东 1 千米有炎山岭，海拔 530.5 米，为县城周围最高处，山上松杉茂密，晴日登山一望，县城全貌及周围数十里田园风光尽收眼底，山上建有电视差转台。自炎山岭脚下跨 207 国道，傍道公山而下有深谷名猫儿岩。出谷口南行 2 千米有珍珠岩。珍珠岩又名甑子岩，洞口陡峭，垂直而下 30 余米，洞内深邃莫测，洞洞相连，雄峻异常，不知其宽几何。地下暗河，流水咚咚，钟乳石争艳斗奇。因洞口奇险，少有探险者。近年，县城有好奇者，结伴持光架梯攀援而下，观后皆叹洞奇。自珍珠岩绕西 1 千米过夫夷河，河西岸书堂山有百丈白石壁凌空高悬。石壁下有向阳大坝，坝上碧波万顷。石壁半腰建有仙神庵。自仙神庵拾级而登，上山顶北行即为马鞍山，县城居民每日上山游玩者络绎不绝，山上建有憩心亭。自马鞍山而下即回城区。

响水洞　于塘田市镇赤山村。因洞内阴河激水扑石响声咚咚而得名。洞分上下，上洞有四处洞门和可容百人以上的洞室 10 个。主洞高 15 米，宽 12 米，长 250 米，可容数千人。主洞左侧有 4 条支洞，第三条支洞有一后洞，亦可容千余人。洞道或宽或窄，或平或险，洞中有洞，千回百转。洞景千姿百态，其石，或似雄狮蹲伏，或如飞龙舞爪，或像罗汉合掌，或状苍鹰展翅。莲花台、观音阁，争相献奇；水晶宫、珊瑚岛，秀姿纷呈。石桥、石林、石柱，晶莹如玉；石桃、石鳖、石灯，惟妙惟肖。下洞更深邃雄奇，险不可测。上洞口 10 米处，有一堵人工建筑的高墙，高 2 丈，宽 3 丈，厚 8 尺，昔为乡人避官府追捕而修。响水洞又名"完贞洞"。

济公岩　于河伯乡新坪村。传说济公曾在此洞修炼，遂名。岩下有济公庵遗址。洞内高 10～15 米不等，有 12 洞厅，22 道石门贯穿其间。进洞下 70 级台阶，第一个洞室便是演武厅。过演武厅，进入龙纹厅，洞侧有一排长 20 米的钟乳石廊柱，浑然天成。隔廊的洞室叫滴水宫，滴水咚咚，池水汪汪，寒凉清澈。再过一石宝塔，然后沿小道依次可通八厅八室。其中，千佛厅、塔林宫、大雄宝殿和蘑菇宫，尤为壮观。石壁似龛，或如塔窗，或像莲台，53 堆如塔如堡的钟乳石齐集于此，俨如一尊尊雕像，或仰或卧，或怒或喜，姿态万千。珊瑚塔、珍珠塔、蘑菇塔、灵芝塔、猴塔、花塔，高低不同，结构各异。念珠葫芦、济公破鞋，别致有味。石香炉、石盆景，随处可见。洞深处，有一狭窄洞口，阴气嗖嗖，深邃莫测，洞壁刻有 8 个大字，"左通广西、右走四川"。20 世纪 90 年代，曾有人计划开发济公岩为旅游景点，因资金无着未果。距济公岩 1200 米处有豪珠岩，因洞似一巨大佛珠而得名。洞内面积及景致与济公岩大体相似，造型布局较济公岩尤绝。因洞口极窄，少有探险者。

阳乌岭　内名山，位于黄亭市镇兴隆村，昔为夫夷侯国和都梁侯国分界处，亦为佛教圣地。山上苍松翠竹、鸟语花香。明洪武三年（1370 年），山顶始建有寺院两座，历代文人墨客多有题咏。20 世纪 50 年代后，寺院和历代文人墨迹均被毁。20 世纪 90 年代，村民集资复修寺院。

四尖峰　于河伯岭山脉北端，白仓镇境内，北山脚距县城 21 千米。清道光二十五年《宝庆府志》载："四峰山，一名四望山，一名四尖峰，西首于新宁杨青河伯大岭，山南为东安。"四尖峰由大小 11 座山峰组成，其中有四座山峰突兀耸立，形如指尖，故名。又因昔时登之可望 4 县（武冈、邵阳、新宁、东安），故又名四望山。面积 9 平方千米，主峰海拔 774 米，山体东南险峻，西北缓，从山脚的代家冲至山顶，直线距离 1.5 千米。四尖峰山势险峻，峰顶尖，山脊窄，登极山顶，俯视山下，心悸目眩。且地扼宝永要冲，易守难攻，历为兵家用武之地。山上杉林茂密，东山谷内有石盆水库，碧波荡漾。山脚下有白仓田荡，十里风光一览无余。东北山脚下有观音阁，西山脚下 3 千米处有崙岩，均可游览避暑。

高霞山　四明山余脉，位于县境东南部，为邵阳与东安两县界山，主峰海拔 813 米，昔为道教圣地，山上古木参天，十分幽静。旧志载："高霞山后枕四明，前襟霞水，左引小寨，右挹东井，为县南第一名山。"山顶有唐代修建的高霞观、药庵遗址，相传为唐代真人李震修道采药处。明末清初，宝庆名人多匿迹于此。岭东有谭家岭、三角岭（海拔 919 米），山势高峻，溪流淙淙。

桃花岛　于九公桥镇塘洪村资江河心，面积约 1 平方千米，岛上碧草翠竹，岸柳桃花，为县内游览胜地。20 世纪末，当地人曾在岛上建有宾馆和休闲设施。距桃花岛下游 3 千米处的资江东岸有市林科所森林公园。

4. 野生动植物资源

(1) 野生植物

1982 年农业区划调查和 1984 年林木种源普查结果,县内野生植物有 191 科、485 属、1166 种。其中木本植物 95 科、268 属、717 种,草本植物 96 科、217 属、449 种。其中:裸子植物门有苏铁、银杏、松、杉、柏、罗汉松、三尖杉、红豆杉等 8 科共 31 种;被子植物门有杨柳、杨梅、胡桃、桦木、榛、壳斗、榆、桑、苎麻、山龙眼、桑寄生、毛茛、木通、小檗、黄荆、木兰、八角、五味子、腊梅、香樟、伯乐树、海桐、金缕梅、杜仲、悬铃木、蔷薇、含羞草、苏木、蝶形花、芸香、苦木、楝、大戟、交让木、鼠刺、黄杨、漆树、冬青、卫茅、省沽油、茶茱萸、槭树、七叶树、无患子、清风藤、鼠李、葡萄、杜英、椴树、锦葵、梧桐、猕猴桃、山茶、大风子、胡颓子、千屈菜、石榴、珙桐、兰果树、八角枫、使君子、桃金娘、野牡丹、五加、山茱萸、山柳、杜鹃、越桔、紫金牛、柿树、山矾、野茉莉、木樨、醉鱼草、厚壳树、荚竹桃、马鞭草、茄、玄参、紫威、茜草、马褂木、忍冬、绣球花等 84 科共 683 种;单子叶植物门有禾本、芭蕉、棕榈、菠萝 4 科 26 种。

县内野生植物中属国家一级保护品种的有珙桐、银杉、水杉、马褂木(鹅掌楸)、红豆杉、苏铁、银杏、伯乐等 8 种,分布于河伯岭林场、五峰铺林场;属国家二级保护品种的有资源冷杉、喙核桃、长瓣短柱茶、篦三尖杉、连香树、独花兰、马蹄参、长柄双花木、香果树伞花木、杜仲、福建柏、巴车木莲、金钱松、绒毛皂荚、楠木、厚朴、石碌含莲笑、香樟、白杉、水青树、观光木、长果秤锤树、花榈木等 24 种;属国家三级保护品种的有穗花杉、舌柱麻、白桂木、华南栲、黄连、华棒、金钱槭、八角莲、领青木、天麻、野大豆、黏木、黄枝油杉、柔毛油杉、小花木兰、红花莲、乐东拟单性木莲、闽楠、桢楠、广东松、黄杉、青檀、白辛树、牛枫荷、紫茎、银鹊树、任木、江南油杉、巨紫茎、银伸树、中华王加、青钱柳、檫木香榧、巴山榧树、红花木兰、金叶白兰花、白克木、香桦、湖南石槠、金毛柯、湖南山核桃、山羊角树、山拐枣、云山椴树、瑶山梭罗、东方古柯、红椿、天狮粟、滇楸、巨薇、方竹、桂竹、五味子、石斛、蔓荆子、紫草、龙胆、天门冬、黄皮树、天竺桂、阴香、川桂皮、细叶秀桂、紫桂、薯蓣、黄山药、紫黄姜、山萝藓、黄荆等 69 种。

(2) 野生动物

1982 年农业区划调查及 1988 年核查,县内野生动物有 168 种(不含昆虫),如下。

脊椎动物门哺乳纲主要有狐狸(俗名野狗子)、貉(狗獾)、黄鼬(黄鼠狼)、獾(猪獾)、山獾(田毛猪)、水獭、香鼬、青鼬、狸子(野猫)、豪猪、穿山甲(鳞甲)、獐、麂、刺猬、蝙蝠(檐老鼠)、短耳兔(野兔)、松鼠、山鼠、田鼠、家鼠、竹鼠等。

鸟纲主要有绿头鸭、斑嘴鸭(野鸭)、白鹭、雁、翠鸟(渔公鸟)、秧鸡(禾鸡)、鹰(岩鹰)、鹞、环颈雉(野鸡)、锦鸡、竹鸡、鹧鸪、鹌鹑、红嘴、鹗(猫头鹰)、麻雀(有黄雀、山麻雀、屋麻雀 3 种)、燕、黄眉鸦、杜鹃(布谷)、啄木鸟、喜鹊、乌鸦(老鸹)、斑鸠、鹊鸲(茅肆婆婆)、八哥、画眉、黄莺、黄眉柳莺、白头翁、相思鸟、穿树皮。

鱼纲主要有草鱼、青鱼、鲢鱼、鳙鱼、长春鳊、鲤鱼、鲫鱼、银鲴、赤眼、鲈条、胡子鲶、螃蚾(苦比屎)、花靼、蛇鳕、乌鳢、泥鳅、刺鳅(沙鳅)、鳝鱼(黄鳝)、竹筒鲍(黄刺古)、胭脂鱼(石鲫鱼)、虾虎、麦穗鱼。

爬行纲主要有龟、鳖(团鱼)、蜥蜴(石龙子、麻蜥两种)、壁虎、蟒蛇、钝尾两头蛇、赤链蛇、草锦蛇(草鱼蛇)、锦蛇(菜花蛇)、水赤链蛇、乌梢蛇、中华水蛇(泥蛇)、银环蛇、金环蛇、眼镜蛇、五步蛇、蝮蛇、烙铁头、竹叶青。

两栖纲主要有青蛙、虎纹蛙、牛蛙(石板麻蛔)、金钱蛙、土蛙(土麻蛔)、中国林蛙、黄叶麻、大树蛙、蟾蜍（癞皮麻蝈）、大鲵（娃娃鱼）。

节肢动物门昆虫纲主要有蜂（蜜蜂、黄蜂、赤眼蜂等）、蚁（蚍蜉、蚂蚁、白蚁等）、蝉、螳螂、蝗（种类很多）、菜粉蝶、黄守瓜、蚊、蚤（狗虱）、虱、臭虫、蟑螂（偷油婆）、蝇（青蝇、苍蝇）、牛虻、蜻蜓、蟋蟀、蝼蛄（土狗子）、灶马（灶鸡）、斑蝥、莎鸡（纺织娘）、天牛（旧称蠰蛴）、蜉蝣、萤虫等。

蛛形纲和多足纲有蜘蛛、蜥蜴、蜈蚣、蚰蜒、百节虫（箭毛虫）等。

甲壳纲有对虾（米虾、长臂虾两种）、河蟹。软体动物门有蜗牛、河蚌、田螺。环节动物门有蚯蚓、水蛭（蚂蟥）。

县内野生动物中属国家一级保护品种的有黑麂、中华秋沙鸭、黄腹角雉、灰腹角雉、红腹角雉等5种,分布于河伯岭林场、资水流域;属国家二级保护品种的有猕猴、穿山甲、水獭、大灵猫、果子狸、金猫、渔猫、花田鸡、河麂、白琵鹭、鸳鸯、铜鸡、金鸡、白鹇、勺鸡、白冠长尾雉、灰鹤、小杓鹬、平胸龟、虎纹蛙、大鸨、大鲵、茳鲟等23种;属国家三级保护品种的有鸬鹚、池鹭、苍鹭、绿鹭、牛背鹭、大白鹭、白鹭、夜鹭、野鸭、小白额雁、鸿雁、豆雁、斑头雁、竹鸡、鹌鹑、环颈雉、董鸡、小田鸡、红腹田鸡、野水鸡、白骨顶斑胁田鸡、山斑鸠、红腹松鼠、豹鼠、中华竹鼠、银星鼠、豪猪、狐貉、黄鼬、青鼬、鼬獾、红嘴相思鸟、刺猬、蛇、蟾、龟、野兔、蛙等38种。

5. 森林资源

（1）树种

邵阳县内属中亚热带常绿阔叶林带华东区系。据1981年农业区划调查,全县有木本植物83科、228属、486种,其中含树种10种以上的科有樟科、壳斗科、蔷薇科、山茶科、蝶形花科、大戟科、芸香科、鼠李科、忍冬科、榆科、冬青科、杜鹃科、木兰科、竹亚科等14科。

县内用材林中的主要针叶林树种有马尾松、杉、柳杉、侧松、圆柏、樱罗柏、火炬松、湿地松、华山松、金钱松等。用材林中的主要阔叶林树种有檫、樟、枫香、木荷、柞、刺楸、麻栎、小叶栎、青网栎、苦楝、黄檀、桂支、君迁子、白栎、光皮桦等。

县内经济林中的木本粮树种有板栗、柿、枣等,木本油树种有油茶、油桐、乌桕、栾树、千年桐、油橄榄等,其他果木树种有桔、柑、橙、桃、李、梨、枇杷、石榴、杨梅等,其他特种经济林树种有梧桐、女贞、杜仲、厚朴、桑、银杏、山苍子、黄柏、棕榈、盐肤木、漆树、茶树、花椒、雪花皮、黄栀子等。

县内防护林树种有垂柳、枫、杨、珊瑚树、重阳木、紫穗槐、刺槐、枸、杜荆等。

县内风景林树种有桂花、木荷、合欢、紫荆、南天竹、大叶黄杨、海桐、夹竹桃、小叶黄杨、雪松、火力楠、鹅掌楸等。

县内村旁、屋旁、路旁、水旁的四旁绿化树种主要有泡桐、欧美杨、喜树、兰果、香椿、黄连木、皂夹、悬铃木、石楠、罗木、柞树、桂皮、酸枣树、臭椿、椰榆、冬青树、丛竹等。

县内竹林品种有楠竹、苦竹、刚竹、金竹、箭竹、青皮竹等。

县内树种中,属国家保护树种的有银杏、香果、杜仲、伯乐、巨紫荆、三尖杉、穗长杉、天竺桂、黄连、八角连、天麻、银钟花、厚朴、凹叶厚朴、楠木、花榈木、桢楠、青檀、白樟树、罗汉松、山茶花及人工栽培引种的水杉、七子花、鹅掌楸、金钱松、台湾杉、天女花等27种。

（2）林地、林种

1981年全县第三次林业普查时,林业面积有林业用地126.82万亩（其中有林地109.02亩）,比第一次森林普查时的1958年少66.13万亩,比第二次森林资源普查时的1975年增加2.66万亩。当年全县109.02万亩有林地中,用材林和经济林分别为69.07万和39.95万亩。

　　1982 年后，一度出现农民趁山林承包之机，大肆砍伐森林，使全县林业用地再度减少。

　　1986 年，全县林业用地减至 114.62 万亩，有林地减至 101.15 万亩，其中用材林 62.79 万亩、经济林 37.64 万亩、防护林 0.72 万亩。用材林中，松林 44.72 万亩、杉林 12.64 万亩、阔叶林 2.53 万亩、柏树林 4500 亩、竹林 2.45 万亩。经济林中，油茶林 31.22 万亩、油桐林 0.34 万亩、果木林 6.08 万亩。

　　以后，全县有林地面积略有回升。2000 年，县内进行第十个五年计划森林资源调查时，林种划分增加防护林和特种用途林，原来的用材林和经济林中，有 46.4 万亩划为防护林。是年全县有林地面积 111.3 万亩，比 1981 年增加 10.15 万亩。其中防护林 46.4 万亩、用材林 45.23 万亩、经济林 19.2 万亩、特种用途林 0.46 万亩。用材林（不含划为防护林中的用材林，下同）中，杉木林 6.3 万亩、马尾松林 30.05 万亩、国外松林 1.95 万亩、柏木林 1.95 万亩、速生阔叶林（含欧美杨）2.7 万亩、中速生阔叶林 0.3 万亩、慢生阔叶林 0.75 万亩、竹林 0.11 万亩。经济林中，果木林 5.4 万亩、药用林 885 亩、林化原料林 855 亩，其余为油茶林。按林种年龄分，幼林 5.98 万亩，中熟林 16.5 万亩，近熟林 39.6 万亩，成熟林 7.5 万亩，过熟林 0.3 万亩。

　　国家重点防护林和特种用途林　2000 年，全县划定国家重点防护林 46.4 万亩，特种用途林 0.46 万亩，防护林和特种用途林中，有林地 23.4 万亩、疏林地 450 亩、灌木林地 16.5 万亩、未成林造林地 5.55 万亩、无立木林地 70 亩。防护林和特种用途林中，按用途分，有水源涵养林 33.6 万亩、水土保持林 11.25 万亩、护岸林 57 亩、护路林 1628 亩、国防林 4430 亩、名胜古迹和革命纪念林 123 亩。

　　油茶林　油茶林昔为县内主要经济林，主要分布于黄亭市、蔡桥、长乐、小溪市、金称市、霞塘云、黄塘等乡镇。20 世纪 70 年代，邵阳县曾为湖南省油茶生产基地之一。1978 年，县内有油茶林约 30.08 万亩，当年产茶油 860 吨。实行家庭联产承包责任制后，油茶林承包到户经营。1986 年，县内有油茶林 31.23 万亩，当年产茶油 1050 吨。以后，农民收入渠道增多，油茶生产在农村经济中地位降低，管理粗放，油茶林逐年减少，树龄老化。至 1990 年，全县油茶林减至 28.94 万亩，其中疏残林 16.61 万亩，占整个油茶林面积 57.3%。1993 年，邵阳县被定为湖南省第二批油茶低改工程项目县，至 1996 年，先后完成油茶林常规改造 0.8 万亩、老残林更新改造 0.7 万亩，但仍无法扭转县内油茶生产滑坡的局面。2000 年，县内约有油茶林面积 28 万亩（含划为防护林的油茶林面积）。

　　（3）活立木蓄积量

　　1981 年，全县第三次森林资源普查时，有活立木蓄积量 133.73 万立方米，比 1958 年减少 24.28 万立方米，比 1975 年增加 29.21 万立方米。其中林分蓄积 130.7 万立方米、疏林蓄积 2.3 万立方米、散生木蓄积 0.73 万立方米。林分蓄积中，松林 100.3 万立方米、杉林 23.56 万立方米、阔叶林 5.09 万立方米、柏树林 0.72 万立方米。按树龄分，幼林 111.8 万立方米、中龄林 17.48 万立方米、成熟林 0.79 万立方米。

　　农村实行家庭联产承包责任制初，农民担心政策会变，趁山林定权发证后将山林承包给农户个体经营之机，大肆砍伐林木，使县内森林活立木蓄积再度减少。1986 年，全县活立木蓄积量 113.93 万立方米，其中林分蓄积 103.6 万立方米、疏林 2.42 万立方米、散生木 1.83 万立方米、四旁树种 6.08 万立方米。按树龄分，幼林 42.68 万立方米、中龄林 49.94 万立方米、近熟林 9.33 万立方米、成熟林 1.66 万立方米。

　　以后县内进一步完善农业生产责任制，改革开放政策深入人心，农民森林保护意识加强。

加之钢材、水泥等建筑材料大量代替木材,煤、电、天然气等生活能源大量取代柴薪,森林砍伐量减少,活立木蓄积量迅速增加。1995 年,全县活立木蓄积量 146.6 万立方米,其中属集体林地的 129.89 万立方米,属国有林地的 16.72 万立方米。当年县内活立木蓄积量中,用材林占134.2 万立方米;按活立木类型分,林分蓄积 136.95 万立方米、疏林蓄积 0.85 万立方米、散生木蓄积 1.26 万立方米、四旁树蓄积 7.55 万立方米。林分蓄积中,杉木 36.5 万立方米、马尾松87.66 万立方米、国外松 2.27 万立方米、速生阔叶林 4.64 万立方米、杨树 0.024 万立方米、中生阔叶林 2.75 万立方米、慢生阔叶林 2.38 万立方米、柏树 0.73 万立方米。用材林活立木蓄积中,杉木 26.67 万立方米、马尾松 86.54 万立方米、国外松 7.58 万立方米、柏树 2.07 万立方米、速生阔叶林 6.26 万立方米、中生阔叶林 1.72 万立方米、慢生阔叶林 2.28 万立方米。是年,县内共有楠竹 399.29 万株,杂竹 1.56 万株。楠竹林分中,集体连片的 394.81 万株、散生 1.48 万株。以后县内活立木蓄积量逐年增加,2002 年,县内活立木总蓄积量 214.76 万立方米(表 1.5)。

表 1.5　邵阳县 1978—2002 年部分年份主要树种面积和活立木蓄积量表

面积:万公顷　　蓄积量:万立方米

年度	杉		松		柏		阔叶林木		四旁树木	
	面积	蓄积量	面积	蓄积量	面积	蓄积量	面积	蓄积量	面积	蓄积量
1978	0.20	27.46	2.74	63.23	0.02	0.47	0.12	2.84	0.15	5.30
1986	0.85	29.27	3.02	69.86	0.56	0.56	0.17	3.90	0.17	6.10
1994	0.87	38.02	3.49	90.39	0.74	0.74	0.39	9.91	0.22	7.60
2002	0.96	45.81	3.43	157.31	1.29	1.29	0.40	1.80	0.22	3.50

第二节　邵阳县农业生产概况

邵阳县辖 12 个镇 10 个乡,3 个农林场,631 个行政村,21 个居民委员会,16 个工区,335个村(居)民小组。

据 2015 年统计,全县土地面积 2001.01 平方千米,耕地面积 62.14 千公顷,其中水田41.54 千公顷,旱地 20.59 千公顷,园地 4.37 千公顷,园地中果园 4.05 千公顷,茶园 0.25 千公顷。林地面积 92.37 千公顷,森林蓄积量 385.63 万立方米,森林覆盖率 48.15%。草地5.99 千公顷,水域 9.7 千公顷。

2015 年来全县人口总户数 26751 万户,户籍总人口 104.82 万人,人口密度 523.85 人/平方千米。在全县总人口中,农村人口 89.38 万人,其中男 46.23 万人,女 43.15 万人。乡村劳动力资源总数 60.66 万人,其中男劳动力 32.21 万人,女劳动力 28.45 万人,乡村从事农业人员 28.19 万人,其中男 14.31 万人,女 11.38 万人。

邵阳县经济发展行稳致远,全县实现生产总值 1227673 万元,按可比值计算,同比增长 9.7%。

农业经济效益不断提升,全年实现农林牧渔业总产值 485165.2 万元,实现增加值327729.8 万元,按可比价计算,增长 3.6%,其中农业产值 295147.4 万元,林业产值 18675.8万元,畜牧业产值 174706.5 万元,渔业产值 12401.6 万元,农林牧渔服务业产值 4233.9 万元。

(1)农村经济不断发展,全年主要农作物播种面积 184.4 万亩,增长 1%。其中粮食作物种植面积 125.37 万亩,其中水稻种植面积 96 万亩,其中早稻 30.87 千公顷净产 367 千克,中稻 5.2 千公顷,单产 515 千克,晚稻 27.93 千公顷。烟叶种植面积 2.51 万亩,玉米种植面积 20.39 万亩,高粱种植面积 1.47 万亩,薯类种植面积 3.2 万亩,油料种植面积 24.84 万亩,蔬菜种植面积 22.85 万亩,糖料种植面积 0.23 万亩,全年化肥施用量 31143 吨,增长 2.4%,全年农药施用量 0.106 万吨。

(2)畜牧业稳步发展,全县出栏猪 104 万头,肉用牛 3.81 万头,肉用羊 4.45 万头,家禽(鸡、鸭、鹅)493 万只,禽蛋产量 3185 吨,其中鸡 2713 只,鸡蛋产量 2609 吨,兔子 1.55 万只。

2015 年末,大牲畜存栏 83985 头,其中牛存栏数 80185 头,其中使用牛 69335 头,能繁母牛 40300 头,当年生存牛 19550 头。生猪存栏 61.5 万头,其中能繁母猪 4.95 万头,羊存栏数 3.82 万只,能繁母羊 1.78 万只。兔存栏 1.03 万只,家禽存笼 445 万只,其中活鸡 318 万只,蜜蜂箱数 2250 箱。水产养殖面积(包括池塘养殖面积、水库养殖面积、稻田养殖面积等)2.83 千公顷。设施现代农业面积不断扩大,2015 年末统计,全县共有设施农业面积 343 公顷,设施个数为 1680 个,种植蔬菜、芹菜 35 公顷,年产量 12715 吨,黄瓜 150 公顷,年产量 4750 吨,西红柿 30 公顷,年产量 4750 吨,辣椒 150 公顷,年产量 4500 吨,瓜类 150 公顷,年产量 1380 吨,食用菌 65 公顷,年产量 1430 吨,生姜年产量 235 吨。

(3)林业经济不断扩张,油茶产业加速发展,油茶是邵阳县"四大"农业的支柱产业,2015年末统计,全县油茶面积 57.3 万亩,年产油茶籽 52000 吨,为"中国油茶之乡""中国茶油之都"。

第三节　邵阳县气候特点

邵阳县地处南岭山脉向衡邵丘陵盆地倾斜的过渡地带,地形基本特征为南高北低,中北高隆起,岩溶地貌发育,地表切割剧烈,溪谷平原条状形分布,特殊的地理环境形成了独特的地方气候,其气候特点为:四季分明,生长季节长,春温多变,秋多晴暖,春末夏初多雨,盛夏秋初多旱,长夏多炎热,冬季有冰雪。现分述如下。

一、四季分明,生长季节长

邵阳县地处东部亚热带季风湿润气候区域,季风气候特点比较明显。冬季经常在变性大陆冷高压控制下,盛吹偏北风,气温较低,夏季经常受西太平洋的热带高压的控制,盛吹偏南风,天气炎热,气温很高。春秋两季是冷、暖气团过渡季节,温度比较适中,因此,邵阳县气候的四季分明,春季温暖、夏季炎热、秋季凉爽、冬季寒冷。

用气候学标准,以日平均气温稳定通过 10℃开始日期至日平均气温稳定通过 22.0℃初日为春季,以日平均气温稳定通过 22.0℃初日至日平均气温稳定通过 22.0℃终日为夏季;日平均气温稳定通过 22.0℃终日至日平均气温稳定通过 10.0℃终日为秋季;日平均气温稳定通过 10.0℃终日至次年日平均气温稳定通过 10.0℃初日为冬季。对邵阳县历年气象观测资料进行统计,得出邵阳县的四季划分如表 1.6 所示。由表可看出,春季起于 3 月 27 日,止于 6 月 3日,持续日数为 69 天,夏季起于 6 月 4 日,止于 9 月 15 日,持续日数 104 天,秋季始于 9 月 16日,止于 11 月 21 日,持续日数 67 天,冬季起于 11 月 22 日,止于次年 3 月 26 日,持续 125 天。

表 1.6　邵阳县四季划分表

项目　季节	起止日期 （日/月）	持续天数
春	27/3—3/6	69
夏	4/6—15/9	104
秋	16/9—21/11	67
冬	22/11—次年 26/3	125

以冬、夏季持续时间最长，各达 4 个月左右，夏季持续时间 104 天，而冬季持续日数 125 天；春、秋两季持续日数各为 2 个月左右，春季持续日数 69 天，秋季持续日数 67 天。

邵阳县初霜日期，平均为 12 月 5 日，最早出现在 10 月 30 日，最迟出现在 1 月 1 日；终霜日期平均为 2 月 20 日，最早出现在 1 月 30 日，最迟出现在 3 月 12 日。无霜期多年平均为 286 天，最长为 332 天，最短为 253 天左右。

日平均气温低于 0.0℃的日数极少，平均为 3.0 天左右，日最低气温低于 0.0℃的日数年平均为 21 天左右，因而邵阳县的作物生长季节是很长的。

二、春温多变，秋多晴暖

春季开始，北方大陆上的冷空气强度逐渐减弱，邵阳县处在冬季风向夏季风的过渡时期，冷暖气流在我县上空相互交替，致使天气变化无常，气温升降也异常剧烈。民间谚语"春天孩儿面，一日有三变"说明了邵阳县春天阴晴变化多端，气温变化波动大。每当北方冷空气侵入时，日平均气温可下降到 10.0℃以下，而冷空气过后，雨过天晴，日平均气温又可回升到 10℃以上，据统计，我县 3 月份一般有 3～4 次冷空气，寒潮活动大约 7 天一次，以强寒潮为重；4 月份约有 3 次冷空气寒潮活动，以中等寒潮居多；5 月份有 2～3 次冷空气寒潮活动，强度以中等或弱寒潮为主。

秋季是夏季风向冬季风的过渡时期。10—11 月各旬平均气温由 20.0℃，逐渐降至 18.1、16.4、12.0℃，旬日照时数为 44.6～32.0 小时，旬降水量为 17.8～38.1 毫米，气候温和，阳光充足，秋高气爽，多晴暖天气，雨水适中，有利于秋收秋种，故有"十月小阳春"之说法。

三、春末夏初多雨，盛夏秋初多旱

春末夏初（4—6 月），西太平洋副热带高压北上跳跃到华南，而北方冷空气不断南下受阻于长江以南，南岭以北，常在南岭山脉形成静止锋，致使极锋雨带滞留在邵阳县境，并在南支西风气旋的配合活动下，影响本县常出现持续阴雨或大雨到暴雨天气，形成本县的雨季。

邵阳县历年平均 4 月 13 日进入雨季，7 月 6 日雨季结束，雨季持续时间为 84 天，故把 4—6 月定为雨季。4—6 月雨季降水量为 546.9 毫米，占全年总降水量的 44.5%，4—6 月降水日数 50 天，即 3 个月中的降水日数达 83%。7 月初雨季结束后，在西太平洋副热带高压的稳定控制下，邵阳县天气炎热，高温少雨，7—9 月降水量为 268.7 毫米，占全年总降水量的 21%，3 个月的降水日数为 31 天。而此时温度高，蒸发量大，7—9 月蒸发量为 567.9 毫米，而此时又正值水稻、红薯等农作物需水高峰期，故水份供求矛盾突出，常出现规律性的夏秋干旱，是制约邵阳县农业高产稳产一个严重的农业气象灾害。

四、夏季多炎热,冬季少严寒

夏季在西太平洋副热带高压控制和影响下,太阳幅射强烈,温度高,湿度小,邵阳县每年6月中、下旬到8月中、下旬至9月初都有一段高温炎热天气出现。

若以候(5天)平均气温≥30.0℃作为暑热期标准来计算邵阳县的暑热期,则邵阳县平均每年有5~10天。

若以候平均气温≥28.0℃作为夏热期标准计算,邵阳县的夏热期,于7月上旬末开始至8月中旬结束,达60天左右,农谚说"小暑南风十八朝,晒得南山竹叶焦",即从"小暑"边开始至"立秋"边结束,我县进入高温夏热期,也具有高温火炉的气候特点。

冬季邵阳县处在冬季风控制下,气候的冷暖程度与北方冷空气侵入的次数与强度有关。由于从北方南下的干冷空气经过长途跋涉到达邵阳县,产生变性,寒威锐减,温度增高,水汽含量增多,故一旦形成降水天气时,多雨水而少冰雪。邵阳县深冬季节偶有冰雪,但冰雪天气较少,连续性降雪或冰冻的时间不长,多在2~3天即消失。每年冬季的降雪日数平均为10.6天,最多20天,最少仅3天。积雪日数年平均为6天,最多为18天,很多年份冬季无积雪。

若以候平均气温等于或小于0.0℃的时期为严寒期的标准,邵阳县大多数年份没有严寒天气出现,只有在个别年份偶有出现。常年在11月下旬,邵阳县进入冬季,冬季持续时间约4个月左右,由于此时常出现阴湿多雨、多偏北风天气,故人们感觉冬天比较湿冷。但在冬季,当在冷性高压控制下,出现晴朗天气时,由于白天太阳辐射强烈,气温较高,夜晚地面辐射冷却强烈,昼夜气温日较差增大到10℃以上,若遇强寒潮侵入,日较差可达20℃以上,可出现极端最低气温零下10℃以下,对农业生产造成严重危害,特别是柑桔,要注意选择特殊地形小气候区域,以确保柑桔高产、稳产。自1950年至2016年,邵阳县出现过6次严重冰冻灾害(1954、1957、1969、1977、1991、2008年),极端最低气温-10.1℃造成柑桔树遭害受冻死亡50%~90%,严重减产甚至毁灭性绝收。故仍需做好防寒防冻工作。

第二章 农业气候资源

第一节 热量资源

　　热量资源是指一个地方的热量条件为农业生产所能提供的能量及其对农业生产发展的潜在能力。包括生长季长度、总热量、温度水平及其在年内的分配,越冬时期的分配状况等。

　　热量条件是生物生活中重要的环境因子之一。农作物的生长发育需要在一定的温度条件下开始,而且要累积到一定的温度才能完成其生命周期。在一定的发育阶段超过农作物所能忍受的高温或低温,就会遭受灾害,温度的日变化对农作物的产量和产品质量均有影响。农作物最适宜的生长发育条件,还要求一定的昼夜和季节温度的配合,动物的生活节律,产品质量等也与温度条件有关系。故每一个地区的农业结构,农作物的品种类型、种植方式、种植制度、栽培措施、产量、产品质量等,在很大程度上都取决于生育期间的热量水平、累积的数量、分布的特点、冬季寒冷的程度与夏季的高温程度以及春秋季节的变化特点等。总之,一个地区农业生产类型的形式和演变,都是人们适应和利用当地热量资源的结果。

　　在目前的科学技术水平条件下,人们还不能大面积地控制地区热量状况。因而针对本地区农业生产问题,摸清本地的热量资源,对其资源和灾害进行全面了解,从而采取科学的农业技术措施,发挥本地热量资源的生产潜力,对于趋利避害、因地制宜和科学种田确保农业安全高产具有重大意义。

一、气温的变化情况

1. 平均气温

(1)年平均气温

　　邵阳县地处中亚热带地区,云贵高原向江南丘陵倾斜的过渡带,气温较高,1961—1980 年20 年平均气温为 16.8℃,1981—2010 年 30 年平均气温为 17.4℃。自 1961 年至 2016 年平均气温见图 2.1。

　　由表 2.1、表 2.2、表 2.3 可看出:1961—1980 年,年平均气温为 16.84℃,最高年平均气温为 17.8～17.4℃,最低年平均气温为 16.2～16.4℃,平均最高气温为 21.43℃,极端最高气温为 40.1℃,出现在 1963 年 9 月 1 日,平均最低气温为 13.43～13.47℃,极端最低气温为 -8.1～-10.1℃,出现在 1977 年 1 月 30 日。

　　1981—2010 年 30 年,每 10 年平均气温不断升高,1981—1990 年 10 年平均气温为16.90℃,1991—2000 年 10 年平均气温为 17.20℃,10 年增高 0.3℃,2001—2010 年 10 年平均气温为 18.10℃,10 年增高 0.9℃。最高年 2007 年平均气温达 19.0℃,比 1963 年最高年超高 1.2℃,比最低年 1970 年增高 2.8℃。年平均最高气温,1961—1990 年 30 年维持在21.44℃左右,自 1998 年首次攀升到 23.0℃以后,基本上保持在 22℃以上,极端最高气温2010 年 8 月 5 日达 40.2℃,为邵阳县气象观测资料历史记录的最高值。冬季极端最低气温逐

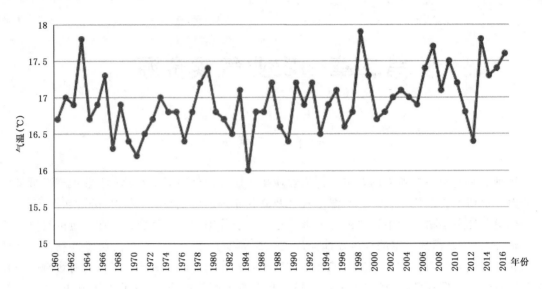

图 2.1　历年年平均气温(1961—2016 年)

年增高,1977 年 1 月 30 日极端最低气温−10.1℃,而 1981—2010 年的 30 年中,每 10 年极端最低气温依次为−4.3、−6.9、−5.2℃,冬季气温增高,气候变暖现象很明显。有利于柑橘等喜温作物越冬高产稳产。

表 2.1　历年年平均气温,最高、最低气温变化(1961—2010 年)　　　　　　　　单位:℃

年＼项目	10 年平均气温	最高年		最低年		平均最高气温	极端最高气温		平均最低气温	极端最低气温	
		气温	年份	气温	年份		气温	日期		气温	日期
1961—1970	16.84	17.8	1963	16.2	1970	21.44	40.1	1963 1/9	13.43	−8.1	1967/ 1/2
1971—1980	16.84	17.4	1979	16.4	1976	21.43	39.4	1971 26/7	13.47	−10.1	1977/ 30/1
1981—1990	16.90	/	/	16.0	1984	21.30	38.6	1989 16/8	14.00	−4.3	1984/ 22/1
1991—2000	17.20	18.0	1998 1999	17.0	8 年	21.50	38.6	1992 4/8	14.00	−6.9	1991/ 29/12
2001—2010	18.10	19.0	2007	18.0	9 年	22.20	40.2	2010 5/8	14.60	−5.2	2008/ 3/2

(2)月平均气温

邵阳县一年内各月平均气温呈"低—高—低"马鞍型变化趋势。1 月份平均气温为 5.0～5.4℃,是一年中温度的最低月份,7 月份平均气温 28.3℃,为一年中月平均温度的最高月份。历年各月平均气温见表 2.2,各月平均最高、最低气温见图 2.4。

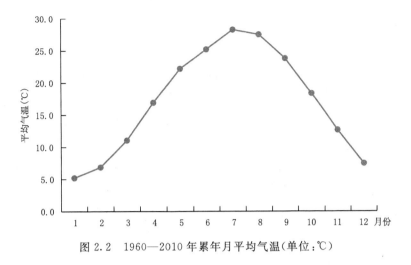

图 2.2　1960—2010 年累年月平均气温(单位:℃)

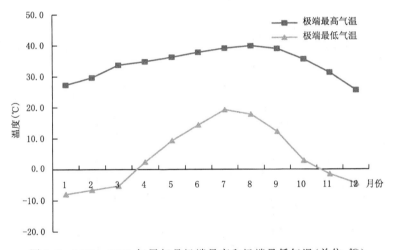

图 2.3　1960—2010 年累年月极端最高和极端最低气温(单位:℃)

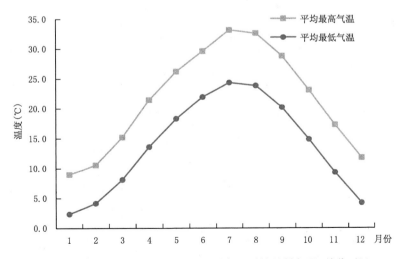

图 2.4　1960—2010 年累年月平均最高和平均最低气温(单位:℃)

表 2.2　历年平均气温，极端最高、极端最低气温（℃）

年	1960	1961	1962	1963	1964	1965	1966	1967	1968	1969	1970	1971	1972	1973	1974	1975	1976	1977	1978	1979
年平均气温	16.7	17.0	16.9	17.0	16.7	16.9	17.3	16.3	16.9	16.4	16.2	16.5	16.7	17.0	16.8	16.8	16.4	16.8	17.2	17.4
极端最高气温	37.2	39.4	38.2	40.1	38.0	38.7	38.8	37.5	36.8	37.1	37.9	39.4	38.1	36.2	37.2	37.5	38.0	37.1	38.1	37.4
极端最低气温	−5.1	−3.8	/	−4.2	−4.6	−3.4	−2.5	−5.9	−2.3	−8.1	−7.1	−3.1	−6.8	−4.2	−4.3	/	−4.4	−10.1	−2.8	−5.9

年	1980	1981	1922	1983	1984	1985	1986	1987	1988	1989	1990	1991	1992	1993	1994	1995	1996	1997	1998	1999
年平均气温	16.8	17.0	17.0	17.0	16.0	17.0	17.0	17.0	17.0	17.0	17.0	17.0	17.0	17.0	17.0	17.0	17.0	17.0	18.0	18.0
极端最高气温	36.9	37.6	37.0	37.7	37.6	37.6	36.8	36.7	37.7	38.6	37.4	37.9	38.6	35.1	37.1	38.1	35.5	37.0	38.1	36.4
极端最低气温	−5.6	−2.4	/	−3.6	/	−3.2	−1.8	−1.0	−2.9	−3.5	−4.6	−6.9	−2.2	−5.7	−3.2	−2.5	−2.8	−1.8	−1.7	−4.8

年	2000	2001	2002	2003	2004	2005	2006	2007	2008	2009	2010
年平均气温	17.0	18.0	18.0	18.0	18.0	18.0	18.0	19.0	18.0	18.0	18.0
极端最高气温	38.1	37.7	37.7	39.4	37.3	38.2	36.8	38.2	37.3	38.7	40.2
极端最低气温	−3.7	−2.9	−4.5	−2.9	−3.2	−3.6	−3.2	−0.5	−5.2	−1.9	−2.0

表 2.3 历年逐月平均气温,极端最高、最低气温(1960—2010 年) 单位:℃

项目 \ 月	1	2	3	4	5	6	7	8	9	10	11	12	年	资料年限
平均气温	5.0	6.3	10.9	16.5	21.3	25.0	28.2	27.4	23.7	18.1	12.2	7.3	16.8	1960—1980
	5.4	7.4	11.2	17.3	23.1	25.4	28.3	27.6	23.9	18.6	13.1	7.6	17.3	1981—2010
平均最高气温	9.0	10.3	15.2	21.1	25.8	29.6	33.4	32.8	28.9	23.0	16.8	11.5	21.5	1960—1980
	8.9	10.8	15.2	21.8	26.6	29.6	32.9	32.4	28.7	23.2	17.7	12.0	21.7	1981—2010
平均最低气温	1.9	3.5	7.9	13.2	18.0	21.7	24.1	23.5	19.9	14.5	8.9	4.1	13.4	1960—1980
	2.8	4.8	8.3	14.0	18.6	22.2	24.6	24.2	20.5	15.2	9.7	4.3	14.1	1981—2010
极端最高气温	27.7	28.9	31.4	34.6	36.3	38.2	39.4	39.5	40.1	34.6	30.6	26.8	40.1	1960—2010
	26.9	30.4	36.0	35.0	36.2	37.4	38.8	40.2	37.8	36.5	31.9	24.3	40.2	1981—2010
极端最低气温	−10.1	−8.1	−0.7	2.7	8.6	14.6	19.5	17.6	11.3	2.5	−2.4	−4.4	−10.1	1960—1980
	−5.9	−5.2	−1.0	2.2	10.1	14.1	19.0	17.9	12.2	3.2	−0.8	−4.8	−5.9	1981—2010

(3)旬平均气温

邵阳县一年中各月旬平均气温的变化也是呈"低—高—低"马鞍型。一年内旬平均气温最低为 4.8℃,出现在 1 月下旬,最高旬平均气温为 28.5℃,出现在 7 月下旬。各旬平均气温见表 2.4 和图 2.5。

表 2.4 邵阳县历年各月旬平均气温 单位:℃

月	旬	平均气温	月	旬	平均气温
1	上	5.1	7	上	27.8
	中	5.0		中	28.3
	下	4.8		下	28.5
2	上	4.9	8	上	28.2
	中	7.0		中	26.9
	下	7.3		下	27.3
3	上	9.3	9	上	25.7
	中	10.9		中	23.4
	下	12.5		下	22.1
4	上	14.2	10	上	20.0
	中	16.6		中	18.1
	下	18.7		下	16.4
5	上	19.6	11	上	14.9
	中	20.9		中	12.2
	下	23.1		下	9.9
6	上	24.1	12	上	9.1
	中	24.8		中	7.4
	下	26.2		下	5.6

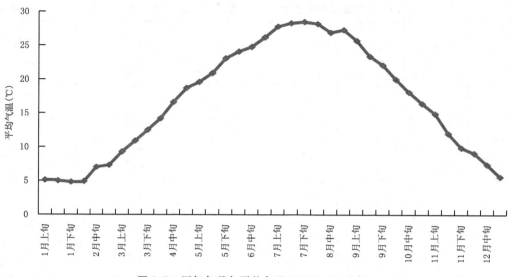

图 2.5　历年各月旬平均气温(1961—2016 年)

2. 极端温度

(1)极端最高气温

邵阳县极端最高气温为 40.2℃,出现在 2010 年 8 月 5 日,1963 年 9 月 1 日极端最高气温 40.1℃。极端最高气温 39.0℃ 以上的有 1961 年 9 月 23 日(39.4℃),1971 年 7 月 26 日 (39.4℃),2003 年 8 月 2 日(39.4℃);年极端最高气温 38.0℃ 以上的有 1962 年 7 月 25 日 (38.2℃),1964 年 7 月 19 日(38.0℃),1965 年 7 月 21 日(38.7℃),1966 年 8 月 30 日 (38.8℃),1972 年 7 月 21 日(38.1℃),1976 年 8 月 6 日(38.0℃),1978 年 7 月 3 日(38.1℃), 1989 年 8 月 16 日(38.6℃),1992 年 8 月 4 日(38.6℃),1995 年 7 月 2 日(38.1℃),1998 年 8 月 24 日(38.1℃),2000 年 7 月 27 日(38.1℃),2005 年 8 月 12 日(38.2℃),2007 年 8 月 2 日 (38.2℃),2009 年 7 月 18 日(38.7℃)。

(2)极端最低气温

邵阳县多年极端最低气温为 −10.1℃,出现在 1977 年 1 月 30 日,次极端最低气温为 −8.1℃,出现在 1969 年 2 月 1 日。极端最低气温在 −5.0℃ 以下的年份有 1967 年 1 月 16 日 (−5.9℃),1970 年 1 月 6 日(−7.1℃),1979 年 1 月 31 日(−5.9℃),1980 年 1 月 31 日 (−5.6℃),1991 年 12 月 29 日(−6.9℃),1993 年 1 月 16 日(−5.7℃),2008 年 2 月 3 日 (−5.2℃)。

3. 气温的四季变化

(1)冬季气温

冬季邵阳县受极地大陆气团控制,天气寒冷,从 12 月下旬开始,极地高压稳定控制我县。 气温较低,12 月平均气温为 7.3℃ 左右,1 月是冬季最强盛的月份,气温最低,多年平均气温在 5.0℃ 左右摆动,1960—2010 年 52 年间,1 月平均气温最低为 1.0℃,出现在 1977 年 1 月,极 端最低气温为 −10.1℃ 出现在 1977 年 1 月 30 日,最高值为 8.9℃,出现在 2002 年;2 月气温 逐渐回升,多年平均气温为 6.3℃,最低值为 2.3℃,出现在 1972 年,最高值 11.0℃,出现在 2009 年。

（2）春季气温

春季是冬季风向夏季风转换的过渡时期，3月份气温继续回升，随着太阳高度角的增大，气温升高较快，3月多年平均气温为10.9℃，最低月平均气温为7.7℃，出现在1970年；最高值为20.6℃，出现在1998年，4月份平均气温为16.5℃，5月份平均气温上升到21.3℃，最高为24.8℃，出现在2007年。最低值为18.9℃，出现在1995年。

（3）夏季气温

6月份起，西太平洋副热带高压逼近海岸，大陆低压已见发展，大气环流初步建立起夏季形势，这时太阳辐射较强，平均气温上升到25℃，7月份是夏季风最强盛的时期，也是本县气温最高的时期，多年月平均气温为28.2℃，最高值为30.4℃，出现在2003年，8月份太阳辐射开始减弱，气温略有降低，月平均气温为27.4℃，7月中旬至8月上旬为全年最炎热的高温时段，3旬平均气温分别为28.3℃、28.5℃、28.2℃。

（4）秋季气温

秋季是夏季风向冬季风转换的过渡季节，9月份太阳辐射仍较强，气温仍较高，9月平均气温为23.8℃，但秋分开始受极地大陆气团影响，10月份气温明显下降到20℃以下，10月份多年平均气温为18.5℃，最低月平均气温15.9℃，出现在1981年10月；11月份平均气温12.2℃，最低月平均气温9.4℃，出现在1967年。

4. 界限温度

不同农作物开始生长和终止生长的温度不同，根据本县气候特点与主要农作物的物候现象及农事活动，开始、终止期时间的关系，划定0、3、5、10、15、20、22℃等农业气象界限温度，其农业意义如下。

0℃：土壤冻结和解冻，越冬作物停止生长。春季0℃至冬季0℃之间的时段为"农耕期"。低于0℃的时段为"休闲期"或"死冬"。

3℃（5℃）：早春作物播种，喜凉作物开始生长，多数树木开始生长，春季3℃（5℃）至冬季3℃（5℃）之间的时段为冬季作物或早春作物的生长期（生长季）。5℃以上的时期称为全生育期。

10℃：春季日平均气温开始稳定通过10℃时，喜凉作物开始迅速生长，多年生作物开始迅速积累有机物质，喜温作物开始播种与生长；秋季日平均气温开始稳定低于10℃时，喜凉作物光合作用显著减弱，喜温作物停止生长。可见日平均气温大于10℃期间，是农作物有机物质形成的主要时期，此时段即为喜温作物的生长期。大多数木本植物以及绝大多数温带和亚热带作物生长的起点温度接近于10℃。秋季日平均气温稳定通过10℃终日大体上与植物叶子变色相吻合，而叶子变色与落叶现象表征同化作用结束，生育期终止，因此日平均气温稳定通过10℃初终日期间，亦称"平均生长期"。

15℃：喜温作物生长的适宜温度，喜温的作物起点温度接近于15℃，而15℃又可作为大多数木本植物以及一般不大喜温的作物积极生长的指标温度，秋季15℃大体上与植物叶子的变色现象相吻合，15℃以上的时期称为喜温作物的生长期。≥15℃初日为水稻适宜移栽期，棉苗开始生长期。

20℃：20℃初日为热带作物开始生长时期，是常规水稻抽穗开花的温度指标，20℃终日对水稻抽穗开花有影响，常导致空壳秕粒，≥20℃初终日期之间的时段为热带作物的生长期，也是双季水稻的生长季节（表2.5）。

22℃:籼型杂交水稻正常抽穗开花的界限温度指标。

(1)界限温度初终日期及其在各时段的出现频率与保证率

表 2.5　各级界限温度初终日出现时段的频率及保证率

月	日期	5℃		10℃		15℃		20℃		22℃	
		频率（%）	保证率（%）	频率（%）	保证率（%）	频率（%）	保证率（%）	频率（%）	保证率（%）	频率（%）	保证率（%）
1	1—5										
	6—10										
	11—15										
	16—20	2	2								
	21—25	2	4								
	26—31	5	9								
2	1—5	3	12								
	6—10	8	20								
	11—15	10	30								
	16—20	6	36								
	21—25	14	50								
	26—28	12	62								
3	1—5	16	78								
	6—10	6	84	8	8						
	11—15	8	92	3	11						
	16—20	2	94	22	33						
	21—25	6	100	20	53						
	26—30			26	79	6	6				
4	1—5			10	89	2	8				
	6—10			6	95	12	20				
	11—15			1	97	22	42				
	16—20			2	100	24	66				
	21—25					6	72	2	2		
	26—30					12	84	3	5		
5	1—5					10	94	10	15	2	2
	6—10					3	97	16	31	3	5
	11—15					2	99	12	43	6	11
	16—20							26	69	6	17
	21—25					2	100	16	85	16	33
	26—31							10	95	14	47
6	1—5							5	100	18	65
	6—10									12	77
	11—15									6	83
	16—20									8	91
	21—25									3	94
	26—30									3	97

续表

月	温度 频率 日期	5℃		10℃		15℃		20℃		22℃	
		频率（%）	保证率（%）	频率（%）	保证率（%）	频率（%）	保证率（%）	频率（%）	保证率（%）	频率（%）	保证率（%）
7	1—5									3	100
	6—10										
	11—15										
	16—20										
	21—25										
	26—31										
8	1—5										
	6—10										
	11—15										
	16—20									3	100
	21—25									2	97
	26—31										
9	1—5									7	95
	6—10							4	100	23	88
	11—15							8	96	20	65
	16—20							4	88	12	45
	21—25							16	84	10	33
	26—30					2	100	24	68	14	23
10	1—5					3	98	24	44	7	9
	6—10					3	95	8	20	2	2
	11—15					4	92	10	12		
	16—20					18	88				
	21—25					24	70	2	2		
	26—31					21	46				
11	1—5			4	100	12	34				
	6—10			12	96	15	22				
	11—15	3	100	12	84	5	7				
	16—20	3	95	18	72	2	2				
	21—25	3	92	20	54						
	26—30	3	89	14	34						
12	1—5	10	86	8	20						
	6—10	12	76	8	12						
	11—15	16	64	4	4						
	16—20	8	48								
	21—25	15	41								
	26—31	10	26								
1	1—5	10	16								
	6—10	6	6								
	11—15										

　　(2)界限温度初终日期间的持续日数——生长期的长短

　　通过分析各界限温度初终日期间的持续日数(表2.6),可了解该地区农耕时期,根据不同作物或不同作物品种组合所需生长期,便可为农业部门选择适当作物及品种搭配,采取合理的种植制度提供农业气象科学依据。

　　0℃以上的持续日数可以决定本县农事季节的总长度,其持续期的长短是衡量本县可能生长期和确定本县种植制度的重要依据。

　　5℃以上持续日数,可以确定本县喜凉作物生育期长短。邵阳县日平均气温稳定通过5℃的平均初日出现在2月27日,终日为12月24日,初终间持续日数为291天。最长年为356天,出现在2007年1月21日至2008年1月11日,最短年为237天,出现在1976年3月22日至11月13日,年际间5℃以上初终间日数前后相差119天,其中初日前后相差60天,终日迟早相差59天。可见,日平均气温稳定通过5℃以上持续日数迟早相差较大。

　　10℃以上持续日数可以确定本县喜温作物生长期的长短。≥10℃的持续日数愈长,可供喜温作物生育的热量愈丰富,可以种植生育期较长的喜温作物或品种。甚至一年种植多熟喜温作物。同时,其持续期的长短也可成为农业的限制因素。邵阳县历年日平均气温稳定通过10℃的平均初日为3月27日,终日11月21日,持续日数240天。最早初日为2001年3月8日,终日为12月2日,持续日数270天,最短持续日数204天,出现在1987年4月15日—11月4日。≥10℃初日前后相差38天;日平均气温稳定通过10℃终日前后相差28天;年际间≥10℃持续日数长短相差66天。

　　15℃以上的持续日数可以评定地区热量条件对热带和亚热带作物的适宜程度。

　　15℃以上的持续期可作为茶叶可采期的温度指标。春茶的开采期要求日平均气温15℃以上。≥15℃的持续日数愈长,茶叶采摘轮数愈多,产量就愈高。邵阳县历年日平均气温稳定通过15℃的平均开始日期出现在4月29日;平均终日为10月25日;初终间持续日数平均为187天,最长年为233天,出现在1998年3月29日至11月16日,最短年为152天,出现在1968年5月11日至10月9日。年际间15℃以上持续日数相差81天。其中日平均气温稳定通过15℃开始日期前后相差43天,终日前后相差38天。

　　20℃以上的持续日数,可以确定喜温作物水稻抽穗开花期的安全程度。邵阳县历年日平均气温稳定通过20℃初、终日期间持续日数平均为139天,初日为5月19日,终日为9月29日。历年日平均气温稳定通过20℃初终日期间持续日数最长年为164天,出现在2000年5月3日至10月11日;最短年为103天,出现在1981年6月2日至9月12日。年际间≥20℃持续日数长短相差61天,其中持续日数开始日期前后相差21天,终止日期前后相差29天。

　　22℃以上的持续日数,可以确定籼型杂交水稻抽穗开花的安全程度。邵阳县历年日平均气温稳定通过22℃初终日期间持续天数为105天,开始日期平均为6月3日,终止日期平均出现在9月15日。历年≥22℃持续日数最长年为140天,出现在1983年5月19日至10月5日,最短年为62天,出现在1989年7月4日至9月3日。年际间≥22℃持续日数长短相差18天,日平均气温稳定通过22℃开始日期前后相差46天,终止日期前后相差32天。

表 2.6 各级界限温度初终日期间持续日期

界限温度 (℃)	平均天数	最长		最短	
		天数	起止日期	天数	起止日期
5	291	350	2007/21/1—1/11	237	1976/22/3—13/10
10	240	270	2001/8/3—2/12	204	1987/15/4—4/11
15	187	233	1998/29/3—16/11	152	1968/11/5—9/10
20	139	164	2000/3/5—11/10	103	1981/2/6—12/9
22	105	140	1983/19/5—5/10	62	1989/4/7—3/9

（3）界限温度初终日期间的积温

界限温度初、终日期间的积温能反映农作物可能生长期内的温度强度和持续时间,反映出生长期内可能提供农业利用的热量资源,表示地区气候的生物学潜在能力。

在其他环境条件基本满足的情况下,农作物发育速度主要受生育期内温度的影响,作物从播种到成熟要求一定量的日平均温度的累积,因此,分析界限温度初、终日期间的积温较能正确地评定地区热量条件的农业意义。现统计邵阳县的各级界限温度初、终日期间的多年平均积温、积温保证率及各时段的积温累积等,如表 2.7 所示。

表 2.7 历年各级界限温度活动积温

界限温度 (℃)	平均 (℃·天)	最多年 (℃·天)	出现年份	最少年	出现年份
0	6158.2	6685.4	1963	5849.2	1984
5	5765.3	6764.2	1977	5273.4	1970
10	5263.4	5943.3	2008	4767.6	1987
15	4486.0	5548.2	1998	3767.6	1968
20	3475.7	4310.7	2007	2852.7	1981
22	2807.2	3588.5	1996	1734.7	1989

日平均气温＞0℃的积温,平均为 6158.2℃·天,最多年为 1963 年,＞0℃积温 6685.4℃·天,最少年 5847.2℃·天,出现在 1984 年,平均气温≥5℃的积温平均为 5765.3℃·天,最多年 1977 年为 6111.4℃·天,最少年 5273.4℃·天,出现在 1970 年,日平均气温≥10.0℃积温平均为 5263.4℃·天,最多年 1966 年为 5943.3℃·天,最少年 4767.6℃·天,出现在 1987 年;日平均气温≥15℃的积温平均为 4486.0℃·天,最多年 1998 年为 5548.2℃·天,最少年 3798.0℃·天,出现在 1968 年;日平均气温≥20℃积温,平均 3475.7℃·天,最多年 2007 年为 4310.9℃·天,最少年 2852.7℃·天,出现在 1981 年;日平均气温≥22℃积温平均为 2807.2℃·天,最多年 1996 年为 3588.5℃·天,最少年 1734.7℃·天,出现在 1989 年。

表 2.8~2.12 分别列出了日平均气温通过 0℃,5℃,10℃,15℃,20℃,22℃期间积温保证率。

表 2.8　日平均气温稳定通过 0℃ ,5℃ 期间积温保证率

项目 积温(℃·天)	0℃			5℃		
	年数	频率(%)	保证率(%)	年数	频率(%)	保证率(%)
6700～6800	1	2	2	1	2	2
6600～6700	3	5	7			
6500～6600	6	12	19			
6400～6500	6	12	31			
6300～6400	5	10	44	2	3	5
6200～6300	11	22	63	3	6	11
6100～6200	6	12	75	2	3	14
6000～6100	5	10	85	7	14	28
5900～6000	5	10	95	7	14	42
5800～5900	3	5	100	8	16	58
5700～5800				13	27	85
5600～5700				2	3	88
5500～5600				1	2	90
5400～5500				3	6	96
5300～5400						
5200～5300				1	2	98
5100～5200				1	2	100

表 2.9　日平均气温稳定通过 10℃ 期间积温保证率

项目 积温(℃·天)	年数	频率(%)	保证率(%)
5900～6000	1	2	2
5800～5900	2	3	5
5700～5800	4	8	13
5600～5700	1	2	15
5500～5600	5	10	25
5400～5500	8	16	41
5300～5400	10	20	61
5200～5300	8	16	77
5100～5200	7	14	91
5000～5100	2	3	94
4900～5000	2	3	97
4800～4900			
4700～4800	1	2	100

表 2.10　日平均气温稳定通过 15℃ 期间活动积温保证率

项目 积温（℃·天）	年数	频率（%）	保证率（%）
5500～5600	1	2	2
5400～5500			
5300～5400			
5200～5300	2	3	2
5100～5200	2	3	8
5000～5100	2	3	11
4900～5000	3	6	17
4800～4900	2	3	20
4700～4800	8	17	37
4600～4700	8	17	54
4500～4600	5	11	65
4400～4500	4	6	71
4300～4400	5	10	81
4200～4300	5	10	91
4100～4200	3	5	96
4000～4100			
3900～4000			
3800～3900	1	5	98
3700～3800	1	2	100

表 2.11　日平均气温稳定通过 20℃ 期间积温保证率

项目 积温（℃·天）	年数	频率（%）	保证率（%）
4300～4400	1	2	2
4200～4300			
4100～4200	4	8	10
4000～4100	1	2	12
3900～4000	2	3	15
3800～3900	1	2	17
3700～3800	6	12	29
3600～3700	4	8	37
3500～3600	8	16	53
3400～3500	7	14	67
3300～3400	8	16	83
3200～3300	5	10	93
3100～3200			
3000～3100	2	3	96
2900～3000	2	3	99
2800～2900	1	2	100

表 2.12　日平均气温稳定通过 22℃ 期间积温保证率

项目 积温(℃·天)	年数	频率(%)	保证率(%)
3700～3800	1	2	2
3600～3700	4	8	10
3500～3600	2	3	13
3400～3500	5	10	23
3300～3400	5	10	33
3200～3300	1	2	35
3100～3200	1	2	37
3000～3100	5	10	47
2900～3000	3	6	53
2800～2900	5	10	63
2700～2800	2	3	66
2600～2700	5	10	76
2500～2600	3	6	82
2400～2500	3	6	88
2300～2400	5	10	98
2200～2300			
2100～2200			
2000～2100			
1900～2000			
1800～1900			
1700～1800	1	2	100

（4）不同海拔高度各级界限温度及无霜期

不同海拔高度各级界限温度积温随海拔高度升高而减少。由表 2.13 可知如下。

>0℃积温,海拔高度每上升 100 米,减少 201.1℃·天,

≥10℃积温,海拔高度每上升 100 米,减少 201.7℃·天。

≥15℃积温,海拔高度每上升 100 米,减少 197.0℃·天。

≥20℃积温,海拔高度每上升 100 米,减少 184.1℃·天。

无霜期:海拔高度每上升 100 米,无霜期减少 5.71 天。

表 2.13　不同海拔高度各级界限温度初、终期,积温,无霜期

海拔高度(米)		300	400	500	600	700	800	900	1000
>0℃积温(℃·天)		6128.2	5895.4	5694.5	5507.3	5307.7	5106.5	4924.6	4720.5
≥10℃	初日(日/月)	27/3	30/3	2/4	4/4	7/4	10/4	13/4	16/4
	终日(日/月)	19/11	16/11	13/11	10/11	7/11	4/11	2/11	30/10
	积温(℃·天)	5241.2	5005.2	4804.3	4617.1	4417.5	4216.3	4034.4	3829.3

海拔高度（米）		300	400	500	600	700	800	900	1000
≥15℃	初日（日/月）	22/4	25/4	28/4	30/4	3/5	6/5	9/5	12/5
	终日（日/月）	25/10	22/10	19/10	16/10	13/10	10/10	8/10	5/10
	积温（℃·天）	4486.6	4270.8	4073.4	3890.8	3689.6	3488.9	3307.3	3107.9
≥20℃	初日（日/月）	18/5	21/5	24/5	26/5	29/5	1/6	4/6	7/6
	终日（日/月）	28/9	25/9	22/9	19/9	16/9	13/9	11/9	9/9
	积温（℃·天）	3487.5	3277.9	3080.9	2908.2	2718.7	2534.2	2370.8	2198.9
霜期	初日（日/月）	4/12	1/12	28/11	25/11	22/11	19/11	17/11	14/11
	终日（日/月）	21/2	24/2	27/2	1/3	4/3	7/3	10/3	13/3
	无霜期（天）	285	279	273	268	262	256	251	245

5. 气温的年较差与大陆度

气温年较差是一年内最热月平均气温与最冷月平均气温的差值,其差值的大小反映出一个地方气候的大陆性程度,由于海洋的调节,冬暖夏凉,称这种气候为海洋性气候,没有海洋调节,冬冷夏热,称这种气候为大陆性气候。其大陆度计算公式为:

$$大陆度\ K = \frac{1.7 \times 气温年较差}{\sin Q} - 20.4$$

式中:Q 为纬度,除以纬度是为了消除纬度的影响,由于年较差随纬度增加而增加,所以大陆度实质上是各纬度均可比较的气温年较差。大陆度一般变化于 0～100,0 为最强的海洋性气候,100 为最强的大陆性气候,50 为海洋性和大陆性气候之间的分界。

$$邵阳县的大陆度\ K = \frac{1.7 \times 23.2}{\sin 27°40'} - 20.4 = 65.3$$

邵阳县的气候属于海洋性过渡气候区,大陆度为 65.3,虽大于 50,但是年及各月的平均气温日较差都小于 10℃。

我国的季风主要是由于海陆热力不均而造成的海陆季风。由于冬季风从大陆腹地吹来,因而一般称为大陆性季风。

大陆性季风气候使邵阳县冬冷夏热,冬干夏雨,大陆性气候的炎热,有利于喜温作物和经济作物的生长,大陆性气候的日较差大对植物生长有利,日较差大使瓜果甜美,谷物中蛋白质含量也较高。所以大陆性气候年较差和日较差大的效应,在一定意义上,也可以理解为把冬季和夜间中无用或少用的热量集中到夏季和白天来,这样“集中兵力”的结果,给温带地区的森林和喜热粮棉作物的生长创造了良好的条件。

当然大陆性季风气候的冬季寒冷也给我县的喜温作物柑桔等造成不小的灾害和损失。可是冬季风在夏季转变成的夏季风,却给本县带来了丰沛的雨水。水、热、光基本同季,水热共济,使我县的农业气候条件十分优越,特别是在副热带高压控制的北纬 27°附近,夏季风在北回归线沙漠带的纬度上创造了一个“青山绿水”的鱼米之乡,诞生了一个风景如画的“大陆洲”。

二、地温

土壤温度对于在土壤中以及在邻近气层中所出现的各种过程和现象都产生影响,也影响到农作物的生长发育环境及其生命活动。地温对农作物整个生育期都有一定的影响,而且前期影响大于气温,在气温低而又不到危害农作物正常生育的情况下,增加地温对促进农作物生长是十分有利的,地温对农作物的影响包括对农作物地上部和地下部根系的生长量、种子的萌发与幼苗生长,作物的安全越冬、作物的光合作用,作物对水分及营养物质的吸收与输送,以及土壤中有效养分的变化等的影响。

土壤温度不太高时,对根系生长比较有利,在 5～27℃ 范围内,玉米根系对磷的吸收量随温度的升高而增加,但以地温 10℃ 时为最好。

种子发芽、出苗以及幼苗的生长与土壤温度有密切关系,在水分供应充足且在一定温度范围内,种子发芽速度随土壤温度增高而加快,种子发芽需要一定的温度,见表 2.14。

表 2.14　种子发芽所需的土壤温度

温度 作物	土壤温度(℃)		
	最低	最适	最高
小麦、大麦	1～2	20～25	28～32
玉米	8～10	25～30	40～44
水稻	12～14	30～32	36～38

引自冯秀藻、陶炳炎主编《农业气象学原理》,土温对植物的块根、块茎及其他农作物的产量有很大影响。

甘薯产量与 6、7、8 月 20 厘米地温存在线性关系。土壤温度不仅影响农作物产量,还会影响马铃薯的退化及在土壤中的分布。植物体内物质输送从高温处向低温处转移的趋势,所以光合作用产物如酶类和其他可溶性物质容易向低温层次聚集,因而甘薯最多的深度是地面以下 5～25 厘米的土层,30 厘米以下则较小,10～15 厘米深度块根膨大得早而快;花生结实的最低临界温度为 15～17℃,最适宜地温为 31～33℃,最高临界地温为 37～39℃。地温过高或过低,都会造成子房组织的坏死,易腐烂,据研究,玉米产量与 10 厘米土壤温度呈线性关系,土壤温度高于 27.4℃,产量降低。土壤温度还影响根的吸水量、农田 CO_2 释放量以及通过影响作物吸水而影响气孔阻力和限制农作物的光合作用。

三、主要农作物的热量指标

1. 主要指标

农作物的生长主要指标如表 2.15、2.16 所示。

表 2.15　主要农作物的生育期天数及热量指标

生育期 农作物	生育期天数(天)		≥10℃积温(℃·天)	
	播种—成熟	移栽—成熟	播种—成熟	移栽—成熟
红薯	230	200	4400	3800
烤烟	212	190	3500	2800
油菜	223	169	2720.5	1780
春玉米	140		3500	
春大豆	101		2350	
秋大豆	110		2300	
花生	160		3800	

续表

生育期 农作物	生育期天数（天）		≥10℃积温（℃·天）	
	播种—成熟	移栽—成熟	播种—成熟	移栽—成熟
西瓜	120		2700	
辣椒	145	92	2300	1700
萝卜	83		1500	
大白菜	114		2200	
豇豆	93		2300	
莴笋	120		2200	
黄瓜	108		2250	
红花草籽	195		1900	
绿豆	115		2700	
春马铃薯	105		2100	
秋马铃薯	75		1600	

表 2.16 水稻生育期及积温

作物	生育期	生育期天数（天）		≥10℃积温（℃·天）		移栽齐穗	
		播种—成熟	移栽—成熟	播种—成熟	移栽—成熟	天数	积温
双季早稻	陵两优 83	102	76	2350.0	1840.0		
	两优早 17	103	77	2445.5	1950.0		
	隆两优 942	108	81	2480.0	1960.0		
	浙幅 802	110	85	2450.0	2178.5		
	湘早籼 45 号	112	86	2621.9	2181.4		
	金优 463	114	87	2650.0	2247.8		
一季稻	岳优 133	128	94	3262.1	2100.0		
一季稻	五优 308	129	97	3277.1	2319.0		
	隆两优 534	134	104	3413.9	2350.7		
	晶两优 900	135	106	3400.0	2410.7		
	两优 9918	139	110	3378.9	2598.0		
	隆两优华占	140	112	3478.5	2617.8		
	隆两优 1813	143	115	3315.0	2625.0		
双季晚稻	H 优 518	109	82	3278.9	2810.5	55	1400
	丰源优 299	114	89	3315.0	2911.5	55	1400
	桃优香占	115	89	3327.8	2925.6	55	1400
	岳优 518	116	90	3329.7	2930.7	60	1500
	吉优 353	119	92	3410.7	2957.9	60	1500
	深优 9140	125	99	3469.0	2958.0	60	1500

2. 主要耕作制度热量条件

邵阳县主要耕作制度水田为双季早、晚稻两熟制和双季稻加油菜三熟制;旱土为春玉米、春红薯+蔬菜两熟制,现对其所需热量条件计算如表 2.17～2.19 所示。

(1)双季早、晚稻两熟制所需热量条件

表 2.17　双季早、晚稻两熟制所需积温计算表

项目 品种搭配	早稻播种—成熟+晚稻移栽—齐穗	
	生育期天数+农耗 5 天	≥10℃积温+农耗
1. 早稻早熟+晚稻中熟	105+55+5=165	2350+1400+150=3900
2. 早稻中熟+晚稻中熟	110+55+5=170	2450+140+150=4100
3. 早稻晚熟+晚稻中熟	120+55+5=180	2650+140+150=4200
4. 早稻早熟+晚稻晚熟	105+60+5=170	2350+1500+150=4000
5. 早稻中熟+晚稻晚熟	110+60+5=175	2450+1500+150=4100
6. 早稻晚熟+晚稻晚熟	120+60+5=185	2650+1500+150=4300

由表 2.17 可看出:

方案 1 双季稻两熟制早稻早熟+晚稻中熟

生育期 165 天,积温 3900℃·天,而日平均气温稳定通过 10～22℃的 80%保证率为 170～180 天,积温 4100～4200℃·天。此方案 10～20℃的生长季多余 15～24 天,热量资源多 350～450℃·天。

方案 2 早稻中熟+晚稻中熟

生育期天数为 170 天,≥10℃积温为 4100℃·天,而日平均气温稳定通过 10～20℃持续日数为 170～179 天,积温为 4100～4200℃·天,生长季节和积温都可满足双季早、晚稻稳定高产需要,热量资源高,略有富余。

方案 3 早稻晚熟+晚稻中熟

生育期天数为 180 天,≥10℃积温 4200℃·天,邵阳县热量资源可满足双季早、晚稻稳产高产需要,但是接近极限,要求抓紧季节,减少农耗时间,加强田间管理,促进早稻早生快发,力争稳产高产。

方案 4 早稻早熟+晚稻晚熟

生育期天数为 170 天,积温 4000℃·天,热量资源可满足双季早、晚稻稳产高产的需求。

方案 5 早稻中熟+晚稻晚熟

生育期天数为 175 天,积温 4100℃·天,生长季节与积温可满足双季早、晚稻稳产高产要求,但有一些风险,要抓紧季节,加强田间管理,促使早生快发。

方案 6 早稻晚熟+晚稻晚熟

生育期天数为 185 天,积温 4250℃·天,而邵阳县日平均气温稳定通过 10～20℃的 80%保证率只有 180～189 天,积温 4300～4400℃·天,生育期天数和积温都已达到极限,双季早、晚稻高产丰收风险性较大,但在秋季高温寒露风偏迟的气候偏暖年份,则可根据前期气象部门预报,采用此方案,可获得高产丰收。

(2)双季早晚稻+冬作物(油菜)三熟制所需热量条件

表 2.18 双季早晚稻＋油菜三熟制所需天数及积温计算表

积温（℃·天） 品种搭配方案	早稻播种－成熟＋晚稻移栽－齐穗＋油菜移栽－成熟期	
	生育天数（天）	≥0.0℃
1. 早稻早熟＋晚稻中熟＋油菜	105＋60＋170＝335	2350＋1700＋1800＝5850
2. 早稻中熟＋晚稻中熟＋油菜	110＋60＋170＝340	2450＋2700＋1800＝5910
3. 早稻晚熟＋晚稻中熟＋油菜	120＋60＋170＝350	2650＋1700＋1800＝6050
4. 早稻早熟＋晚稻晚熟＋油菜	105＋65＋170＝340	2350＋1800＋1800＝5950
5. 早稻中熟＋晚稻晚熟＋油菜	110＋65＋170＝345	2450＋1800＋1800＝6050
6. 早稻晚熟＋晚稻晚熟＋油菜	120＋65＋170＝355	2650＋1800＋1800＝6250

从表 2.18 可看出：

方案 1. 双季早熟早稻品种搭配中熟晚稻加冬季油菜，所需生育期为 335 天，≥0℃积温 5850℃·天，而本地多年平均≥0℃积温为 6158.2℃·天，尚余积温 308.2℃·天。

方案 2. 双季早稻中熟品种搭配双季晚稻中熟品种加冬种油菜，三季所需生育期为 340 天，≥0℃积温为 5910℃·天，与多年平均≥0℃积温相比较，尚剩余≥0℃积温 258.2℃·天。

方案 3. 双季早稻晚熟加双季晚稻中熟品种加油菜，三季生育期为 350 天，三季所需≥0.0℃积温为 6050℃·天与多年平均≥0℃积温相比，尚剩余 108.2℃·天。

方案 4. 双季早稻早熟品种搭配双季晚稻晚熟品种加油菜，三季生育期为 340 天，三季所需≥0.0℃积温为 5750℃·天。与多年平均≥0℃积温相比，尚剩余 208.2℃·天。

方案 5. 双季早稻中热品种搭配双季晚稻晚熟品种加油菜，三季生育期为 345 天，三季所需积温 6050℃·天。与多年≥0℃积温相比，尚余 108.2℃·天。

方案 6. 双季早稻晚熟品种搭配双季晚稻晚熟品种加冬季油菜，三季生育期为 355 天，三季所需≥0℃积温为 6250℃·天，与多年平均≥0℃积温 6158.2℃·天相比仅少 9.1℃。

由此可见，邵阳县多年平均≥0℃积温 6158.2℃·天采取双季早、晚稻加油菜的耕作制度是充分利用农业气候资源的最佳方案。

（3）旱地作物春玉米＋秋冬季蔬菜两熟制热量条件

表 2.19 旱地作物春玉米＋秋蔬菜（萝卜）所需 0℃以上积温计算表

生育期积温（℃·天） 品种搭配方案	播种－采收	
	生育期天数（天）	≥0.0℃积温
1. 春玉米＋萝卜	140＋85＝225	3500＋1535＝5035
2. 春玉米＋大白菜	140＋115＝255	3500＋2126＝5626
3. 春玉米＋莴笋	140＋115＝255	3500＋2178＝5678
4. 春玉米＋秋马铃薯	140＋90＝230	3500＋1600＝5100

从表 2.19 可见：

方案 1. 春玉米搭配冬季萝卜，二季生育期为 225 天，≥0.0℃积温为 5035℃·天，与多年平均≥0.0℃积温 6158.2℃·天相比，尚剩余≥0.0℃积温 1123.2℃·天。

方案 2. 春玉米收割后冬季种大白菜，二季生育期为 255 天，二季所需≥0.0℃积温为 5626℃·天，与多年平均≥0.0℃积温相比，尚余积温 532.2℃·天。

方案 3. 春玉米加冬作蒿笋二季生育期 255 天,所需≥0℃积温 5678℃·天,与多年平均≥0℃积温相比,尚余≥0℃积温 480.2℃·天。

方案 4. 春玉米搭配秋马铃薯,二季生育期为 230 天,二季所需≥0℃积温 5100℃·天,与多年平均≥0℃积温 6158.2℃·天相比,尚余积温 1058.2℃·天。

由此可见,旱土春玉米搭配冬季蔬菜可充分利用邵阳县的冬季农业气候资源。

第二节　水分资源

水是动植物生活的基本因子,也是动植物正常生长发育的环境条件;水是绿色植物进行光合作用的基本原料之一,是植物吸收各种矿物营养元素的传输者,也是植物有机体的主要成分。水分是支撑整个植物体的主要因素之一,是植物适宜生态环境条件的组成因子和调控者。

在土壤—植物—大气系统中,水是植物生活的必需因子。

一个地区水分的多少,季节分配及时间变化是农业生产十分关心的问题。地区的水分资源包括大气降水、地表水、土壤水和地下水四部分。大气降水是水分资源的主要部分。也是其他水的影响因素。因而一定时段的大气降水量是一个地区气候条件的重要特征量。大气降水是农业水分资源的主要组成部分。也是常用的农业气象指标。为此,本节对邵阳县的大气降水量及其时空分布做粗浅分析。

降水是指从天空降落到地面的液态或固态的水。

降水量是指某一时段内未经蒸发渗透流失的降水在水平面上积累的深度,以毫米为单位,取一位小数。

一、降水量的分配

1. 年降水量

(1)邵阳县多年平均年降水量在 1263.7 毫米左右。最多年降水量达 2013.7 毫米,出现在 1994 年,最少年降水量 887.8 毫米,出现在 2007 年。

(2)年降水量保证率。

对邵阳县 1960—2010 年逐年降水量进行统计(表 2.20),得出历年年降水量的保证率如下:邵阳县年降水量>1000 毫米的保证率为 89%,>1200 毫米的保证率为 72%,>1400 毫米的保证率为 32%,>1600 毫米的保证率为 14%,历年保证率 80% 的年降水量在 1200~1300毫米。

表 2.20　历年降水量保证率

项目 降水量(毫米)	年数	频率(%)	保证率(%)
2001~2100	12	2	2
1901~2000			
1801~1900			
1701~1800	1	2	4

续表

项目 降水量(毫米)	年数	频率(%)	保证率(%)
1601～1700	5	10	14
1501～1600	1	2	16
1401～1500	8	16	32
1301～1400	4	8	40
1201～1300	16	32	72
1101～1200	7	14	86
1001～1100	2	3	89
901～1000	5	10	99
801～900	1	2	100

2. 月降水量

邵阳县历年各月降水量(表2.21)在一年中的变化趋势呈"低—高—低"马鞍型状态,见图2.6。邵阳县历年各月降水量的演变特点如下。

表 2.21　历年各月降水量 单位:毫米

项目 \ 月	1	2	3	4	5	6	7	8	9	10	11	12	年
降水量	54.4	84.4	105.2	180.7	209.1	171.4	93.6	114.0	61.1	85.4	76.7	47.8	1263.7
月最大	168.0 (1991 年)	143.5 (1961 年)	320.0 (1992 年)	325.9 (1964 年)	337.0 (2001 年)	389.0 (1982 年)	382.6 (1996 年)	472.0 (1994 年)	292.0 (1998 年)	224.1 (1996 年)	204.0 (2008 年)	184.0 (2010 年)	
月最小	6.3 (1963 年)	5.1 (2010 年)	29.2 (1994 年)	62.4 (1969 年)	54.5 (1963 年)	44.8 (1960 年)	20.9 (2007 年)	6.6 (1966 年)	0.7 (1966 年)	0.6 (1979 年)	0.2 (1988 年)	0.0 (1973 年)	

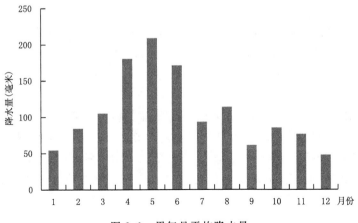

图 2.6　累年月平均降水量

(1)从冬到夏,月降水量从1月份开始由54.4毫米上升到2月份为84.4毫米,3月攀升到105.2毫米,4月份进入雨季达180.7毫米,5月份达到高峰209.1毫米。

(2)6月份以后,月降水量逐渐减少,6月为171.4毫米,7月份极锋雨带北移,降水量跌至93.6毫米,8月份降水量114.0毫米,9月份跌至61.1毫米,10月份北方冷空气活跃,降水量增多为85.4毫米,11月份为76.7毫米,12月份月降水量降低到一年中的最少值为47.8毫米。

(3)一年之中,以5月份降水量最多,平均为209.1毫米,历年中最多月降水量达386.8毫米,出现在1975年5月。

3. 旬降水量

各旬降水量见图2.7。

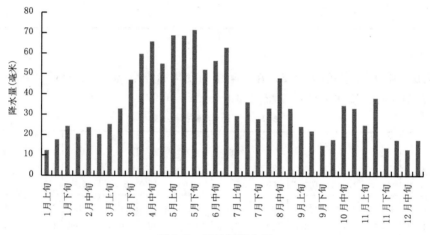

图2.7　累年旬降水量

表2.22列出邵阳县历年各旬降水量。邵阳县累年旬降水量最大值为71.5毫米,出现在5月下旬,最少旬降水量为12.3毫米,出现在1月上旬。

旬降水量10～20毫米的有8旬,出现在9月下旬,10月上旬,11月下旬,12月上、中、下旬,1月上、中旬,旬降水量20～30毫米的有9旬,出现在1月下旬,2月上、中、下旬,3月上旬,7月下旬,9月上、中旬,11月上旬,30～40毫米的有7旬,出现在3月中旬,7月中旬,8月上旬、下旬,10月中旬、下旬,11月中旬,40～50毫米的有2旬,出现在3月下旬,8月中旬,50～60毫米的有4旬,出现在4月上旬、下旬,6月上旬、中旬,60～70毫米的有4旬,出现在4月中旬,5月上旬、中旬,6月下旬,70毫米以上有1旬,出现在5月下旬。

4. 县内各地降水的差异

邵阳县内降水呈西多东少、南多北少的趋势,新建、黄塘、九公桥、长阳铺一线以西,年降水量大于1200毫米,以东地区则少于1200毫米。河伯岭是一个多雨地区,郦家坪是一个少雨地区。县境南部的城背年降水量1515.8毫米,而北部的枳木山只有1174.3毫米,西部的柏桑年降水量为1241.6毫米,而东部的郦家坪仅为1023.2毫米。各地降水量见表2.23。

表 2.22　历年各旬降水量

月	旬	降水量(毫米)	月	旬	降水量(毫米)
1	上	12.3	7	上	29.4
	中	17.7		中	36.1
	下	24.3		下	27.9
2	上	20.4	8	上	33.1
	中	23.7		中	47.9
	下	20.3		下	33.0
3	上	25.3	9	上	24.2
	中	32.9		中	22.0
	下	47.0		下	14.9
4	上	59.8	10	上	17.8
	中	65.9		中	34.5
	下	55.0		下	33.1
5	上	68.9	11	上	24.9
	中	68.7		中	38.1
	下	71.5		下	13.7
6	上	52.1	12	上	17.5
	中	56.4		中	12.8
	下	62.9		下	17.5

表 2.23　各地年降水量(毫米)

地点　降水量	塘渡口	诸甲亭	郦家坪	企江水库	柘桑	城背	黄荆	枳木山	岩口卜
平均	1263.2	1142.6	1023.2	1187.2	1241.8	1515.8	1124.2	1174.8	1308.3
最多	1710.3	1608.6	1385.3	1700.7	1630.3	2052.4	1522.1	1590.5	1883.7
最少	914.4	718.8	740.6	819.2	962.9	1097.3	813.8	850.3	1068.9

二、雨季和旱季

1. 雨季起止日期

每年春季,极地大陆气团势力逐渐减弱,南方海洋暖湿气团开始活跃影响我县,使雨水逐渐增多。此后随着西太平洋副热带高压的不断推进,极锋雨带北移,当副热带高压脊线北跃至北纬 28°附近时,我县稳定受副热带高压控制,天气晴热、高温,雨季结束。

根据省气象局制定的天气气候标准,雨季是指入汛后至西太平洋副热带高压季节性北跳之前的一段时期。

雨季开始:是指日降水量≥25 毫米或 3 天总降水量≥50 毫米,且其后两旬中任意一旬降水量超过历年同期平均值。

雨季结束:是指一次大雨以上降水过程以后 15 天内基本无雨(总降水量<20 毫米),则无

雨日的前一天为雨季结束日。雨季中若有 15 天或以上间歇,间歇后还出现西风带系统降水(15 天总降水量≥20 毫米),间歇时间虽达到以上标准,雨季仍不算结束。

　　按此标准统计邵阳县雨季平均开始日期为 4 月 13 日,最早出现在 3 月 9 日,最迟出现在 5 月 28 日,雨季结束日期平均为 7 月 6 日,最早出现在 6 月 18 日,最迟出现在 9 月 20 日,最长为 133 天,最短为 27 天。

　　2. 雨季和旱季的降水量

　　4—6 月极锋雨带滞留我县,致使降水量高度集中,多年平均降水量为 561.2 毫米,占年总降水量的 44.6%。最多年 1981 年 4—6 月降水量 893.0 毫米,占全年总降水量的 60%,最少年的 1985 年 4—6 月降水量仅 282.9 毫米,占全年总降水量的 28.0%(表 2.24)。

　　7—9 月我地常受西太平洋副热带高压稳定控制,降水量少,高温炎热,蒸发量大,作物需水量多,常出现雨水不足,形成干旱,故称之为旱季。7—9 月本县多年平均降水量为 268.9 毫米,占全年总降水量的 22.5%(表 2.24)。但个别年份雨季结束特迟,或出现较多的台风或热雷雨,7—9 月降水量也会出现特多的现象,如 1988 年 7—9 月降水量 659.0 毫米,占全年降水量的 41.0%。也有个别年份出现雨季结束偏早,降水量偏少的情况,如 2005 年 7—9 月降水量仅 54.9 毫米,占年总降水量的 4.0%,是我县 7—9 月降水量的最少值。

表 2.24　雨季(4—6 月)和旱季(7—9 月)降水量表

项目　　　　　　降水量(毫米)	雨季(4—6 月)	旱季(7—9 月)
平均降水量(毫米)	561.2	268.7
占全年(%)	44.0	22.0
最多年降水量(毫米)	893.0(1981 年)	659.0(1988 年)
占全年(%)	60.0	41.0
最少年降水量(毫米)	282.9(1985 年)	54.9(2015 年)
占全年(%)	28.0	4.0

表 2.25　4—6 月降水量保证率(1960—2010 年)

项目　　　　降水量(毫米)	年数(年)	频率(%)	保证率(%)
851～900	1	2	2
801～850	1	2	4
751～800	3	6	10
701～750	2	3	13
651～700	6	12	25
601～650	6	12	37
551～600	8	16	53
501～550	5	10	63
451～500	8	16	79
401～450	5	10	89
351～400	3	6	95
301～350	2	3	98
215～300	1	2	100

表 2.26 7—9月降水量保证率

项目 降水量(毫米)	年数(年)	频率(%)	保证率(%)
851～900	1	2	2
801～850			
751～800			
701～750			
651～700	2	3	5
601～650			
551～600	1	2	7
501～550	3	6	13
451～500			
401～450	4	8	21
351～400	5	10	31
301～350	6	12	43
251～300	11	22	65
201～250	6	12	77
151～200	7	14	91
101～150	4	8	99
51～100	1	2	100

3. 干燥度

一地的干湿状况是降水、热量等要素的综合反映,干燥指数是能较好地反映我县暖季干湿状况的指标。其经验公式为:

$$K = \frac{E}{Y} = \frac{0.16\sum t}{Y} \times 100\%$$

式中:K 为干燥度;

E 为可能蒸发量(毫米);

$\sum t$ 为日平均气温稳定通过10℃期内的积温(℃·天);

Y 为日平均气温稳定通过10℃期内的降水量(毫米)。

根据检合历年试验资料统计制定的干燥度指标,符合丰县实际情况。采用上式计算结果见表2.27。

表 2.27 邵阳县 4—10月干燥度

时间	4月	5月	6月	7月	8月	9月	10月	年平均
干燥度	0.43	0.50	0.70	1.49	1.18	1.86	1.10	0.85
干湿类型	很湿	湿润	湿润	干旱	干旱	大旱	干旱	湿润

干燥度标准 $K<0.49$ 为很湿,$K<0.5～0.9$ 为湿润,$K\geqslant 1～1.49$ 为干旱,$K\geqslant 1.50～1.99$ 为大干旱,$K\geqslant 2$ 为特大干旱。

从表 2.28 可看出:邵阳县 4 月份平均气温上升到 16.5℃,降水量逐渐增多,4—6 月干燥度为 0.43～0.70,气候湿润温暖,7 月初断雨脚,7、8、9、10 月干燥度为 1.49、1.18、1.86、1.10。降水量少于蒸发量,出现规律性的夏季干旱,9 月份 K 为 1.86,出现大旱,夏秋干旱是制约邵阳县农业高产稳产的重要气象灾害。

三、主要农作物生育期间的水分供求差

由表 2.28 可看出,早稻生育期间的水分供应在 10 年中仅有 1 年有特大干旱出现。90% 的年份自然降水量可以满足早稻生育的需水量需求。晚稻有 40% 的年份自然水量不能满足其生育期的需水需求,且有 30% 左右的特大干旱,需要人工灌溉,才能满足晚稻对水分的需求。

一季稻只有 43% 的年份自然降水量可以满足其生育的需要,有 24% 的年份自然降水量稍微缺少,33% 的年份自然降水量不能满足其生育需要,其中大旱年 14%,特大旱年 19%。

油菜苗期(11—12 月),70% 年份的自然降水量可以满足其播种出苗对水分的需求,24% 的年份自然降水量不能满足其播种出苗对水分的需求,其中大旱年 5%,特大旱年 19%。

油菜开盘抽苔期(1—3 月),80% 的年份自然降水量可以满足其生育对水分的需求,20% 的年份自然降水量不能满足其生育对水分的需求,其中 15% 的年份干旱缺水,其中大旱年为 5%。

油菜开花结籽至成熟期(4—5 月),90% 的年份可以满足其生育对水分的需要,仅有 10% 左右的年份自然降水量不能满足其生育对水分的需求。

红薯在 4 月底至 5 月初进行移栽,成活期至封垄期的 5—6 月降水量多,气温 15.0℃ 以上,土壤湿润,适合于藤蔓生长,7—9 月为茹块膨大期,本区在西太平洋副热带高压稳定控制下,多晴热少雨天气,有 57% 的年份出现大旱,其中特大旱年份为 28% 左右,对红薯块根膨大威胁很大。

春玉米在清明边播种,4—6 月处于极锋雨带滞留的高峰期,很湿润、湿润气候在 80% 以上,春玉米在 6 月底 7 月初雨季结束时基本成熟,可避开干旱威胁。

表 2.28　主要农作物生育期间的干燥度频率表

作物	等级 K 月	很湿 <0.49	湿润 0.50～0.99	干旱 1.0～1.49	大旱 1.50～1.99	特大旱 >2.00
早稻	4—7	52	30	9	0	9
晚稻	8—10	0	33	24	14	29
一季稻	5—9	0	43	24	14	19
油菜	11—12	52	14	10	5	19
油菜	1—3	66	14	5	10	5
油菜	4—5	80	10	05	05	0
红薯	5—6	62	38	0	0	0
红薯	7—9	0	24	29	29	28
春玉米	4—7	52	30	9	0	9

第三节 光能资源

太阳辐射能是地球大气和地球表面一切物理过程及生物过程的主要能源。

太阳辐射是植物生态环境条件的重要组成元素和影响因子。植物—土壤—大气系统的热状况、水分状况、水分循环、热量输送以及植物的正常生长所必需的无机盐的吸收、输送等,都是以太阳辐射能为源泉。

与太阳辐射相伴随而产生的日照,在植物生命活动中,具有极为重要的意义。它不仅影响植物的生长发育过程,而且对植物的形态特征,也产生深刻的影响。在天文因子、天气因子及地理因子的综合作用形成的日照时数,与农业生产的产量品质及形成都有密切关系。

目前大部分气象台站仅有日照时数观测记录,对太阳辐射的观测资料较少,因而我们根据邵阳县气象局的日照计观测的日照时数观测记录对光能资源利用做粗浅分析。

日照是指太阳在一地实际照射的时数,在一个给定时间,日照时数定义为太阳直接辐照度达到或超过 120 瓦/米² 的那段时间的总和,以小时为单位,取 1 位小数。日照时数也称实照时数。

可照时数(天文可照时数),是指在无任何遮蔽条件下,太阳中心从某地东方地平线到进入西方地平线,其光线照射到地面所经历的时间。可照时数由公式计算,也可从天文年历或气象常用表查出。日照百分率(%)=日照时数/可照时数×100%。

一、日照时数与日照百分率

1. 年日照时数与年日照百分率

(1)年日照时数

邵阳县历年平均日照时数为 1595.3 小时,最多年日照时数为 1930.2 小时,出现在 1971 年,最少年日照时数为 1146.7 小时,出现在 1961 年。日照时数保证率见表 2.29。

(2)年日照百分率

邵阳县多年日照百分率平均为 36%,最多年日照百分率为 44%,出现在 1991 年,最少年日照百分率为 26%,出现在 1964 年。

表 2.29 年日照时数保证率

日照时数 (小时)	年数	频率(%)	保证率(%)
1901～1950	1	2	2
1851～1900	1	2	4
1801～1850	3	6	10
1751～1800	1	2	12
1701～1750	4	8	20
1651～1700	5	10	30
1601～1650	10	20	50

项目 日照时数 （小时）	年数	频率（%）	保证率（%）
1551～1600	6	12	62
1501～1550	5	10	72
1451～1500	7	14	86
1401～1450	5	10	96
1351～1400	2	3	99
1301～1350			
1251～1300			
1201～1250			
1151～1200			
1101～1150	1	1	100

2. 月日照时数与月日照百分率

（1）月日照时数

邵阳县一年内月日照时数呈"低—高—低"马鞍型变化趋势。

2月日照时数64.1小时为一年中各月日照时数的最低值。

7月日照时数255.5小时为一年中各月日照时数的最高值。

（2）月日照百分率

邵阳县一年内日照百分率变化也是"低—高—低"马鞍型变化，见表2.30。

2月日照百分率20%为一年内日照百分率的最低值。

7月日照百分率61%为一年中日照百分率的最高值。

表 2.30　月日照时数与月日照百分率

月 项目	1	2	3	4	5	6	7	8	9	10	11	12	年
日照时数 （小时）	76.8	64.1	80.6	106.1	124.3	154.9	255.5	230.5	169.9	132.8	105.4	94.3	1595.3
日照百分率 （%）	23	20	22	28	30	38	61	57	46	37	33	29	36

3. 旬日照时数

邵阳县一年中各月逐旬日照时数呈"低—高—低"马鞍型变化。各旬日照时数见图2.8。

1月下旬日照时数20.8小时，为一年内旬日照时数的最低值。

7月下旬日照时数98.0小时，为一年内旬日照时数的最高值。

邵阳县各月逐旬日照时数见表2.31。

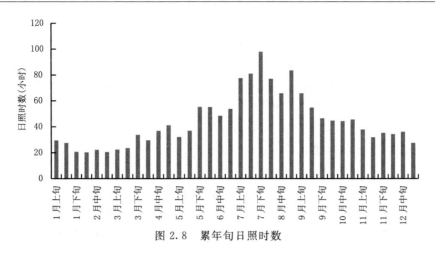

图 2.8 累年旬日照时数

表 2.31 邵阳县各月逐旬日照时数

月	旬	日照时数（小时）	月	旬	日照时数（小时）
1	上	29.5	7	上	77.6
1	中	27.6	7	中	81.1
1	下	20.8	7	下	98.0
2	上	20.4	8	上	77.1
2	中	22.4	8	中	65.9
2	下	20.6	8	下	83.6
3	上	22.5	9	上	65.9
3	中	23.7	9	中	54.8
3	下	33.9	9	下	46.6
4	上	29.6	10	上	44.8
4	中	36.9	10	中	44.4
4	下	41.2	10	下	45.7
5	上	32.2	11	上	37.9
5	中	36.9	11	中	32.0
5	下	55.3	11	下	35.4
6	上	55.2	12	上	34.4
6	中	48.5	12	中	36.2
6	下	53.7	12	下	27.6

二、光周期现象

农作物的开花时间取决于日照时数，白天与黑夜光照与黑暗的交替及其时间长短对农作物开花有很大影响，这种现象称为光周期现象。

1. 日照长度与开花的关系

按照日照长度与开花的关系，可将植物分为如下三种。

短日性植物：只有在光照长度小于某一时数才能开花结实。大多数为原产于热带、亚热带的作物，如水稻、大豆、玉米、谷子、高粱、甘薯、棉花等。

长日性植物：只有在光照长度长于某一时数才能开花结实。若缩短光照时数，就不能开花结实。大多为原产于高纬度的植物，如麦类、亚麻、油菜、菠菜、甜菜、洋葱、大蒜、豌豆等。

中间性植物：这类植物开花不受光照时间的影响，在长短不同的任何光照条件下都可以正常开花结实。如西红柿和一些水稻和大豆的品种。

2. 日照长度与作物引种的关系

日照长度对农作物的引种有以下影响。

纬度相近地区之间，因日照长度相近，引种成功可能性大。

对短日性作物而言，南方品种北引由于北方生长季内的日照时间长，将使农作物生育期延长，严重的甚至不能抽穗与开花结实。为了使其能及时成熟，宜引用较早熟的品种或感光性弱的品种。

北方品种南引，由于南方春夏季生长季内日照时间较短，使农作物生长发育加速而缩短，如果农作物生育期缩短太多，过多地影响了农作物营养体的生长，将降低农作物产量，甚至造成失收。如 1959 年从北方引种青森 5 号，提早抽穗造成失收。

对长日性作物而言，长日性作物品种南引，由于南方的日照时间缩短，将延迟农作物发育期和成熟期；南方品种北引，则由于北方的日照时间长，将缩短农作物的发育期与成熟期。从多年的农作物引种实践中发现，长日性作物的引种比短日性的作物引种困难较少一些。若不考虑地势高低影响。我国南方比北方的气温高，长日性作物由北方引种到南方，由于南方温度高，使之加快发育，而南方光照时间短，使之延迟发育，光温对作物发育速度的影响有"互相抵偿"作用，南种北引类似。

反之，短日性作物之南北引种，光温对作物发育的影响有"互相叠加"的作用。因而增加了南北引种的风险性。

三、光能资源估算

农作物的叶绿素通过光合作用吸收空气中的二氧化碳和土壤中的水分形成碳水化合物，因而太阳能是自然界植物生产有机物质的唯一能源，太阳能的多寡是农业生产潜力大小的一个重要因素之一。

农业生产的过程就是将太阳能变成化学潜能，即绿色植物的叶绿体吸收太阳光能的过程。农业技术措施和耕作制度的改革及新品种的选育等，都是为了提高绿色植物对太阳光能的利用率，也是为了提高农作物的产量和改善农作物的品质。

根据本县历年的日照时数观测资料，引用左大康的太阳辐射能经验拟合公式，对邵阳县的太阳总辐射能进行计算，其公式为：

$$(Q+q) = (Q+q)_0(a+b\frac{s_0}{s})$$

式中：$(Q+q)$ 为太阳总辐射值（卡/厘米^2·分）；

$(Q+q)_0$ 为晴天条件下的太阳总辐射值（卡/厘米^2·分）；

$a=0.248, b=0.752$；

s_0/s 为日照百分率（%）。

从表 2.32 可看出,邵阳县的年日照时数平均为 1595.3 小时,年日照百分率为 36%,年太阳总辐射值 105.95 千卡/厘米²。年内季节变化明显,夏、秋季(5—11 月)多,冬春季(12—翌年 4 月)少,尤以 7 月份最多达到 15.26 千卡/厘米²,居全年之首。1 月份最少,仅为 5.26 千卡/厘米²。其变化趋势基本上与温度变化一致。有利于农作物的生长发育和产量形成,是我县农业高产优质的有利条件。

表 2.32　邵阳县历年(1960—2010 年)各月日照时数及太阳辐射值

项目 \ 月	1	2	3	4	5	6	7	8	9	10	11	12	年
日照时数 (小时)	76.8	64.1	80.6	106.1	124.3	154.9	255.5	230.5	169.9	132.8	105.4	94.3	1595.3
日照百分率 (%)	23	20	22	28	30	38	61	57	46	37	33	29	36
$(Q+q)$ (千卡/厘米²)	5.26	5.56	6.92	8.67	9.90	11.51	15.26	13.66	10.36	8.19	6.28	5.39	105.95
$(Q+q)$ 日总量 (千卡/厘米²)	0.16	0.19	0.22	0.28	0.31	0.38	0.49	0.44	0.35	0.26	0.20	0.17	3450
(卡/厘米²)	160	190	220	280	310	380	490	440	350	260	200	170	3450

各月日照时数如图 2.9 所示。

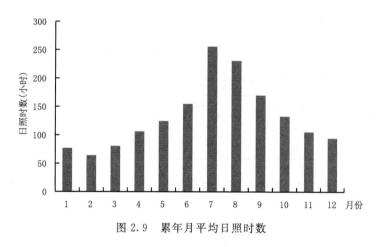

图 2.9　累年月平均日照时数

四、光合有效辐射与光合潜力估算

1. 光合有效辐射

植物能直接利用的生理辐射为可见光,波长在 0.38～0.71 微米,约占太阳能总辐射的 50% 左右。本县太阳总辐射每年平均为 105.95 千卡/厘米²,生理辐射能值为 53.0 千卡/厘米²,一年中光合有效辐射值较高的时期为日平均气温稳定通过 10℃ 初、终日之间的 4—10 月,其总量为 77.55 千卡/厘米²,约占全年太阳总辐射能的 73.0%,与热量、水分的变化趋势基本一致,有利于农作物的生长发育与产量形成。

2. 光合潜力估算

光合潜力的计算用左大康的经验拟合公式进行计算,其公式为:

$$y_T = 1.255 \times 10^3 \times T \times f \times Q$$

式中:y_T 为光合生产潜力(千克/亩),Q 为太阳总辐射(千卡/厘米^2),T 温度系数,f 为光能利用率(%)。

光能潜力估算:
$$\begin{cases} 0 & t \leqslant 0℃ \\ \dfrac{t}{30} & 0° < t < 30℃ \\ 1 & t \geqslant 30℃ \end{cases}$$

式中:t 为月平均气温(℃)。

将日平均气温稳定通过 5.0℃时期内的光能潜力称为准生产潜力,则我县准生产潜力为 5172 千克/亩,水稻籽粒的经济系数为 0.4,折算为粮食产量为 2285 千克/亩。

4—10 月份是喜温作物的生长季节,将日平均气温稳定通过 10℃初终日期间的光能潜力称为生产潜力。估算 4—10 月的光能潜力(生产潜力)为 4639 千克/亩,水稻籽粒的经济系数为 0.4,折算成粮食产量为 1859 千克/亩。由此可见,充分利用 4—10 月期间的光合潜力,并保证作物生长所必须的营养和先进的农业技术管理措施,提高我县水稻产量水平的潜力是非常巨大的。应用光合潜力的拟合经验公式计算邵阳县不同光能利用的月、日理论产量如表 2.33、表 2.34、表 2.35 所示。

表 2.33　邵阳县光能潜力估算值

月	1	2	3	4	5	6	7	8	9	10	11	12	年
光能潜力(千克/亩)	293	325	392	525	657	688	875	779	601	525	406	341	6338

表 2.34　邵阳县农业生产潜力估算值

日平均气温稳定值 5.0℃日期	准生产潜力(千克/亩)	折算粮食产量(千克/亩)	4—10月生产潜力(千克/亩)	折算粮食产量(千克/亩)
20/2	57/2	2285	4639	1859

表 2.35　邵阳县不同光能利用率的理论产量(千克/亩)

月份 ＼ 利用率 产量(千克/亩)	1%	2%	5%	10%
1	4.9	9.7	24.1	48.2
2	7.9	15.7	39.2	78.3
3	14.8	29.5	73.8	147.6
4	30.8	61.9	154.7	309.4
5	49.7	99.4	248.4	496.8
6	59.9	119.8	299.5	599.0
7	96.3	172.4	431.0	861.9
8	73.6	139.2	372.9	745.8

续表

月份 \ 产量（千克/亩） \ 利用率	1%	2%	5%	10%
9	48.5	95.0	242.5	484.9
10	32.9	65.7	164.2	328.3
11	17.7	35.4	88.4	176.7
12	8.4	16.8	42.0	83.9
年	372.3	744.7	1761.6	3713.2

五、主要农作物的光能利用率与产量

（1）早稻

双季早稻在 3 月底至 4 月初播种，7 月下旬成熟，全生育期的光合潜力理论产生如表 2.36 所示。

表 2.36　早稻生育期光合潜力表

光能利用率 \ 产量（千克/亩） \ 月份	4	5	6	7	合计
1%	30.8	49.7	59.9	86.2	226.4
2%	61.9	99.4	119.8	172.4	453.5
5%	154.7	228.4	299.5	431.0	1113.6
10%	309.4	496.8	599.0	861.9	2267.1

（2）晚稻

晚稻一般在 6 月中旬播种，7 月中、下旬移栽，10 月下旬成熟，全生育期的光合潜力计算理论产量如表 2.37 所示。

表 2.37　晚稻生育期的光合潜力表

光能利用率 \ 产量（千克/亩） \ 月份	7	8	9	10	合计
1%	86.2	74.6	48.5	32.9	242.2
2%	172.4	149.2	97.0	65.5	484.1
5%	431.0	372.9	242.5	164.2	1210.6
10%	861.9	745.8	484.9	328.3	2420.9

（3）一季稻、中稻

一季稻中稻，一般在 4 月中、下旬播种，5 月中、下旬移栽，9 月中、下旬成熟，全生育期的光合潜力计算理论产量如表 2.38 所示。

表 2.38　　一季稻生育期光合潜力表

光能利用率 \ 产量（千克/亩） \ 月份	20/4	5	6	7	8	9	合计
1%	4.7	49.7	59.9	96.3	73.6	48.5	332.7
2%	9.4	99.4	119.8	172.4	139.2	95.0	635.2
5%	23.5	248.4	299.5	431.0	372.9	242.5	1617.8
10%	47.0	496.8	599.0	861.9	745.8	484.9	3235.4

（4）油菜

油菜一般在 9 月中、下旬播种，10 月中、下旬移栽，次年 5 月中、下旬成熟，全生长期光合潜力计算理论产量如表 2.39。

表 2.39　　油菜生育期内的光合潜力表

光能利用率 \ 产量（千克/亩） \ 月份	10	11	12	1	2	3	4	20/5	合计
1%	32.9	17.7	8.4	4.9	7.9	14.8	30.8	33.2	160.6
2%	65.7	35.4	16.8	9.7	15.7	29.5	61.9	66.0	300.7
5%	164.2	88.4	42.0	24.1	39.2	73.8	154.7	103.2	687.6
10%	328.3	176.7	83.9	48.2	78.3	147.6	309.4	206.3	1378.7

第三章　农业气象灾害及防御

第一节　春季寒潮、倒春寒

春季是冬季风向夏季风过渡的季节,北方自大陆来的冷空气与南方海洋上来的暖空气常在长江流域交绥,天气冷暖变化多端,冷空气南下势力强大时可造成剧烈降温,并伴有雨、雪、大风和冰雹等灾害性天气。冷空气势力弱时,冷高压分股扩散南下,受阻于南岭山地,常形成华南静止锋。我地低层常处于冷空气的影响,而中高层仍受暖湿气流控制,造成连绵阴雨低温寡照天气。而此时正值我县早、中稻播种育秧和旱地作物红薯、玉米、辣椒、茄子等蔬菜播种育苗阶段,若遇上长期阴雨低温寡照天气,常造成早稻烂种烂秧和旱地作物蔬菜烂种死苗和春收作物的病害,是影响邵阳县农业生产安全的主要气象灾害。

一、冷空气、寒潮标准

冷空气:是指受北方冷空气侵袭,致使当地 48 小时内任意同一时刻的气温下降 5℃以上,且有升压和转北风现象。

强冷空气:是指受北方冷空气侵袭,致使当地 48 小时内任意同一时刻的气温下降 8℃以上,同时最低气温≤8℃,且有升压和转北风现象。

寒潮:是指北方冷空气侵袭,致使当地 48 小时内任意同一时刻的气温下降 12℃或以上,同时最低气温≤5℃,且有升压和转北风现象。

强寒潮:是指受北方冷空气侵袭,致使当地 48 小时内任意同一时刻的气温下降 16℃或以上,同时最低气温≤5℃,且有升压或转北风现象。

二、春季寒潮:冷空气活动的一般规律

1.3—4 月份寒潮冷空气活动的时间规律

3—4 月份冷空气活动,从发源地形成、发生、发展到爆发南下侵袭我县是有一定规律的,一般为 7～10 天,即有一次冷空气侵入本县。统计 1960—2016 年的 3—4 月份的气象资料,发现冷空气出现在几个比较集中的时段:3 月份在 6、10、17、22 日前后;4 月份在 3、9、15、23 日前后,在此集中时段内,尤以 3 月 17 日、3 月 22 日、4 月 3 日、4 月 7 日、4 月 23 日前后这五个时段出现的概率最大,达到 60%以上。

2. 寒潮源地、路径及其与邵阳县天气的关系

(1)影响邵阳县寒潮的源地

一是来自咸海、里海中亚细亚或更偏北的地区;

二是来自北欧;

三是来自新地岛、马伦支海或更偏北的海洋上;

四是来自西伯利亚北部或北冰洋。

（2）寒潮路径

来自不同源地的寒潮，其中心都要经过我国内蒙古或蒙古国停留一段时期，待增强后再南下。但由于引导气流的不同，常出现下列活动路径。

一是寒潮在咸海、里海、中亚细亚或西欧地区形成后向东移，中心经过新疆北部、内蒙古再向东南方向活动。其前端越过天山、青海插入四川盆地，从西或偏西方向进入邵阳，或者前锋经河西走廊、秦岭山脉，从西北方进入邵阳。此类寒潮约占侵入邵阳寒潮总数的25%。

二是在咸海附近东移，其中心经蒙古及我国东北，在继续东移的过程中，分裂出另一中心内蒙古南部经华北入渤海、黄海，然后再转向东移。前锋从新疆北部，经黄河中、下游，影响江淮平原，由东北方向侵入邵阳。此类寒潮约占侵入邵阳寒潮总数的30%。

三是寒潮在咸海、巴尔喀什湖附近东移，中心进入蒙古国以后，突然转向南下，前锋到新疆北部和蒙古东部，再经过黄河中游、江汉平原，由正北方侵入邵阳，此类寒潮约占邵阳寒潮总数的10%。

四是寒潮在北欧或新地岛的西北海洋上，经乌拉尔山西侧向东南方向移动。一路是中心经巴尔喀什湖、新疆北部、河套、黄河下游，再东移日本。前锋主力东移，与北纬40°线平行时，再转向南下，锋尾自正北方侵入邵阳；另一路径是中心经蒙古入黄海后东移，前锋经河套，扫过江淮平原时，锋尾由正北方侵入邵阳。此类寒潮占侵入邵阳寒潮总数的25%左右。

五是寒潮在北冰洋或西伯利亚北部形成后南下，中心和前锋主力经贝加尔湖、蒙古国转向东北北部东移，锋尾南下，扫过江淮平原时，由东北方向侵入邵阳，此路寒潮约占侵入邵阳寒潮总数的10%。

综观上述，侵入邵阳的寒潮大部分来自咸海以西和北欧或新地岛西北（共占70%左右）。从北冰洋或西伯利亚北部来的较少。春季寒潮越过北纬40°以后，大部分从东北方侵入邵阳（约占40%），从正北方侵入次之（约占30%），由西北北方侵入的最少（占25%）。

根据资料统计，从正北方侵入邵阳的寒潮，造成的阴雨低温天气一般在6天以下；从西方或西北方向侵入邵阳的寒潮，造成的阴雨天气最短，一般在3天以下；从东北方向侵入邵阳的寒潮，造成的低温阴雨天气较长，一般为3~6天。

三、春季寒潮低温的危害

春季寒潮低温是早、中稻播种育秧和蔬菜、红薯、玉米等旱地作物播种育苗的主要灾害性天气之一。

3月中、下旬至4月初，早、中稻播种育秧期，要求日平均气温稳定在10℃以上，且有3~5个晴暖天气为宜。若遇春季寒潮侵入，日平均气温降低到10℃以下，且伴有3~5天阴雨低温寡照天气，则会造成大量的早稻烂种烂秧。如1966年3月27日—4月2日，4月4—13日，出现两次日平均气温低于10℃的低温阴雨天气，1981年3月27—31日，强寒潮侵入，日平均气温低到10℃以下，最低气温5℃，5天没有日照，低温阴雨持续5天，早稻烂秧在50%以上。

低温阴雨寡照是影响早春蔬菜播种育苗烂种死苗的主要天气灾害。喜温性蔬菜播种育苗期，要求日平均气温10℃以上，幼苗生长要求日平均气温15℃以上，如果遇到强寒潮侵入，气温突然降低到10℃以下，阴雨低温寡照天气持续3~5天以上，常造成喜温蔬菜生长缓慢，烂根死苗。如2012年1月5—24日持续阴雨寡照20天，大棚小拱棚第一批播种的辣椒、茄子苗400亩于1月20日已出现三叶，受长期低温阴雨寡照天气的影响，不能进行光合作用而饥饿死亡,损失 200 多万元。

茶叶受长期低温阴雨寡照影响,发芽季节推迟,影响春茶上市时间推迟 10~15 天或更长,造成经济损失 500 多万元。

四、春季寒潮低温的防御措施

1. 早稻

(1)做好春季寒潮低温预报,抢住冷尾暖头,适时播种早稻,减轻低温危害。抓住冷空气侵入时浸种催芽。冷空气过后的回暖期适时播种,减轻春季寒潮低温倒春寒对早稻秧苗的威胁。

(2)根据天气变化,采取防寒保暖措施,做好秧苗的防寒培育壮秧。

(3)科学管理,合理排灌,以水调温,提高秧田水泥温。

(4)及时防治病虫害,增强秧苗抵抗力,提高秧苗素质。

(5)大力推广早育秧和软盘抛秧技术,推广薄膜覆盖、智能温室育秧,专业化、机械化、自动化、集约化育秧,提高抗御寒潮低温的能力,减轻寒潮低温对秧苗的危害。

2. 春播蔬菜

(1)大力推广农膜温室育苗,遇长期低温阴雨天气,可采取人工增温措施。改善小气候环境,减轻低温危害。

(2)移栽后采取薄膜覆盖,或温室大棚假植小苗,早春喜温蔬菜,可采取膜下移栽方式,待温度升高到生物学起点温度以上时,才揭开农膜,以确保早春喜温蔬菜提前上市。

(3)根据天气变化,调节大棚温室小气候,防止冷湖效应而造成棚内死苗。

(4)科学管理,合理灌溉,开好田间沟渠,做到沟沟相通,及时排除田间渍水。提高土壤温度,促进根系早生快发。

(5)看天气,看苗情,及时做好病虫防治工作,提高蔬菜幼苗的抵抗力,促使蔬菜早生长、早上市,提高经济效益。

第二节 五月低温

5月邵阳县进入初夏季节,北方冷空气势力大为减弱,南方海洋上的暖湿气流势力不断增强,冷暖空气常在长江以南的南岭山脉交绥停滞,造成长期的阴雨、低温、寡照天气,5月上、中旬的低温阴雨,使早稻移栽后,迟迟不能返青生根和分蘖发蔸,甚至僵苗不发,黑根死苗,推迟早稻季节,降低产量。5月下旬的低温阴雨直接危害早稻幼穗分化,使颖花退化或形成花粉不育,抽穗后成为空壳。因而五月低温亦是影响早稻安全高产的一大气象灾害之一。

一、五月低温标准

五月低温的标准为连续 5 天或以上,日平均气温≤20℃,如表 3.1 所示。

表 3.1　五月低温天气

等级	标准
轻度五月低温	日平均气温 18～20℃连续 5～6 天
中等五月低温	日平均气温 18～20℃连续 7～9 天
	日平均气温 15.6～17.9℃连续 7～8 天
重度五月低温	日平均气温 18～20℃连续 10 天或以上
	日平均气温≤15℃连续 5 天或以上

二、五月低温的发生概况

1. 五月低温的类型

表 3.2　五月低温的分型指标及气候特征(1960—2010 年)

年型	分型指标	年份			频次	频率(%)	气候特征
低温年	5 月上旬平均气温<18℃或 5 月中旬平均气温<20℃	1960 1962 1974 1978	1991 2002 1996 1977	1981 1961 1975 1979	12	23	有一段较长的阴雨低温寡照天气时段,日平均气温<20℃连续 7 天以上或日平均气温<17℃连续 5 天以上的低温阴雨天气
暖年	5 月上旬平均气温>20℃,同时 5 月中旬平均气温>22℃	1966 1967 1985 1992 1995	1982 1983 2000 2007 2009	1997 1999 1990 1994	16	31	无连续 5 天日平均气温<20℃天气,也无连续 3 天日平均气温<17℃的低温阴雨天气
正常年	5 月上旬平均气温 18～20℃ 5 月中旬平均气温 20～22℃	1963 1965 1987 1971 1998 2003 2006 1980	1984 1968 1988 1970 1973 1974 1976 2010	1964 1969 1999 1993 2001 2004 2008	23	46	5 月上旬连续 5 天日平均气温<17℃,5 月中旬日平均气温连续 5 天低于 20℃,但小于 7 天的低温阴雨天气

2. 五月低温的程度和持续时间

5 月上旬出现的低温最长可达 4～5 天(如 1960、1968 年),日平均气温可达 10℃以下,1960 年 5 月 5—14 日,持续 10 天,过程降温 15.8℃,日平均气温 9.3℃,极端最低气温 8.6℃,5 月中旬出现的低温一般可持续 7～8 天,日平均气温可达 10～12℃,日平均最低气温 15.8℃,如 1966 年 5 月 13—20 日持续 8 天,过程降温 12.4℃,极端最低气温 13.7℃,5 月下旬出现的低温持续时间较短,一般 3～5 天,日平均气温可达 15℃以下,如 1975 年 5 月 19—23 日,持续 5 天,过程降温 7.3℃,日平均最低气温 15.4℃,极端最低气温 13.9℃。

三、五月低温对农作物的影响

1. 五月低温的影响时段

五月低温的影响时段受冷空气活动的制约，统计历年气象资料，邵阳县五月份有三次明显的冷空气活动，第一次出现在 5 月 3—5 日，此次冷空气活动出现概率达 60%，日平均气温一般为 14～17℃，最低为 8～10℃，极端最低气温 7～9℃，过程降温达 10℃，最强过程降温可达 17℃，阴雨低温天数可达 4～5 天；第二次冷空气活动出现在 5 月 10—13 日，出现概率达 65%，过程降温达 8～10℃，阴雨天数可达 7～8 天，日平均气温 15～17℃，极端最低气温可达 5～6℃，第三次冷空气活动出现在 5 月 20—24 日，出现概率 60%，过程降温 6～8℃，日平均气温 18～20℃，极端最低气温 11～13℃，阴雨天数 3～6 天。

2. 五月低温对早稻的影响

（1）五月上旬低温（日平均气温低于 15℃，持续 5 天以上）影响早稻返青成活。据研究，早稻移栽的适宜温度为 18～20℃，若低于 15℃，对秧苗返青成活有不利影响，如 1971 年 5 月 3—7 日持续低温阴雨 5 天，过程降温 11.9℃，日平均气温 12.5℃，极端最低气温 11.4℃，早稻 5 月 1 日移栽，遇上低温阴雨天气黑根死苗达 20%。

（2）五月中旬低温（日平均气温低于 20℃，持续 5 天以上）影响早稻分蘖。

如 1973 年 5 月 8—12 日，持续 6 天阴雨低温天气，过程降温 9.8℃，日平均气温 15.1℃，极端最低气温 11.4℃，5 月 17—23 日持续 7 天阴雨低温，过程降温 7.2℃，日平均气温 15.6℃，极端最低气温 14.0℃，早稻正值分蘖阶段，要求日平均气温 20℃ 以上，若低于 19℃，则分蘖停止，因为低温造成僵苗不发蔸。

（3）五月下旬低温（日平均气温 20℃ 以下持续 5 天以上）影响早稻幼穗分化，造成大量空壳。

如 1973 年 5 月 17—23 日，持续 7 天过程降温 7.2℃，日平均气温 15.6℃，极端最低气温 14.0℃，早稻正值幼穗分化，造成早熟早稻空壳 60%。

3. 五月低温对喜温蔬菜生育的影响

（1）五月上中旬低温影响露地喜温蔬菜移栽生根成活，造成僵苗、黑根死苗，如 1998 年 5 月 10—14 日，持续低温阴雨 5 天，日平均气温 13.6℃，极端最低气温 10.6℃，5 月 2 日移栽的辣椒，黑根死苗达 30%。

（2）五月中下旬低温阴雨寡照，造成大棚温室蔬菜因缺乏光照而影响光合作用，造成"饥饿"死亡，如 2008 年 5 月 4—10 日持续低温阴雨 7 天，日平均气温 16.6℃，极端最低气温 13.5℃，大棚蔬菜辣椒正值开花结果期，要求日平均气温 22～29℃，由于日平均气温持续 7 天在 20.0℃ 以下，严重影响辣椒开花结果而造成减产。

四、五月低温的防御

（1）做好五月低温的长期气候预报服务工作，根据五月低温长期预报，选择适宜品种，避开五月低温对早熟早稻幼穗分化的危害。

（2）抓住季节，选择较好天气时段移栽早稻，防止早稻僵苗不发。

（3）看天气排灌，以水调温，五月低温来临时，可采取深水保温防寒，对冷浸田、烂泥田要做好开沟排水工作，排出冷浸水，降低地下水位，提高泥温，促使生根发蔸。

（4）施足有机肥底肥，增施磷钾速效肥。既能增肥又增温，以利于早生快发。提高抗寒能力。

（5）及时防治病虫害，抢住晴好天气喷施农药，提高药效，确保早稻健壮生长。

第三节　暴雨、洪涝

春末夏初，副热带高压开始北进，南方海洋暖湿气团日渐增强，邵阳县雨季开始。此时海洋上的暖湿气流源源不断地供应，高空有低槽、低涡、切变线、东风波、台风等天气系统影响，地面常有冷锋、静止锋的配合，气流辐合强烈，造成降水急骤，雨量多、强度大的暴雨。据历史资料统计，邵阳县春夏两季的降水量约占全年降水总量的 70％以上，5—7 月的暴雨天气约占全年的 60％。雨季的大量降水、雨势猛、雨量大的暴雨是造成本县洪涝的直接原因，短时的大量雨水倾流不止，极易造成山洪暴发，河水泛滥，城市渍水内涝冲毁和淹没房屋、作物、田地、公路交通，严重损害农作物，直接威胁人民生命财产安全。因此，暴雨洪涝是邵阳县的严重自然灾害之一。

一、暴雨洪涝的标准

1. 暴雨的标准

暴雨是指一日降水量达到 50 毫米或以上的降水，按照湖南省地方标准，暴雨是指 24 小时降水量 50.0～99.9 毫米；大暴雨是指 24 小时降水量 100.0～200.0 毫米；特大暴雨是指 24 小时降水量大于 200.0 毫米。

2. 洪涝的标准

轻度洪涝（1 级）：（4—9 月）任意连续 10 天内降水总量为 200～250 毫米。

中度洪涝（2 级）：（4—9 月）任意连续 10 天内降水总量为 251～300 毫米。

重度洪涝（3 级）：（4—9 月）任意连续 10 天内降水总量为 301 毫米以上。

二、邵阳县暴雨洪涝概况

表 3.3　邵阳县历年洪涝资料统计表

项目\年份	4—9 月任意连续 10 天内总雨量≥200 毫米		4—6 月总雨量（毫米）	4—9 月总雨量（毫米）	洪涝评定
	起讫日期 日/月	雨量（毫米）			
1960			387.5	549.6	
1961			714.6	1031.2	洪涝
1962	23/6—2/7	214.2	698.2	978.2	洪涝
1963			310.8	411.3	
1964	3/4—12/4	216.5	618.4	837.3	洪涝
1965			567.3	739.9	
1966			432.0	573.4	
1967			519.4	891.3	
1968	15/6—24/6	243.7	730.4	958.2	洪涝
1969			457.5	686.1	
1970	30/4—9/5	207.5	649.5	1170.5	洪涝

续表

项目 年份	4—9月任意连续10天内总雨量≥200毫米		4—6月 总雨量 （毫米）	4—9月 总雨量 （毫米）	洪涝评定
	起讫日期 日/月	雨量（毫米）			
1971	4/7—13/7	266.1	456.4	708.7	
1972			486.8	760.6	
1973			785.5	1073.7	洪涝
1974			470.9	657.0	
1975			755.0	1187.2	洪涝
1976			486.1	750.9	
1977			604.1	824.3	
1978			580.6	937.9	
1979			514.4	889.6	
1980			561.1	810.8	
1981			601.4	750.0	
1982	11/6—18/6		577.1	958.7	洪涝
1983			350.0	557.2	
1984			436.3	803.6	洪涝
1985			282.9	507.8	
1986			564.0	838.4	
1987			439.0	698.7	
1988			631.0	1290.0	特大秋涝
1989			517.0	812.0	
1990			679.0	979.6	洪涝
1991			448.7	627.8	
1992			565.0	780.4	
1993			438.0	846.6	
1994			633.0	1528.4	特大洪涝
1995			552.0	745.5	
1996			388.3	909.4	
1997			577.0	984.0	
1998			603.2	789.2	洪涝
1999			479.0	1176.6	秋涝
2000			539.0	894.7	
2001			802.0	898.9	洪涝
2002			681.0	1188.0	大洪涝
2003			534.0	683.4	
2004			454.3	759.8	
2005			649.3	704.2	洪涝
2006			576.0	993.4	
2007			321.7	589.4	
2008			358.6	702.4	
2009			561.0	900.9	
2010			670.0	936.3	洪涝
2011			376.4	574.1	
2012			411.7	756.6	
2013			386.6	618.6	
2014			610.5	867.7	洪涝
2015			344.7	712.4	
2016			548.6	792.9	

三、暴雨洪涝灾害对农业生产的影响

按暴雨洪涝灾害发生的时间,可分为春涝、夏涝与秋涝等,洪涝灾害发生在不同的季节,对农业生产的影响亦有所不同。

1. 春涝

指发生在 3—4 月中旬雨水至谷雨节时段的春季洪涝,如 1961 年 4 月 5 日进入雨季,1962 年 3 月 9 日雨季开始,1968 年 3 月 13 日雨季开始,1970 年 3 月 13 日雨季开始,4 月 30—5 月 9 日持续 10 天降水量达 207.6 毫米,出现春季洪涝灾害,使刚返青扎根的早稻被洪水淹没,早稻 2 万多亩,被洪水淹没而死亡。

2. 夏涝

是指出现在 4—6 月的洪涝灾害,统计邵阳县 1960—2016 年气象资料,发生夏季洪涝灾害的频率达 33%。由于春末夏初前期降水量较多,水库塘坝蓄水充足,仲夏后的暴雨洪涝常造成大范围的严重灾害,对农业生产危害极大。洪涝可导致稻田渍水,作物倒伏,推迟灌浆成熟期,籽粒发霉,旱土作物烂根死苗,还可造成房屋倒塌,冲毁道路、影响人身财产安全。

例如,2014 年 6 月 2 日暴雨洪水使全县水田淹没 2.8 万亩,玉米 20.8 万亩,暴雨洪涝造成倒伏 6.5 万亩,全县农作物受灾面积 32.5 万亩,成灾 11.8 万亩,绝收 5.5 万亩,造成直接经济损失 300 多万元。

2014 年 6 月 19 日暴雨,全县受灾人口 31000 人,紧急转移处置 1500 人,需紧急生活救助人口 1200 人,倒塌房屋 42 户 86 间,全县水稻被淹面积 18.8 万亩,农作物受灾面积 32.5 万亩,成灾面积 12.8 万亩,绝收面积 6.8 万亩。

3. 秋涝

指 8 月立秋后的暴雨洪涝灾害。秋涝发生的年份较少,但一旦发生,对双季晚稻、蔬菜及秋收作物生育和产量形成影响较大。秋季淫雨还影响秋收秋种。

例如,1988 年 7—9 月降水量 661.0 毫米,其中 7 月降水量 126 毫米,8 月降水量 241.0 毫米,9 月 292.0 毫米,1988 年 9 月 10 日最大降水量 108.4 毫米,造成近 50 年罕见的严重秋涝灾害。全县 45 万亩双季晚稻正处于乳熟阶段,大面积发芽发霉,造成严重减产歉收。

四、洪涝灾害的防御对策

(1)植树造林,封山育林育草,增加森林植被覆盖率,提高森林固水储水蓄水能力,减少地表径流和水土流失。加强生态建设,改善生态环境。调节气候,减少暴雨洪涝灾害威胁。

(2)兴修水利水库,维护水利工程,发挥水利工程的整体功能效益,增加拦截地面水的库容蓄积量,疏通河流渠道,综合治理小流域,全面整修小山塘小水坝。增加蓄水量,疏通河道,确保大小河流和渠道的水流畅通,减少洪涝灾害发生频率和危害程度。

(3)科学调度水库蓄水量,加强水文气象长期预报研究,根据降水量预报,在雨季结束前做好蓄水工作而不致灾。

(4)调整农业结构,因地制宜,发展特色农业,在低洼易涝湿地可发展水产养殖业,亦可有选择性地发展耐涝作物。减少涝害威胁。

第四节　干旱灾害

一、干旱的标准

干旱等级按降水量多少分为一般干旱、大旱、特大旱三个等级。

一般干旱：出现一次连旱 40～60 天或出现两次连旱总天数 60～75 天，达到其中任意一条即为一般干旱。

大旱：出现一次连旱 61～75 天或出现二次连旱总天数 76～90 天，达到其中的任意一条即为大旱。

特大旱：出现一次连旱 76 天或出现二次连旱总天数 91 天以上，达到其中任意一条即为特大旱。

按干旱出现的时间可分为：春旱、夏旱、秋旱和冬旱。

春旱是指 3 月上旬到 4 月中旬，降水总量比历年同期偏少 4 成或以上。

夏旱是指雨季结束至"立秋"前出现连旱。

秋旱是指"立秋"后至 10 月，出现连旱。

冬旱是指 12 月至次年 2 月，降水总量比历年同期偏少 3 成以上。

二、邵阳县干旱发生的特点及规律

邵阳县地处衡邵干旱走廊，降水的时间分配不均匀，7—9 月在西太平洋热带高压稳定控制下，天气炎热少雨，气温高，南风大，蒸发强，而此时又正值农作物的生长旺盛期，需水量大，常因缺水而造成规律性的夏秋干旱，严重地影响着农业生产的安全高产。

1. 干旱的季节性

以夏秋干旱为主，秋旱多于夏旱（表 3.4）。

表 3.4　不同时间干旱出现的频率（1960—2016 年）

类型	年份	频数（次）	频率（%）	备注
夏旱	1960、1961、1962、1964、1965、1966、1976、1978、1981、1983、1984、1985、1986、1987、1988、1989、1990、1991、1992、1995、1998、2000、2011	23	39	夏旱连续 2 年的有 1961、1962 年。连续 3 年的有 1964、1965、1966 年。连续 10 年的有 1983、1984、1985、1986、1987、1988、1989、1990、1991、1992 年。
秋旱	1960、1962、1964、1965、1967、1968、1969、1971、1972、1975、1976、1978、1980、1982、1984、1985、1986、1987、1989、1995、1996、1998、1999、2001、2004、2005、2007、2013	28	48	秋旱连续 2 年的有 1964、1965、1971、1972、1975、1976、1995、1996、2004、2005 年。连续 3 年的有 1967、1968、1969、1998、1999、2001 年。连续 4 年的有 1984、1985、1986、1987 年。
冬旱	1995、1998	2	3	
夏秋连旱	1963	1	2	
夏秋冬连旱	1977、1979、1983	3	5	
秋冬连旱	1988、1992	2	3	
合计		59	100	

　　从表 3.4 可看出,邵阳县 1960—2016 年不同时段干旱出现的频率秋旱最多,占总干旱次数的 48%,夏旱次之,占总干旱次数的 39%,夏秋干旱占总干旱次数的 87%。

　　干旱出现的时间,以一年出现两次旱期居多,大旱之年常出现夏、秋连旱,甚至出现夏、秋、冬三季连旱。第 1 次出现在 6 月底至 7 月底,旱期一个月左右,立秋后 8 月中旬又开始出现第 2 次干旱,直至 9 月中、下旬秋分结束,有些年份还接着冬旱(表 3.5)。

表 3.5　邵阳县历年夏秋干旱统计表

类别 项目 年份	夏季			秋季			评　定
	起止日期	干旱 天数	旱期雨量 (毫米)	起止日期	干旱 天数	旱期雨量 (毫米)	
1960	15/6—24/7	40	30.9	18/8—16/10	60	22.0	特大干旱
1961	4/7—25/7	22	12.5				
1962	4/7—31/7	28	1.0	5/9—3/10	29	8.8	
1963	28/6—7/8	41	32.1	13/8—3/10	52	38.3	特大干旱
1964	25/6—24/7	30	21.3	30/8—15/10	47	17.1	大　旱
1965	8/7—4/8	28	11.0	14/8—11/9	29	9.4	
1966	1/8—10/10	71	14.0				大　旱
1967				24/9—30/10	37	16.0	
1968	23/7—22/8	31	32.1	26/8—14/9	20	6.8	干　旱
1969				29/9—30/10 29/8—15/10	32 48	6.9 22.7	干　旱
1970	15/7—11/8	28	14.6				
1971	27/6—3/8	38	27.8	30/8—24/10	56	20.6	特大干旱
1972	30/6—21/7	22	0.3	8/8—12/9	36	30.0	
1973				19/9—18/10	30	3.6	
1974	21/7—9/11		74.5				特大干旱
1975	19/6—12/7	24	8.5	26/9—7/11	43	38.8	干　旱
1976	14/7—8/8	26	13.8	4/9—6/10	33	22.8	
1977	4/8—27/8	24	8.1	30/8—1/10	33	43.2	
1978	24/6—16/7	23	7.3	11/9—23/10	43	29.1	干　旱
1979	23/7—14/8	23	23.1	10/9—31/12	113	19.8	特大干旱
1980				29/8—15/10	48	14.3	干　旱
1981	24/7—8/9	47	28.8				干　旱
1982				21/9—22/10	32	15.9	干　旱
1983	23/6—6/8	45	37.7				干　旱
1984	30/6—30/7	21	9.7	19/10—10/11	23	0.6	
1985	11/6—3/7	21	17.4	24/9—3/11	41	38.1	
1986	6/7—31/7	25	28.0	3/9—17/10	30	31.5	
1987	16/6—21/7	36	41.8	21/8—23/9	33	21.5	

类别　　项目　　年份	夏季			秋季			评　定
	起止日期	干旱天数	旱期雨量（毫米）	起止日期	干旱天数	旱期雨量（毫米）	
1988	2/8—21/8	20	4.7	15/9—4/1	111	40.6	
1989	4/7—26/7	23	1.6	29/7—1/9	35	40.2	
1990	17/7—24/9	80	45.1				
1991	17/6—30/7	44	30.1				
1992	11/7—13/8	34	7.3	15/8—24/12	131	71.1	
1993							
1994							
1995	3/7—31/7	29	11.0	5/8—26/9 5/10—12/11	58 39	35.2 23.3	
1996				21/8—3/10	44	5.5	
1997							
1998	29/6—31/7	33	34.6	1/8—30/9 1/11—31/12	61 61	49.8 48.7	
1999				20/9—29/10	40	18.9	
2000	23/6—29/7	37	39.1				
2001				26/8—26/10	62	48.3	

2. 干旱的频繁性、连续性

干旱频繁,多连续干旱,旱情严重损失大。

夏旱连续 2 年的有 1 次(1961—1962 年),连续 3 年的有 1 次(1964—1965 年),连续 10 年出现夏旱的有 1 次(1983—1992 年)。

秋旱连续 2 年的有 3 次(1984—1985 年;1971—1972 年;1975—1976 年)。连续 3 年的有 2 次(1967、1968、1969 年和 1998、1999、2000 年)。连续出现 4 年的有 1 次(1984、1985、1986、1987 年)。

由上可见,干旱频繁,且多连续干旱,干旱灾害严重,如 2013 年 6 月底雨季结束后,7—11 月 5 日降水总量仅 104.6 毫米,出现夏、秋、冬三季连旱的天气过程,从 7 月 13 日—8 月 10 日,月平均气温≥35℃持续高温期达 29 天,出现特大干旱,农作物受旱面积 54.7 万亩,水稻脱水面积 37.4 万亩,开坼枯萎面积 21 万亩,绝收 4.8 万亩,有 14.7 万亩晚稻缺水无法插秧,减产 5000 万千克,直接经济损失 2.2 亿元,有 4 个乡镇人畜饮水困难。全县干涸山圹 3.5 万口,水井 13.0 万多个,溪河断流 90 多条,新造林死亡株数达 1180 万株,造林成活率下降 80%。

3. 干旱发生的地域性特点

干旱发生的地域性特点是插花旱、块块旱。

邵阳县处于衡阳干旱走廊之中,境内夏秋干旱年年有,只是出现的区域与干旱程度有所不同,常形成块块旱、插花旱。尤以黄荆、郦家坪、长阳铺等乡镇更严重。

如 2007 年 7 月 24 日起至 8 月 19 日 26 天内总降水量仅 5.8 毫米,出现严重干旱,全县受灾面积达 32604.5 亩,直接经济损失 1.9235 亿元。10 月 5 日开始又出现秋冬干旱,10 月 5 日至 12 月 19 日 74 天内累计降水量仅 8.2 毫米,严重干旱使秋冬作物无法播种、移栽,损失严重,郦家坪、长阳铺、黄荆等乡镇 6 个村 1800 多人无饮用水。

三、干旱形成的原因

(1)大气环流异常是形成邵阳县夏秋干旱和特大干旱的主要原因。

6 月底至 7 月初,雨季结束后,受西太平洋副热带高压控制,天气晴热,太阳辐射强烈,气温高,南风大,蒸发强。7—9 月总降水量为 286.7 毫米,占全年总降水量的 21.3%,而此时正值双季稻收早插晚和农作物需水旺盛时期,常因降水量不足,出现规律性的伏夏干旱。

如果大气环流异常,前期副热带高压很弱、脊线位置偏南,使北方冷空气畅通无阻地一泻而下,没有冷暖空气交汇,使雨季降水量偏少,雨季缩短,甚至雨季不明显,如 1963 年 4—6 月,太平洋副热带高压强度一直很弱,仅在南海一带有小的高压环流,7—9 月西太平洋副热带高压控制稳定,影响西南气流向北输送,造成干旱无雨,7 月份降水量仅 32.1 毫米,8 月份降水量 44.4 毫米,9 月份降水量 24.0 毫米,7—9 月降水量累计为 100.5 毫米,而双季晚稻需水量 400 毫米,水份供需矛盾极大,出现特大夏秋干旱。

(2)大气环流的年际变化和复杂地形的影响,使邵阳县降水量年与年之间以及地域上的分布差异较大。

由于夏季降水的积雨云水平宽度较小,常出现夏雨隔牛背的块块旱、插花性干旱的现象。

(3)土质差、植被少,也是形成邵阳干旱的重要原因之一。境内红壤土面积 99.99 万亩,占 49.05%。分布于海拔 800 米以下的低山、丘陵和岗地,土壤蓄水保水能力很差,遇大雨便流失冲走,红壤土不能把水储存起来形成地下水库。由于植被较少,也不利于蓄水保水。

(4)农作物种植面积扩大,复种指数不断提高,需水量逐年增加,虽水利设施有所增加,但仍赶不上作物需水的要求,也加重了干旱的程度。

例如,1949 年邵阳县粮食作物播种面积 71.16 万亩,复种指数为 25%,1973 年达 127.99 万亩,复种指数为 235%,农作物需水量大幅度猛增,也加剧了干旱的危害程度。

(5)社会城市化发展,导致人口的增加,也增加了用水量,工业的发展,污染了河流水源,减少了清洁水资源,加剧了水资源的紧缺程度,使干旱出现频率日渐增加,危害程度日趋严重。

四、干旱的防御对策

(1)兴修水利,增加蓄水量。采取各种工程措施,千方百计拦截地表水,蓄水抗旱。

(2)调整农业结构,根据水资源合理安排农作物种植面积。宜水则水,宜旱则旱,对无水田或无灌溉设施的可种植旱土作物,减轻干旱威胁。

(3)植树造林,增加森林植被覆盖率,改善调节小气候环境,减少蒸发,降低干旱风险。

(4)充分利用天空云水资源,开展人工降雨作业,增加降水、缓解或减轻干旱危害程度。

第五节　冰雹、大风

一、冰雹

冰雹是坚硬的球状、锥状或形状不规则的固体降水,造成农作物、房屋损坏,甚至打死人畜,通常与大风、暴雨伴随。

1. 冰雹灾害标准

表 3.6　冰雹灾害标准

等级	标准
轻度雹灾	雹块直径≤9 毫米,持续时间短暂,雹粒小,损失较轻
中度雹灾	雹块直径 10～15 毫米,持续时间较长(2～5 分钟),冰雹密度较大,地面有少量积雹,损失较重
重度雹灾	雹块直径≥16 毫米,降雹持续时间大于 5 分钟,地面有大量积雹,造成人畜伤亡

2. 冰雹发生概况及危害

冰雹是在暖湿气流控制下遇强对流天气条件产生的灾害性天气,出现概率较小,影响范围有一定的局限性,但所到之处破坏性极大。

冰雹主要发生在春季的 2—4 月,多年平均每年出现 1 次左右,最多的年份可出现 2 次,2 月份最多年出现 1 次,3 月份最多年出现 1 次,4 月份最多年出现 1 次。历年各月冰雹出现日数见表 3.7。

表 3.7　历年各月冰雹日数表

年 ＼ 月份	2	3	4	年
平均	0.1	0.1	0.1	0.3
最多	3	4	1	2
最少	0	0	0	0

1918 年阴历三月,塘渡口冰雹春荞被打光。

1928 年 4 月,河伯岭一带及资江沿河下冰雹,地上被打起碗口大一个洞。

1930 年 4 月清明时节,资江沿岸下冰雹,直径达数寸大。

1934 年 4 月初,冰雹鸡蛋大一个,油菜打光,打死耕牛。

1937 年清明时节下冰雹,山地一带油菜、麦子被冰雹打坏。

1940 年阴历七月半,黄亭市胜利村下冰雹,直径 3 厘米。

1948 年 4 月谷雨时节,双江口一带下冰雹,秧苗被打坏。

1952 年 2 月 14 日,梽木山、金称市、河伯岭、五峰铺一带下冰雹。

1959 年 4 月 14 日,白仓、五峰铺、九公桥一带降冰雹。

5 月 12 日,五峰铺降冰雹。

1960 年 5 月 4 日,塘田市、河伯岭、罗城乡等局地冰雹受灾严重。

1961 年 3 月 22 日,东南部山地下雹,以五峰铺、水田、白仓、新建、塘田等地较大,大的

100～200克一个,油菜、麦子及第一批秧谷受损。

4月14日,全县下蚕豆大的冰雹。

8月23日,芙蓉、蔡桥下雹,中稻受损。

1962年3月20日,下花桥、梽木山局部降雹,以下花桥严重,大的酒杯大1个,油茶、蚕豆、小麦受损。

1963年8月27日,千秋、下塘云、双清降雹,倒祠堂一座,打坏中稻。

1965年4月7日冰雹,车田冲至峡山铺一带冰雹伴雷雨大风,油菜、小麦损失50%。

1966年3月22日,下花桥、五星降冰雹,大拇指大小。

4月3日,岩口铺、长阳铺、河伯岭等地降冰雹鸡蛋大1个,损坏谷种9805千克。

1967年3月20日冰雹,郦家坪、诸甲亭、下花桥、双江、谷洲等地降雹。

1969年3月20日,冰雹伴雷雨大风,梽木山、岩口铺、九公桥、红旗等乡34个村第一批早稻谷种受损,小麦、油菜受灾。1969年5月8日,冰雹伴雷电大风,九公桥、梽木山、五峰铺、东田受灾严重,冰雹大的约250克1个。

1970年3月21日,冰雹大风,梽木山降冰雹,大风刮倒大树。

4月12日冰雹,和平、下花桥、千秋、双江、黄荆、双清、芙蓉、塘渡口、黄塘等9个乡镇45个村309个组受灾,春收作物及秧苗受损。

8月上旬,梽木山红旗乡冰雹大的有茶杯大,打倒房屋,红旗乡洗冲村冰雹鸡蛋大1个。

1971年2月4-9日,冰雹较重。

5月中旬,九公桥、东田乡冰雹大风,刮倒许多桐子树。

7月27日,冰雹、水田、五峰铺冰雹,早稻受灾,房屋倒塌。

8月1日,谷洲、黄荆冰雹有倒屋现象。

1972年4月17日冰雹,郦家坪、双江降冰雹,大的鸡蛋大1个,秧苗、小麦、油菜受损。

1973年4月5日冰雹,黄亭市,最大直径9厘米,九公桥、杉木桥、诸甲亭、水田等下冰雹,油菜、小麦、春荞被打光。

4月10日冰雹,桄江、面铺、小溪、雨溪及黄亭市降雹,大的鸡蛋大1个,小麦、油菜、秧苗、树木、房屋受损。

4月14日冰雹,小溪、松江、雨溪、黄亭市、长乐、红旗、东田、九公桥等乡共56个村降雹,损失严重。

5月降雹,岩口铺乡局部降雹,伴雷雨大风。

7月18日,蔡元头乡降雹,伴雷雨大风。

8月2日,红旗乡游草桥降冰雹。

8月8日,茶元头、黄亭市降冰雹,伴雷雨大风。

1974年4月,冰雹,桄江乡降雹,小麦、油菜受损。

5月27日,红旗乡降冰雹。

1978年4月15日冰雹,黄塘、塘渡口、新建、小溪市、霞塘云等地冰雹,雷雨大风,山洪,死9人,伤29人,倒房355间,冲垮桥梁24座,山塘36口。

1980年6月26日,谷洲、湾塘、黄荆、诸甲亭、杉木桥等乡冰雹大风雷雨,雹大如鸡蛋,折断电线杆97根,倒房59间,死1人,伤18人。

1982年6月23日,河伯、杨青、河边、金称市、芙蓉等乡下冰雹,打死鸟雀数十斤。

8月26日19时,塘田市、桔木山、岩口铺冰雹。

1986年4月10日17时15—30分,大田、小溪、黄塘、桔木山、皇安寺、长阳铺、岩口铺冰雹大风,死2人,伤372人,倒房屋56间。

8月15日16时,谷洲乡廖桥、大塘村冰雹,死1人,重伤6人,倒房屋18间。

1990年4月20日,五峰铺、下花桥、塘渡口等10个乡冰雹,受灾人口6.76万人,倒房屋44间。

1991年3月25日,五峰铺冰雹。

2000年9月5日17—18时,五峰铺、罗城、金江、白仓、下花桥等五乡镇102个村龙卷风和冰雹,死1人,倒房屋207间,4.6万亩农作物受灾。

2004年4月27日17时37分,长阳铺冰雹大风灾害持续30分钟,冰雹直径30毫米,砸伤耕牛60头,摧毁民房628间,早稻秧苗800亩,西瓜2000亩,玉米800米,药材60亩,油菜500亩全部失收,直接经济损失1000万元。

2005年2月11日冰雹。

2006年3月20日和4月10日出现冰雹,造成损失900万元。

2012年4月10日冰雹大风,农作物受灾7200亩,成灾3300亩,绝收1100亩,直接经济损失3000万元。

2013年3月20日大风冰雹,吹倒早稻集中育秧大棚14座,打坏育秧硬盘12000张,蔬菜大棚6个,秧田受损40%～50%,油菜绝收7.8万亩,经济损失9500万元。

3. 冰雹的防御措施

(1)做好冰雹预报,在冰雹到来之前采取抢收或防护措施。

(2)开展人工消雹作业,在油菜、烤烟集中种植区域建立高炮消雹作业基地,在云层中播撒催化剂,促使冰雹变成降水。

(3)调整农作物种植结构,躲开冰雹灾害。

(4)加强农业灾害保险,减轻农户损失风险。

(5)采取适宜补救措施,加强灾后田间管理,争取获得好收成。

二、大风灾害

大风灾害是指由大风引起建筑物倒塌、人员伤亡、农作物受损的灾害。

1. 大风灾害的标准

表3.8 大风灾害标准

等级	标准
轻度风灾	风力(8≤f≤9)级,农作物受灾轻,财产损失少,无人、畜伤亡
中度风灾	风力(9<f≤10)级,农作物和财产受损较重,人畜伤亡较少
重度风灾	风力(f>10)级,农作物、财产损失与人畜伤亡严重

2. 大风灾害发生概况及危害

邵阳县大风,平均每年出现6～7次,最多的年份有5次。各月都有大风出现,但以春夏之交和秋冬季节转换的过渡时期出现的大风次数最多,如4月份平均出现大风1.5次,最多年5次,8月份1.3次,最多年4次。7月份平均1.1次,最多年出现大风5次,12月份最多年大风

3 次。历年各月大风日数见表 3.9。

表 3.9　历年各月大风日数

年 ＼ 月份	1	2	3	4	5	6	7	8	9	10	11	12	年
平均	0.1	0.2	0.7	1.5	0.8	0.4	1.1	1.3	0.6	0.2	0.2	0.2	7.1
最多	1	2	3	3	5	1	5	4	2	1	2	3	15
最少	0	0	0	0	0	0	0	0	0	0	0	0	0

2003 年出现 3 次大风,分别出现在 5 月 14 日、6 月 9 日和 6 月 26 日,以河伯为中心,损坏农作物 2400 多亩,减产 2.15 万千克,损毁房屋 410 间,经济损失 8000 多万元。

2006 年 4 月 25 日长阳铺大风,倒塌房屋 22 间。

2007 年出现 2 次大风,分别出现在 4 月 17 日和 8 月 15 日,4 月 17 日最大风速 18 米/秒,金江乡损坏房屋 212 间,倒塌 12 间,油菜、小麦、秧苗共受灾 435 亩,损失 35 万元。

8 月 25 日大风,最大风速 17 米/秒,持续 2 分钟。

2013 年 3 月 20 日大风吹倒早稻集中育秧大棚 14 座,全县油菜受灾面积 15.6 万亩,成灾 10.5 万亩,绝收 7.8 万亩,经济损失 9500 万元。

2015 年 8 月 4 日 15 点半左右,塘渡口、小溪、九公桥乡、镇及七里山园艺场出现罕见大风约半小时,吹倒房屋 437 户,大风吹倒大树损失 470 万元,农作物、玉米拦腰吹倒,损失 400 多万元,大风吹倒工厂屋顶钢架,大风刮断电杆、电线,造成停电,综合损失 2000 多万元。

3. 大风的防御对策

(1)种植抗风性强的农作物,提高对大风的抵抗能力。

(2)做好大风灾害预报,建立完善和健全农业气象灾害防灾减灾体系,在大风来临前做好防御准备工作。

(3)加强田间管理,提高科学种田水平,增施磷钾肥促进农作物根系和茎秆生长发育,增强抗倒伏能力。

(4)植树造林,人工营造防风林,减轻大风危害程度。

第六节　高温热害

高温热害对农业生产、人们健康及户外作业产生直接或间接的危害,危害程度因高温强度和持续时间的差异而不同。

一、高温热害的标准

轻度高温热害(1 级):日最高气温≥35℃连续 5～10 天。

中度高温热害(2 级):日最高气温≥35℃连续 11～15 天。

重度高温热害(3 级):日最高气温≥35℃连续 16 天或以上。

二、高温热害发生概况

邵阳县自 5 月下旬开始至 9 月下旬,出现日平均气温≥35℃的高温天气日数,多年平均为

22.2 天,最多年 1963 年达 52 天,最少年 1973 年仅 8 天。

5 月下旬开始出现日最高气温≥35℃天气,历年平均为 0.3 天,最多年达 2 天。

6 月中旬日最高气温≥35℃日数平均 0.3 天,最多年达 3 天,6 月下旬平均 0.7 天,最多年达 5 天。

7 月上旬最高气温≥35℃日数平均 2.3 天,最多达 8 天,7 月中旬平均 3.9 天,最多 10 天。7 月下旬平均 4.0 天,最多年达 11 天。

8 月上旬日最高气温≥35℃天数平均 3.8 天,最多年达 8 天,8 月中旬 2.0 天,最多 8 天,8 月下旬最高气温≥35℃日数平均 2.5 天,最多达 11 天。

9 月上旬最高气温≥35℃日数平均 1.5 天,最多 6 天,9 月中旬最高气温≥35℃日数平均 0.3 天,最多 1 天,9 月下旬最高气温≥35℃日数平均 0.7 天,最多达 6 天(表 3.10)。

高温热害集中时段在 7 月上旬至 8 月下旬,尤以 7 月中旬至 8 月下旬为甚,最多达 10~11 天,几乎天天都是炎热高温天气。

表 3.10　邵阳县各旬日最高气温≥35℃天数

月份	旬	平均	最多	最少
5	上			
	中			
	下	0.3	2	0
6	上			
	中	0.3	3	0
	下	0.7	5	0
7	上	2.3	8	0
	中	3.9	10	0
	下	4.0	11	0
8	上	3.8	8	0
	中	2.0	8	0
	下	2.5	11	0
9	上	1.5	6	0
	中	0.3	1	0
	下	0.7	6	0
全年		22.2	52	8
出现年份			1963	1973

三、高温热害的危害

1. 早、中稻高温逼熟,空壳减产。

6 月中旬至 7 月上旬,正值早稻开花授粉期,适宜气温为 22~30℃,若遇日平均气温 30℃以上,极端最高气温 35℃以上,对抽穗开花极为不利,结实率显著降低,6 月 25 日至 7 月上旬,正值早稻乳熟灌浆成熟期,适宜平均气温为白天温度 25~30℃,夜间温度 18℃左右,最有利于灌浆壮籽,若遇日平均气温高于 30℃,极端最高气温高于 35℃以上,则会造成高温逼熟,籽粒不饱满而减低产量。如 1963 年 5 月下旬日最高气温≥35℃日数为 2 天,6 月下旬至 9 月下旬日最高气温≥35℃的日数达 50 天,造成早、中稻高温逼熟,空壳率达 50%,造成早、中稻减产 40%以上。高温逼熟是中稻空壳减产的主要原因。

2. 盛夏高温炎热是造成蔬菜淡季的主要原因

7—9 月,在西太平洋副热带高压的稳定控制下,邵阳县受下沉气流影响,天气晴热高温,阳光强,蒸发大,日平均气温 29.0℃左右,地表面平均温度 30.0~35.0℃,地表最高温度 66.4~71.6℃,而喜温蔬菜生长的适宜温度为 20~25℃,根系生长的适宜温度为 24~28℃,遇高温危害,常出现植株萎蔫,根系停止生长而干枯死亡,导致 7—9 月蔬菜产量低,花色少,品质差,而出现蔬菜供不应求的淡季菜荒现象。

四、高温热害的防御对策

(1)做好高温热害长期预报,科学选择品种,躲开高温炎热对早稻抽穗开花的危害。

(2)推广早稻工厂化育秧,适时播种,确保早稻在 6 月中旬齐穗,避开 7 月中、下旬高温炎热天气对开花齐穗期及籽粒灌浆期的危害。

(3)科学灌溉,以水调温,在灌浆成熟期遇高温热害,可适当灌深水,降低泥温,增加气孔蒸腾强度,降低叶面温度,减轻高温危害。

(4)喷施谷粒饱,提高叶片光合作用,延缓叶片衰老,提高结实率和籽粒饱满度。

第七节　雷击灾害

雷暴是在强对流条件下发生的天气现象。

一、雷击灾害发生概况

邵阳县雷暴终年皆有发生,但以春夏季出现最多。如表 3.11 所示,10 月—次年 1 月强对流天气少,空气中水汽也不多,雷暴发生少,平均每年仅 0.2~0.4 天,即 2~5 年一遇。4 月和 7、8 月份最多,平均每月雷暴日 10 天左右。其他月份为 2~7 天。

雷暴出现的平均初日为 2 月 17 日,最早年份为 1 月 8 日,最迟出现在 12 月 19 日。

雷暴平均终日出现在 10 月 24 日,最早终日出现在 8 月 30 日,最迟终日出现在 12 月 12 日,初终间日数平均为 250 天。

雷暴持续时间一般在 4 小时以下,以持续 2 小时以下者最多,4 小时以上也偶有出现,2—8 月曾出现过雷暴持续时间 6 小时以上的记录。

表 3.11　各月雷暴日数表

月	1	2	3	4	5	6	7	8	9	10	11	12	年
平均雷暴	0.3	1.9	5.9	9.0	7.2	7.3	10.0	11.1	3.6	0.9	0.4	0.2	57.7
最多	2	7	10	19	14	11	17	16	7	5	3	4	72
最少	0	0	0	3	1	4	4	2	0	0	0	0	40

在强雷暴下往往会发生雷击,它能击毙人畜,烧毁房屋,击断树木、电杆、电线,击毁电器等,造成人身生命财产的严重伤亡损失。

二、雷击灾害及易受雷击的部位

1. 易遭受雷击的部位

（1）凸出的高大建筑物；

（2）金属房屋顶部、爆炸物仓库、石油仓库；

（3）工厂高大烟囱；

（4）高压电杆电线；

（5）空旷地区的高大树木。

2. 雷击灾害

（1）2007年7月11日下午15时至17时，雷击击坏邵阳县网络公司电脑1台，光接放机2台，光纤收发器8台，九公桥击坏变压器1台，直接经济损失2万多元。

（2）2010年雷暴日38天，但雷击事故少。

（3）2011年4月30日雷击，使邵阳县县政府机关办公大楼计算机系统整体损坏，直接经济损失20多万元。

（4）2013年邵阳县雷暴日30个，6月22日08时至10时，雷击使谭英凯家新修三层房屋顶遭受损坏，不锈钢门窗损坏变形。

（5）2014年3月8日05时55分，邵阳县塘渡口镇云山村17组发生一家雷击把人从床上打到地上，人员受伤。3月26日雷击，南方水泥公司电视、电脑、地板击坏，经济损失5万元左右。

三、雷电灾害防护措施

（1）做好雷电灾害的预警预报服务工作，普及雷电灾害知识。

（2）建筑物上安装避雷设备。

（3）定期做好雷电设施的检测工作。

（4）雷电发生时应注意做好雷电防护工作。

①发生雷电时，人不要靠近高压变电器、高压电线和孤立的高楼大厦、烟囱、电杆、大树、旗杆等。

②雷电发生时，留在室内，关好门窗，关好电器。

③在户外应离开照明线、电话线、电视天线，以防雷电侵入人身被击伤，甚至击死。

④大雷雨时在野外不要用金属柄雨伞，不要使用金属工具，不要使用手机，身上不要携带有金属制品。

⑤雷电时，不要在大树下躲雨，不要去江河边游泳、划船、垂钓等。

第八节　秋季低温寒露风

寒露风俗称"秋分暴""社风"，通常是指秋分至寒露节期间出现的冷空气活动。由于冷空气活动造成的低温危害，对不同耐寒性能的晚稻品种的影响有差异。据多年试验研究，一般耐寒性能较强的粳稻型品种，在日平均气温连续3天或以上低于20℃的低温阴雨天气条件下，抽穗扬花将受到不同程度的危害；而耐寒性较弱的晚籼稻品种，一般日平均气温连续3天或以上低于 22℃就对抽穗开花有影响;杂交晚稻感温性较强,抽穗开花对温度的要求更高,一般日平均气温连续 3 天或以上低于 23℃时,就不利于开花授粉。

一、寒露风的标准

表 3. 12　寒露风标准

等级	标准
轻度寒露风	日平均气温为 18.5～20℃,连续 3～5 天
中度寒露风	日平均气温为 17.0～18.4℃,连续 3～5 天
重度寒露风	以下二条,达到其中任意一条,即为重度寒露风 日平均气温≤17.0℃,连续 3 天或以上 日平均气温≤20℃,连续 6 天或以上

二、寒露风出现概况

时间资料统计如表 3.13 和 3.14 所示。

表 3. 13　邵阳县历年日平均气温稳定通过 20℃终日

年份	日期(日/月)	年份	日期(日/月)	年份	日期(日/月)
1960	30/9	1979	22/9	1998	13/10
1961	28/9	1980	22/9	1999	21/9
1962	3/10	1981	12/9	2000	11/10
1963	3/10	1982	10/9	2001	6/10
1964	5/10	1983	6/10	2002	13/9
1965	1/10	1984	25/9	2003	1/10
1966	8/10	1985	21/9	2004	30/9
1967	10/9	1986	30/9	2005	13/10
1968	27/9	1987	26/9	2006	23/10
1969	27/9	1988	30/9	2007	11/10
1970	26/9	1989	29/9	2008	26/9
1971	19/9	1990	29/9	2009	12/10
1972	22/9	1991	4/10	2010	21/9
1973	5/10	1992	3/10		
1974	17/9	1993	1/10		
1975	11/10	1994	15/9		
1976	10/10	1995	2/10		
1977	21/9	1996	5/10		
1978	3/10	1997	13/9		

表 3.14　邵阳县历年日平均气温稳定通过 22℃ 终日

年份	日期（日/月）	年份	日期（日/月）	年份	日期（日/月）
1960	13/9	1979	7/9	1998	28/9
1961	9/9	1980	13/9	1999	15/9
1962	25/9	1981	11/9	2000	5/9
1963	3/10	1982	8/9	2001	2/10
1964	19/9	1983	5/10	2002	17/8
1965	8/9	1984	10/9	2003	19/9
1966	22/9	1985	18/9	2004	11/9
1967	9/9	1986	12/9	2005	19/8
1968	19/9	1987	16/9	2006	8/9
1969	27/9	1988	25/8	2007	8/9
1970	9/9	1989	3/9	2008	25/9
1971	12/9	1990	28/9	2009	8/10
1972	2/9	1991	22/9	2010	21/10
1973	10/9	1992	27/9		
1974	17/9	1993	28/9		
1975	6/10	1994	10/9		
1976	19/9	1995	26/9		
1977	11/9	1996	5/10		
1978	8/9	1997	13/9		

三、寒露风出现时段及晚稻安全齐穗期

（1）邵阳县历年（1960—2011 年共 52 年）日平均气温稳定通过 20℃，终日不同时段统计如表 3.15 所示。

表 3.15　日平均气温稳定通过 20℃ 终日

月份	日期	出现频数	百分率（%）	安全保证率（%）
9	6—10	2	4	100
	11—15	4	8	97
	16—20	2	4	89
	21—25	7	14	85
	26—30	14	28	71
10	1—5	12	23	43
	6—10	4	8	20
	11—15	5	10	12
	16—20			
	21—25	1	2	2

由表 3.15 可看出：历年日平均气温稳定通过 20℃终日 80％保证率日期出现在 9 月 26 日左右，常规晚稻在 9 月 20 日前齐穗，则十年中有九年可不受低温危害，越往后，安全保证率越小，受低温危害的风险越大。

（2）历年（1960—2010 年共 51 年）日平均气温稳定通过 22℃终日 80％保证率统计如表 3.16 所示。

表 3.16　日平均气温稳定通过 22℃终日

月份	日期	出现频数	百分率（%）	安全保证率（%）
9	1—5	6	11	100
	6—10	13	26	88
	11—15	9	18	62
	16—20	6	11	44
	21—25	5	10	33
	26—30	6	11	23
10	1—5	4	8	12
	6—10	2	4	4

由表 3.16 可看出：1960—2010 年 51 年日平均气温稳定通过 22℃终日 80％保证率出现在 9 月 12 日左右。

籼型杂交晚稻在 9 月 10 日左右抽穗开花，十年有九年可不受低温寒露风危害，愈往后，安全保证率越小，受低温危害的风险越大。

四、寒露风的防御对策

（1）培育选用耐低温品种，提高晚稻的抗寒能力。

（2）加强寒露风长期气候预测研究，提高寒露风长期气候预测水平，合理做好早晚稻品种搭配安排，躲开寒露风威胁。

（3）掌握寒露风气候变化规律，根据晚稻播种至抽穗开花的天数，适时安排晚稻播种期，邵阳县中，迟熟晚稻播种期应在 6 月 20 日左右，以确保晚稻在寒露风来临前（常规晚稻在 9 月 20 日前，籼型杂交稻在 9 月 10 日前）安全齐穗。

（4）看天气排灌，以水调温，改善田间小气候，寒露风来临前，灌深水可提高水泥温 1～2℃，减轻低温危害。

（5）施足底肥，早施追肥，促进禾苗早生快发，抽穗前 10～18 天增施壮籽肥，可提早 1～3 天抽穗，寒露风来临前 5～7 天喷施叶面肥和根外追肥，可提高结实率 13％～15％。

（6）采取紧急措施，寒露风来临前喷施叶面肥，也可提高结实率 3％～5％。

（7）根据天气变化，做好病虫预报，及时防治病虫害，增强禾苗抗逆性。

第九节 冰冻灾害

冰冻是指雨凇、雾凇、冻结雪、湿雪层。

一、冰冻标准

表 3.17 冰冻灾害标准

等级	标准
轻度冰冻	连续冰冻日数 1~3 天
中度冰冻	连续冰冻日数 4~5 天
重度冰冻	连续冰冻日数 7 天或以上

二、冰冻的种类及时空分布

1. 冰冻的种类

隆冬之际,紧随强大寒潮之后,雨雪纷飞,气温降到 0℃ 以下,湿度很大,低温持续时间较持久,就会形成冰冻。冰冻是空气中过冷却水滴、毛毛雨滴或雾滴,在寒冷的电线、树木、房屋等近地面物体上形成的一种冻结物。

根据邵阳县形成冰冻的气象条件,冰冻现象以雨凇为主,雨凇占冰冻次数的 60% 以上,其次为冻结雪和雾凇。

雨凇常在 0~-3℃ 的气温条件下形成,是由过冷却雨滴或毛毛雨滴下降遇寒冷的物体表面冻结而形成的一种冰壳层,因过冷却雨滴或毛毛雨滴在冻结过程中释放潜热,使其冻结速度减慢,使刚碰上物体表面的过冷却雨滴或毛毛雨滴能汇成一层水膜,冻结时水膜便凝结成密实、光滑的有时呈透明的玻璃状冰壳。

冻结雪是降雪时由于湿雪黏附在电线、树枝等近地面物体上面而完全冻结成的一层冰层。

雾凇,可分为粒状和晶状两种。是在严寒时 -2~-7℃ 或更低温度的条件下,由过冷雾滴冻结或由水汽直接升华而凝成。

2. 冰冻的时空分布

(1)冰冻的出现时间

邵阳县冰冻期一般是发生在 12 月上旬至次年二月中、下旬。其间有两个多月。

邵阳县冰冻现象年平均出现 5.5 次,最多年达 20 次,以 2 月出现最多,平均达 2.6 次,最多年平均的 2 月份达 14 次,1 月平均 2.4 次,最多年出现 12 次。

历年各月冰冻日数及一次最长连续时数、最大直径、最大重量见表 3.18。

(2)冰冻的强度

①冰冻持续时间

冰冻从开始形成到消失的整个过程称为一次冰冻。一次冰冻的持续时间长短不一,有的仅几小时,甚至几分钟,有的持续几天,甚至持续数十天。

表 3.18　历年各月冰冻日数及一次最长连续时数、最大直径、最大重量

	冰冻日数						最长连续时数			最大重量			
	11月	12月	1月	2月	3月	年	时	分	起止时间	直径（毫米）	日期	重量（克/米）	日期
平均		0.5	2.4	2.6		5.5							
最多（长、大）		3	12	14		20	172	04	24/1—3/2 1977	68	1/2 1977	46.7	27/1—3/2 1977
最少	0	0	0	0	0	0							

邵阳县 5 小时以内出现冰冻的频率为 25%，5～12 小时出现频率为 21%，12～24 小时出现频率为 21%，1～5 天出现频率为 29%，5 天以上出现频率为 40%，一次最长连续冻结日数 11 天。

②冰冻厚度。邵阳县的冰冻厚度一般为 50～70 毫米，最大直径 68 毫米，最大厚度 65 毫米，最大重量 46.7 克/米，电力线路上的冰冻厚度比气象台站在雨凇架上测得的厚度一般要大 2 倍左右。

三、冰冻的危害

冰冻是邵阳县冬季的主要气象灾害，危害极广。

1933 年阴历腊月至正月，大雪积雪结冰，塘里可行人，打冰挑水吃。

1938 年阴历正月结冰 10 多厘米厚，半数树木折断，油菜全部冻死。

1954 年阴历腊月至正月上旬，冰冻池塘上面可行人，屋檐上结冰约 50 厘米左右，树木冰冻压断一半。

1964 年 2 月 16—24 日，大雪冰冻 9 天，电线结冰 3 厘米粗，冻死耕牛，压倒房屋。

1969 年 1 月底至 2 月初，冰冻冻死耕牛 4326 头，柑桔受冻减产 280 吨。

1976 年 11 月 15—18 日，早雪、早霜冻、红薯受冻，秋荞被霜冻死。

2008 年 1 月 13 日—2 月 5 日，出现 24 天的冰冻雨雪天气，雨凇最大直径 34 毫米，极端最低气温—5.4℃，为 1959 年以来罕见的冰雪灾害，树木折断一半，公路停车，损失极为严重。

2014 年出现 3 次低温大雪冰冻过程，分别出现在 2 月 4—10 日、2 月 12—13 日、2 月 16—18 日，冰雪天气造成油菜、蔬菜受冻严重，交通受阻，房屋受损。

四、冰冻灾害的防御对策

(1)加强冰冻灾害研究，提高冰冻灾害预报水平，提前做好冰冻灾害的防御工作。

(2)建立和健全冰冻灾害防御体系，普及冰冻灾害科学知识，树立灾害意识。

(3)做好果树防冻工作，夏季适时摘心，秋季控制灌水，冬季修剪，果树主干包草、刷白，幼苗覆盖草帘和风障，冰冻来临前，对柑桔经济林木采取塑料灌膜覆盖和熏烟防冻，保护果树越冬。

(4)做好水管、煤气管的防冻保暖包扎工作，防止水管、煤气管破裂，确保供水供气安全。

(5)做好交通道路结冰和电线结冰的防御工作，及时做好电线结冰的溶冰工作，确保供电安全。

（6）做好家庭和人身的防寒保暖工作，冬前准备好防寒衣物，增强防冻锻炼，提高抗寒能力，确保人们身体健康。

（7）做好防冰冻的物质准备，确保人们正常生活。

（8）做好猪牛防冻保暖工作，在冰冻前修理好猪牛舍，防止冻伤冻死猪牛。

（9）做好车辆运行的防冻工作，确保交通安全，减少交通事故。

（10）医院学校要做好防御冰冻工作，确保学校师生和医院人员的安全。减少意外事故的发生，确保社会安全稳定。

第四章　邵阳县历年气象灾害与农业气候条件评述

第一节　邵阳县历年气象灾害

表 4.1　邵阳县历年气象灾害年简表

年份	日期	名称	灾害概要	备注
1900	阴历九月初	霜冻	三个早晨连续打霜，冬荞冻死	县志
1918	阴历三月	冰雹	塘渡口等地遭受从南向北的冰雹危害，树皮被打脱，春荞被打光	县志
1921	阴历五—七月	干旱	干旱60余天，水稻主粮失收，但秋冬杂粮丰收	调查
1923	阴历九月初八	霜冻	白霜、荞麦、红薯受害严重	调查
1924	夏秋	干旱	干旱60余天，水稻失收。冬荞丰收	调查
	阴历六月初三—初六	大水	大雨三天，河水泛滥，沿河24个村庄受灾，冲坏庄稼10多万亩	调查
1925	夏秋	干旱	干旱90余天，仅车拉水救了点禾苗	调查
1928	4月	冰雹	河北蛉一带及资水沿河下冰雹，地上被打起碗口大一个洞	调查
1928	春秋	干旱	春旱、秋旱，大歉收	调查
1929	阴历六月二十	大水	涨大水	调查
	夏	干旱	水稻红薯失收。苞谷丰收	调查
	阴历十一月二十一—腊月三十	雪	久雪，积雪很深	调查
1930	清明边	冰雹	资江沿岸下冰雹，直径达数寸	县志
1933	秋冬	干旱		调查
	阴历腊月底—正月	大雪冰冻	积雪很深，塘里结冰可走路，打冰挑水吃	调查
1934	阴历四月初	冰雹	鸡蛋大一个，油菜打光，打死耕牛	调查
	夏	干旱	干旱50余天，灾情严重，逃荒的人很多	调查
1936	5月、6月与立秋边	大水	山洪暴发、田泥冲洗一空	调查
1937	清明边	冰雹	山地一带下雹，油菜、麦子被打坏	调查
1938	阴历正月	冰冻	结冰几寸厚，半数树木折断。油菜全被冻死	调查
1940	阴历七月半	冰雹	黄亭市胜利大队下雹，直经3公分	调查
1943	阴历六月初三日	霜冻	白霜、春荞无收，果树受冻不发芽	调查
1945	春	干旱	无水插秧，水田改旱作	调查
1948	阴历二月	霜冻	春荞全被冻死	调查
	谷雨边	冰雹	双江口一带，刚青头的秧谷被打坏	调查
1949	6月7日	大水	塘渡口镇被淹	调查

续表

年份	日期	名称	灾害概要	备注
1950	冬青	冰冻	结冰断树严重	调查
	5月19日	大水	降暴雨,山洪冲毁作物,河岸上稻田被淹	调查
1952	2月14日	冰雹	枳木山、金称市、河伯岭、五峯铺一带下雹	调查
1953	夏秋	干旱	干58天,全县受灾面积172800亩,粮食减产344920担。主要干中稻、红薯	统计局
1954	6月19日	大水	6月18日大雨153.1毫米,大水上岸成灾	调查
	阴历12月到正月上旬	冰冻	塘田冰上可走人,山里树木压断一片,屋檐上冰凌粗达10厘米左右	调查
1955	5月29日	大水	5月28日大雨105.3毫米,大水上岸成灾	调查
1956	夏秋	干旱	成灾面积37700亩,减产粮食742647担。主要干中稻、红薯	统计局
1957	夏秋	干旱	成灾面积334800亩,减产粮食584280担,水库无水或只有底水,主要旱中稻、晚稻	统计局
	春节边	大雪	雪多,冰冻严重,平地积雪尺把厚	调查
1959	3月23日	冰雹	鄢家坪、枳木山一线降雹	调查
	4月14日	冰雹	白仓、五峯铺、九公桥一带降雹	调查
	5月21日	冰雹	五峯铺降雹	调查
	夏秋	干旱	成灾面积324000多亩,粮食减产221400担,水库无水或只有底水	统计局
1960	4月3日	霜冻	早稻烂秧严重	调查
	5月4日	冰雹	塘田市、河伯、罗城乡社等局地降冰雹受灾严重	调查
	夏秋	干旱	成灾面积456159亩,粮食减产1147580担。大部水库无水或半水	统计局
1961	3月19—25日	寒潮	全县早稻烂种严重	统计局
	3月22日	冰雹	东南部山地下雹,以五峯铺、水田、白仓、新建塘田等地较大,大的2～4两一个,油菜麦子及第一批秧谷受损	调查
	4月4日	冰雹	全县下蚕豆大的冰雹	调查
	4月24日	大水	暴雨冲垮水库二座	调查
	6月12日	大水	大水上岸成灾,淹田43000亩,冲坏禾苗7472亩,冲垮水库三座	调查
	8月23日	冰雹	芙蓉、蔡桥下雹中稻受损	调查
	12月29日	雪	积雪15厘米深,压断电线甚多	调查
1962	3月20日	冰雹	下花桥、枳木山局部降雹。下花桥区严重,大的酒杯大一个,油菜、豆、麦受损	调查
	6月27日	山洪	山洪暴发,河水上涨,损失严重	调查
1963	4月17—25日	寒潮	气温剧降,部分地区降於粒子,早稻死苗,中稻秧苗普遍白叶	农业局
	8月26日	冰雹	东田冲降小雹拌大风,倒屋5间	调查
	8月27日	冰雹	千秋、下塘云、双清公社降雹。倒祠堂一座,打坏中稻	调查
	9月4日	冰雹	黄亭市降雹拌暴雨、大风受灾严重	调查
	春、夏、秋	干旱	春、夏、秋连旱受害面积58万多亩,失收面积有177298亩,粮食减产14700担,局部地区缺饮水	统计局

年份	日期	名称	灾害概要	备注
1964	2月16—24日	雪、冰冻	大雪、冰冻9天,电线结冰食指粗。冻死耕牛,压倒房屋	统计局
	4月10日	大水	塘渡口大水上岸,低田被淹	调查
	秋	干旱	旱47天,稻谷尚丰而红薯大减	统计局
1965	2月19日至4月8日	寒潮	早稻烂种30%~70%	统计局
	4月7日	冰雹	东田冲—峡山铺降雹,伴雷雨、大风、油菜、麦子损失50%	调查
1966	3月22日—4月18日	寒潮	3月25日前播的早稻谷种烂45%	县委办
	3月22日	冰雹	下花桥五星降大拇指大小的雹	调查
	4月3日	冰雹	岩口铺、长阳铺、河伯公社等地局部降雹,大的鸡蛋大小,损坏谷种19810斤	农村部
	秋	干旱	旱71天,旱土作物减产严重,红薯失收	统计局
1967	3月20日	冰雹	郑家坪、诸甲亭、下花桥、双江、谷洲等地降雹	农村部
1969	元月底至2月初	冰冻	冰冻严重。果树受冻,水果减产2800担,麦、豆减产也很严重。冻死耕牛4326头	农村组
	3月20日	冰雹	冰雹伴雷雨大风。枳木山、红旗、岩口铺、九公桥乡社,34个大队受灾,第一批早稻谷种受损。麦类油菜受灾	生产指挥组
	5月8日	冰雹	冰雹,伴雷雨大风。九松桥、枳木山、面铺、东田乡受灾严重。冰雹大的约半斤	调查
1970	3月21日	冰雹	枳木山乡局部降雹手掌大一块,大风刮倒树木	调查
	4月10日	冰雹	降雹伴大风。和平、下花桥、千秋、双江、黄荆、双清、芙蓉、塘渡口、黄塘等9个乡、45个大队、309个生产队受灾。春收作物及秧苗受损	调查
	8月上旬	冰雹	枳木山区红旗乡降雹伴大风,冰雹大的有茶杯大,有倒屋现象	调查
		冰雹	红旗公社洗冲大队降冰雹,鸡蛋大一个	调查
1971	2月4—9日	冰冻	冰冻较重	本站
	5月中旬	冰雹	九公桥、东田乡降雹伴大风,刮倒许多桐子树	调查
	夏、秋、冬	干旱	晚稻受旱面积10.5万亩	统计局
	7月27日	冰雹	水田、五峰铺乡局部降雹,伴雷雨大风,早稻受灾,屋有倒塌	生产指挥组
	8月1日	冰雹	谷洲、黄荆局部降雹,有倒屋现象	调查
	夏	冰雹	红旗乡局部降雹,有倒屋现象	调查
1972	3月30日—4月8日	寒潮	4月1—2日部分地区降了冰粒,10号转晴见霜,全县烂种700多万斤	生产指挥组
	4月17日	冰雹	郑家坪、双江乡局部降雹伴大风,大的鸡蛋大小,秧苗春收作物受损,有倒屋现象	调查
	5月4日		黄亭市、蔡桥、长乐等地降雹伴大风,局部受灾严重	调查
	夏秋	干旱	连旱75天,晚稻受旱21万多亩,全县损失粮食2600多万斤。局部地区缺饮水	农村组

年份	日期	名称	灾害概要	备注
1973	4月5日	冰雹	黄亭市乡降雹,最大直径10厘米,伴大风,部分地区麦子、春荞、油菜被打光。九公桥、杉木桥、诸甲亭、水田等下轻雹	调查
	4月10日	冰雹	檀江、面铺、小溪市、雨溪及黄亭市区,大片地区降雹,大的鸡蛋大,麦子、油菜、秧苗树木、房屋等损失严重	调查
	4月14日	冰雹	小溪市、檀江、雨溪、黄亭市、长乐、红旗、东田、九公桥等乡共56个大队降雹损失严重	调查
	5月	冰雹	岩口铺乡局部降雹,伴雷雨大风	调查
	7月18日	冰雹	茶元头乡降雹,伴雷雨大风	调查
1973	6月24日	大水	暴雨成灾,冲垮山塘167口,淹水稻3万6千多亩。冲垮桥梁20座	农办
	8月2日	冰雹	红旗乡游草桥降轻雹,伴有雷雨大风	调查
	8月8日	冰雹	茶元头、黄亭市降轻雹,伴雷雨大风	调查
1974	4月	冰雹	檀江乡降轻雹,麦子、油菜受损	调查
	5月27日	冰雹	红旗降雹,伴雷雨大风,成洪灾,吹倒房子	调查
	夏秋	干旱	旱情达134天,旱土作物影响大,如秋荞不能出种,减产8000多万斤	农办
1975	5月9日	大水	受灾38个乡、506个大队,冲垮房屋、山塘、渠道及农田,淹没早稻126307亩,重插19382亩,补插33583亩,春收作物及经济作物受损严重	农办
	冬	霜冻	长时期霜冻,苕子受冻害严重	调查
1976	3月19日至4月12日	寒潮	3月19日全县各地有积雪现象,长期阴雨低温,春播天气很差	本站
	11月15日至18日	早雪早霜	红薯受冻,秋荞被霜冻死	调查

一、1978—2002年气象灾害

1978年4月15日19时黄塘、塘渡口、新建、小溪市、霞塘云等乡发生冰雹、山洪灾害,损坏房屋355间,冲垮桥梁24座、山塘36口、河坝43座,死9人,伤29人。

1979年春遭水灾,秋冬连旱113天。

1980年6月26日14时半,谷洲、湾塘、黄荆、诸甲亭、杉木桥等乡发生冰雹灾害,雹大如鸡卵,折断电杆97根、倒房59间,死1人,伤18人。是年秋旱52天。

1981年6月28—30日连日暴雨,岩口铺乡仁安冲山崩,掩埋房屋11座。

1982年2月5—14日黄荆、城天堂、河伯等乡发生大冰冻,断裂电杆277根,压断电线1.94万米,倒房23间,冻死耕牛982头。

6月11—18日县内暴雨,洪水淹没稻田18万亩,倒房220间,死2人,伤32人。

9月寒露风危害,县内有5.2万亩晚稻未齐穗。

1983年4月6—8日和25—26日县内先后两次发生洪灾,倒屋24间,死1人。

6月23日河伯、杨青、河边、金称市、芙蓉等乡下雹20分钟,风雹停后,河伯岭一农民拾到被风雹打死的鸟雀数十斤。

8月26日19时塘田市区和桅木山区岩口铺乡发生雹灾。

1984年5月29—30日暴雨,资江罗家庙水文站河段水位达231.59米,夫夷河三门江水文站河段水位达235.1米。

6—8月县内连旱60余天。

8月1日16时罗城暴雨,山洪卷走2人,泥沙淹没农田700亩。

1985年4月9日19时50分县内发生罕见飑线风,最大风速40米/秒。塘渡口镇、塘渡口乡、红石乡等重灾区摧毁房屋500余间,死17人,伤356人,红石煤矿十几吨重的绞车铁架被掀翻。

1986年4月10日17时15—30分大田、小溪市、黄塘、枳木山、皇安寺、长阳铺、岩口铺等乡镇发生雹灾,风力8级,倒房56间,死2人,伤372人。

6月22日县内普降暴雨,全县有28乡、516村暴发山洪,其中罗城乡降雨250毫米,中和乡大田小学教室倒塌,压死学生4人,伤20人。

8月15日16时谷洲乡廖桥、大塘等村发生雹灾,倒房18间,死1人,重伤6人。

1987年4月22日县内发生特大洪灾,县城街道被淹。

1988年4—9月降水量129.0毫米,其中7月126.0,8月241.0,9月292.0毫米,为近50年特大秋涝,造成晚稻发芽霉烂。

1989年7月26日22时至27日06时下花桥、湾塘、中和、双江、谷洲、黄塘、五峰铺等乡镇降雨98毫米,洪水淹没稻田3万余亩,阻断公路10千米。

1990年4月3—25日县内连续23天低温多雨,烂秧最严重的秧田烂秧率达80%。

4月20日五峰铺区、下花桥区、塘渡口区的10个乡镇发生雹灾,受灾人口6.76万人倒房44间。

5月10—13日蔡桥、长乐、樾木山、长阳铺等乡镇发生龙卷风灾害,伤10人,死亡大牲畜10头,倒房221间。

春至夏初县内先后发生6次水灾。

6月22日至9月21日连旱3月,全县有13个乡镇机关无水可饮,43所中小学校因缺水无法开学。

1991年3月25五峰铺区发生雹灾。

6月4—8日全县普遭水灾,皇安寺乡肖家村的龙虎岭发生滑坡。

8月县内连旱1月。

1992年6月中旬县内平均降雨量140毫米,洪水淹死1人,农田受灾面积3.11万亩,其中失收1.02万亩。

1993年8月5—7日县内普降暴雨,35个乡镇、548个村受灾,死3人,毁坏耕地4100亩,冲垮稻田鱼池4230处,冲走防洪护岸11处,冲垮山塘589口,阻断公路98.6千米。

1994年4月26日、8月6日、8月15日县内先后三次遭受特大洪灾,44个乡镇场受灾,受灾人口30万人,死12人,损坏房屋9638间。

1995年7月25日15时五峰铺镇暴发龙卷风,倒房20间,死2人。

1996年7月16—18日县内累计降水260.4毫米,夫夷河上游的新宁县和广西资源县及赧水上游的洞口、隆回两县均急降暴雨,洪水分别从南面、西面涌入县境河段,罗家庙水文站每秒最大流量达1.38万立方米,水位高达236.5米,比最高的1954年高出1.7米。全县25个乡镇场受灾,死7人,伤50人,淹没稻田19.8万亩,淹没电灌机泵354处,冲毁山塘1158口,冲垮河堤护岸 658 处,损坏渠道 1180 条,县城 3 条主要街道被淹,街道被淹最深处达 4.6 米。

1997 年 4 月 17 日 13—14 时白仓、五峰铺、罗城、下花桥、河伯、黄荆、塘田市、塘渡口、黄塘、金江 10 个乡镇发生龙卷风灾害,死 6 人,1.53 万亩农作物受灾。

7 月 24 日和 8 月 1 日郦家坪、白仓、九公桥、蔡桥 4 乡镇的 83 村先后发生特大暴雨和龙卷风灾害,倒房 145 间,损房 142 间,冲垮渠道 142 处,冲垮山塘 96 口,淹没稻田 2300 亩。

1998 年 5 月 1 日 10 时塘田市镇的三青、楠木、屏峰三村发生龙卷风灾害,倒房 10 间,损房 310 间,伤 84 人,死亡大牲畜 12 头,农作物受灾面积 140 亩。

5 月 22 日县内普降暴雨,金称市、塘田市、黄亭市、霞塘云、塘渡口、九公桥、长阳铺 7 乡镇的 106 村发生洪灾,倒房 58 间,农作物受灾面积 1.45 万亩,冲毁渠道 258 处。

6 月 27 日始县内连旱 81 天,全县大部分水库、山塘干涸见底,25 个乡镇场全部受灾,42.46 万亩晚稻失收。

2000 年 9 月 5 日 17—18 时五峰铺、罗城、金江、白仓、下花桥 5 乡镇的 102 村发生龙卷风和冰雹灾害,倒房 207 间,死 1 人,4.6 万亩农作物受灾。

2002 年 6 月 27—29 日县内普降暴雨,黄亭市、塘田市、河伯、霞塘云、长阳铺、下花桥、小溪市、谷洲、白仓、九公桥、五峰铺、蔡桥等乡镇的 307 村受灾,受灾人口 40.5 万人,倒房 193 间,损房 619 间,淹没农田 2.14 万亩,冲垮渠道 289 处、山塘 107 口,冲走鱼苗 3.2 万余尾。

7 月 18、21、23、25 日县内普降暴雨,金称市、塘田市、霞塘云、小溪市、黄亭市、白仓、五峰铺、罗城、河伯、谷洲、长阳铺等乡镇的 229 个村受灾,受灾人口 35.22 万人。倒房 54 间,早、中稻受灾面积 3.53 万亩,晚稻秧苗受损 4800 亩,冲垮渠道 192 处,冲走大牲畜 78 头,冲垮山塘 306 口。

8 月 18—19 日县内再度普降暴雨,县城被淹最深处达 2 米,150 家商店被迫停业,塘渡口、河伯、塘田市、白仓、五峰铺、霞塘云、小溪市、岩口铺、长阳铺、下花桥、谷洲、罗城、金称市、九公桥、金江、黄亭市等乡镇的 391 个村受灾,中、晚稻受淹 8.96 万亩,冲垮渠道 512 处,冲垮山塘 408 口,冲走大牲畜 227 头。

二、2003 年气象灾害

1. 暴雪和冰冻

冬季出现了一次暴雪 2 次冰冻天气过程。1 月 5 日降雪量达 23.7 毫米,积雪深度达 21 厘米,冰冻出现在 12 月 25—29 日和 2 月 12 日,灾害性天气对全县经济造成相当大的影响,涉及工业、农业、林业和交通运输业,冻死牲畜 50 余头,导致 2000 余台汽车停开,4 条乡级公路中断交通,事故频繁;电力、电信倒杆 6 处,断线 18 千米,中断供电和通信达 12 小时,倒、断 6000 余棵,损毁木材 0.8 万立方米;树苗 15000 余株,全县退耕还林工作影响巨大,同时人的疾病发病率比历年同期增长 60%。

2. 暴雨

5—6 月出现了 3 次暴雨,分别出现在 5 月 16 日、6 月 6 日、6 月 27 日,但由于干旱降水偏少,虽然出现暴雨天气,但灾害比较小,对防汛保安压力也较小,基本上没有大的损失。表 4.2 列出了 2003 年汛期降水情况。

表 4.2　2003 年汛期(4—9 月)降水情况表(毫米)

月份	4	5	6	7	8	9	合计
雨量	128.1	208.7	269.7	142	190	368	676.5
历年平均	158.3	190.0	184.2	105.0	118.5	679	823.9
趋势	偏少 2 成	偏多 1 成	偏多 4.6 成	偏少 8.6 成	偏少 8.4 成	偏少 4.6 成	偏少 1.8 成

3. 大风、冰雹

年内出现了 3 次大风,分别出现在 5 月 14 日、6 月 9 日和 6 月 26 日,并伴有冰雹出现,以河伯乡中心的部分乡镇受到影响,损坏农作物 2400 余亩,减产 4.3 万千克,损毁房屋 410 间,经济损失近 8000 万元。

4. 高温大旱

6 月底雨季结束后,7—11 月 5 个月降水总量仅 104.6 毫米,发生了夏、秋、冬三季连旱天气过程,7 月 13 日—8 月 10 日日平均气温≥35.0℃,持续时间的高温期为历年罕见,高温特大干旱,对全县经济造成了沉重的打击。农业:农作物受灾面积 80%,达到 54.7 万亩,脱水面积 37.4 万亩,开拆枯萎面积 21 万亩,绝收面积 4.8 万亩,有 14.7 万亩晚稻无法插下,减产 5800 万千克,直接经济损失 2.2 亿元,有 4 个乡镇人畜饮水困难。水利:全县干涸山塘 3.5 万口,水井 130 余座,溪、河断流 90 余条,余江、黑冲水库丧失了抗旱能力。林业:全县退耕还林造成林成活率平均下降 60%,其中成活率下降 80% 的面积占 4.2 万亩,占总面积的 33%,新造林死亡株数达 1180 万株,育苗受灾面积 20000 余亩,其中死亡面积达 40%,种苗损失 400 万元。发生森林火灾 12 次。

三、2004 年气象灾害

1. 冻雨雪灾

出现了 2 次冻雨雪灾天气。12 月 24 日出现的灾害强度弱未成灾。12 月 28 日出现了灾害性天气持续 3 天,其过程雨雪量达 58.4 毫米,过程降温 3.7℃,最低气温−4.1℃,雨淞最大直径 2 毫米,最大积雪深度达 17 厘米,这次灾害强度达到中等,对冬季农作物和林业造成了损失,压倒民房 29 间,农作物受灾面积达 2.5 万亩,80 万亩树林受灾,冻死、压断树木 3 万立方米,直接经济损失 1120 万元。

2. 冰雹

4 月 27 日 17 时 37 分,长阳铺镇发生冰雹灾害,持续时间 30 分钟左右。单个冰雹直径达 30 毫米,过程降水量达 75 毫米,11 个自然村受灾,损毁民房 628 间,砸伤耕牛 60 余头,早稻秧苗 800 余亩,西瓜 2000 余亩,玉米 800 余亩,药材 60 余亩,500 余亩油菜全部失收,因灾造成经济损失 1000 万元以上。

3. 暴雨

5 月 30 日和 8 月 22 日出现了两次暴雨。5 月 30 日降水量达 67.9 毫米,过程降水量达 74.7 毫米,全县有 10 个乡镇受灾,受灾人口达 32.2 万人,倒塌房屋 63 间,损坏 1027 间,轻伤 2 人,农作物受损严重,灾后损失总金额达 2600 万元。8 月 22 日虽然出现暴雨,但由于前期干旱缺水,对农作物而言,是一场十分有利的及时雨。表 4.3 列出了 2004 年汛期降水情况。

表 4.3　2004 年汛期(4—9 月)降水情况表(毫米)

月份	4	5	6	7	8	9	合计
降水	163.4	200.6	134.3	159.0	192.7	21.3	871.3
历年平均	152.5	188.7	178.7	106.3	125.7	70.6	822.5

4. 秋旱

从 8 月 23 日开始,一直到 10 月 31 日持续时间达 70 天,其间降水量只有 31.8 毫米,特别是 9 月底到 10 月 28 日连续 40 天降水量 0.4 毫米,10 个月降水量 1.9 毫米,为近 40 年来的同期第二个降水量最少月,干旱期间最大日雨量只有 8.5 毫米,由于前期降水较充沛,加之秋季气温不高,蒸发相对较小,这次干旱对林业、水利影响不大,但对农业、电力影响较大,全县 14 个乡镇共 18 万亩农作物减产 492 万千克,其中 0.1 万亩农作物绝收,据电力部门统计,9、10 月发电不足历年同期的 35%,这次干旱损失总金额达 1938 万元。

四、2005 年气象灾害

1. 冻雨

出现了 1 次冻雨天气。3 月 12 日出现,持续 2 天,雨淞最大直径 1 毫米。

2. 冰雹

2 月 11 日,县内出现了一次冰雹天气过程,持续时间 5 分钟左右。单个冰雹直径达 5 毫米,由于持续时间短,范围不大,降雹时未出现大风,所以未造成大的灾害。

3. 暴雨

5 月 8 日,县内出现了暴雨。日降水量达 52.9 毫米,过程降水量达 79.8 毫米,全县有 2 个乡镇受灾,倒塌房屋 12 间,损坏 200 间,农作物受损 2000 亩,灾后损失总金额达 500 万元。6 月 27 日全县普降大到暴雨,局部暴雨。全县受灾人口 31 万,成灾人口 23 万,因灾死亡 2 人,重伤 3 人。直接经济损失 2600 万元。表 4.4 列出了 2005 年汛期降水情况。

表 4.4　2005 年汛期(4—9 月)降水情况表(毫米)

月份	4	5	6	7	8	9	合计
降水	83.6	282.9	226.5	65.8	46.0	6.9	711.7
历年平均	152.5	188.7	178.7	106.3	125.7	70.6	822.5
距平	−68.9	−94.2	−47.8	−40.5	−79.7	−63.7	−299.2

4. 干旱

从 8 月 5 日开始,一直到 11 月 10 日,持续时间达 97 天,其间降水量只有 58.4 毫米,达到特大旱年标准。长时间的干旱,致使全县大部分乡镇已出现河溪断流、塘库干涸的现象,全县 25 个乡镇 660 余个村受灾,较严重的有 210 余个,受灾人口达 61.9 万人,有 77 万个干旱死角人畜饮水十分困难。全县农作物受灾面积达 27 万余亩,绝收面积 4 万余亩,粮食减产 2600 余万千克,直接经济损失 5410 万元。

五、2006 年气象灾害

1. 冻雨

出现了 3 次冻雨天气。分别出现在 1 月 16 日、2 月 28 日和 3 月 13 日。前 2 次冰冻强度弱，未给全县造成大的灾害，但 3 月 13 日的冰冻给全县造成了较大的经济损失，主要体现在农业方面，经济损失约 120 万元。

2. 冰雹

3 月 20 日和 4 月 10 日出现冰雹，强度均较弱，且持续时间短，但配合大雨天气，对全县农业造成不同程度的灾害，直接经济损失达 980 万元。

3. 暴雨

全年出现了 5 次暴雨天气，是中华人民共和国成立以来暴雨次数最多的一年。分别出现在 4 月 22 日、5 月 5 日、5 月 24 日、5 月 26 日和 7 月 11 日，最大过程降雨量达 81.7 毫米，造成的经济损失在 2150 万元以上。表 4.5 列出了 2006 年汛期降水情况。

表 4.5　2006 年汛期(4—9 月)降水情况表(毫米)

月份	4	5	6	7	8	9	合计
降水	215.2	272.4	176.9	168.7	159.7	45.2	1038.1
历年平均	152.5	188.7	178.7	106.3	125.7	70.6	822.5
距平	62.7	83.7	—1.8	62.4	34.0	—25.4	212.5

4. 寒潮

受北方强冷空气的影响，全县出现了 2 次寒潮，分别出现在 2 月 16 日和 3 月 12 日，前次寒潮持续了 5 天，但未造成大的影响，后一次寒潮配合其后一天出现的冰冻，显示出较大的危害作用。

5. 大风

4 月 25 日，长阳铺出现了大风，使长阳铺倒塌房屋 22 间，由于持续时间仅 5 分钟，未造成其他灾害。

六、2007 年气象灾害

2007 年全县出现的重大气候事件有：暴雨、雷击、干旱和大风。其中暴雨出现了 6 次，雷击 1 次，大风 2 次。现对上述重大气候事件分述如下。

1. 暴雨

2007 年全县共出现了暴雨 6 次，是 1949 年以来出现暴雨次数最多的一年。2 月 24 日出现了暴雨，日降水量达 61.9 毫米。2 月份的暴雨天气在历史上是罕见的，这次暴雨过程未造成灾害。5 月 4 日 22 时 40 分许，雷声隆隆，随之大雨滂沱，短短一个小时内下了 56 毫米，之后雨势转小，持续到上午 08 时许，日降水量达 62.1 毫米。这次暴雨过程倒塌围墙 10 米，山体滑坡使农作物受到影响，但损失不大，使黄亭市和塘渡口倒塌房屋 5 间。6 月份出现了 2 次暴雨天气。一次是 6 月 9 日，日降水量达 76.5 毫米，这也是全年日降水量最大的一天，过程降水量达 94 毫米。这次暴雨使邵阳县大部分乡镇山洪暴发，杉江、夫夷、栾水突发洪水，很多地方稻田被淹，村民家中遭水浸，甚至房屋倒塌，塘渡口县城部分街道积水达 1 米以上，受灾较严重的乡镇有金称市、塘田市、白仓、五峰铺、下花桥、谷州、长乐、黄亭市、小溪市、岩口镇、长阳铺及霞塘云。全县共紧急转移安置灾民 936 人,倒塌房屋 34 间,淹没稻田 12000 亩,损坏民房 369 间,冲毁山塘 11 口,毁坏渠道多处。这次暴雨直接经济损失 800 多万元。另一次是 13 日,日降水量 54.4 毫米,使得小溪市和长阳铺共倒塌房屋 3 间。受 9 号台风"圣帕"的影响,8 月 22 日又出现了一场暴雨,日降水量达 65.7 毫米,过程降水量达 121.7 毫米,全县大部分乡镇普降暴雨,有的乡镇降水量达 130 多毫米。这次暴雨使塘田市、下花桥镇各倒塌房屋 3 间,但对 7、8 月份以来的干旱来说这场暴雨是场及时雨,它极大地缓解了全县的旱情,宣告了干旱的结束。

2. 大风

是年全县共出现了 2 次大风天气,分别出现在 4 月 17 日和 8 月 25 日。4 月 17 日的大风天气,最大风速 18 米/秒。这次灾害性天气使金江乡受灾,同时金江乡在出现大风的同时还出现了持续时间很短的冰雹,损坏房屋 212 间,倒塌房屋 12 间,主要农作物油菜、小麦、秧苗共受灾 435 间,损失金额 35 万元。8 月 25 日的大风天气,最大风速 17 米/秒,持续时间仅 2 分钟,由于强度弱,持续时间短,没有造成大的灾害。

3. 雷击

7 月 11 日 15 时左右,乌云滚滚,紧接着电闪雷鸣,随后倾盆大雨,这次暴雨全县各方面未受到影响,但雷暴持续到下午 17 时许,使县网络公司击坏电脑 1 台,光接收机 2 台,光纤收发器 8 台,九公桥镇击坏变压器 1 座,直接经济损失 2 万多元,其他方面未造成灾害。

4. 干旱

从 7 月 24 日起至 8 月 19 日 26 天内总降水量有 5.8 毫米,旱情持续了 26 天,而大部分乡镇旱情开始更早,持续时间更长。这次旱情相当严重,主要有晚稻、果木、蔬菜、药材等受灾严重,受灾总面积 32604.5 公顷,直接经济损失达 1 亿 9235 万元。之后受 9 号台风"圣帕"的影响,20 日降水 3.8 毫米,22 日下了暴雨降水量 65.7 毫米,极大地缓解了旱情,至此,全县夏旱基本宣告结束。从 10 月 5 日开始,邵阳县又出现了秋旱。从 10 月 5 日持续到 12 月 19 日全县累计降水量仅为 8.2 毫米,严重旱情使全县秋冬农作物普遍受到影响,特别是经济作物油菜无法移栽,损失严重。黄荆、郦家坪、长阳铺等乡镇共有 6 个村 1800 多人无饮用水。

七、2008 年气象灾害

1 月 13 日至 2 月 5 日,县内出现了长达 24 天的冰冻雨雪天气,雨凇最大直径达 34 毫米,最低气温-5.4℃,冰冻持续时间之长,灾害程度之重为县内 1959 年以来最为严重的一次。4 月 17 日上午 09 时 45 分至 09 时 55 分,塘渡口镇、白仓镇出现雷雨大风和冰雹,冰雹直径约 1 厘米,白仓镇部分烟草被打坏。县城部分店面的卷闸门被吹散,房屋的屋顶被掀翻。8 月 5 日,县高速公路工地施工队的办公室受雷击,损失多台电脑及一台变压器。

八、2009 年气象灾害

1. 暴雨

7 月 1 日暴雨 1 次,持续时间不长。7 月 2 日和 25 日,出现 2 次暴雨,其中 7 月 2 日降水 88.7 毫米,全县受灾人口达 1 万人,倒塌房屋 280 间,损坏房屋 1200 间,农作物受灾面积 70 余亩,成灾面积 600 亩,直接经济损失 8000 万元。表 4.6 列出了 2009 年汛期的降水情况。

表 4.6 2009 年汛期(4—9 月)降水情况表(毫米)

月份	4	5	6	7	8	9	合计
降水	210.1	197.1	109.6	226.2	9.0	25.8	777.8
历年平均	152.5	188.7	178.7	106.3	125.7	70.6	822.5
距平	57.6	8.4	−69.1	119.9	−116.7	−44.8	−44.8

2. 寒潮

1 月 12 日出现 1 次寒潮,气温最大降幅达 14℃。

九、2010 年气象灾害

1. 冻雨

全年共出现冻雨 3 次,出现在 1 月 6 日和 12 月 25 日,由于持续时间不长,强度不大,没有造成大的灾害。

2. 暴雨

2010 年全县出现了 2 次暴雨天气,均出现在 12 月份,分别出现在 12 月 12 日和 15 日,最大降水量出现在 15 日,降水量达到 62.8 毫米,但没有造成灾害。表 4.7 列出了 2010 年汛期降水情况。

表 4.7 2010 年汛期(4—9 月)降水情况表(毫米)

月份	4	5	6	7	8	9	合计
降水	249.2	120.9	212.5	56.4	80	124.8	843.8
历年平均	152.5	188.7	178.7	106.4	125.7	70.6	822.6
距平	96.7	−67.8	33.8	−50	−45.7	54.2	21.2

3. 大风

本年度出现 2 次,分别出现在 7 月 7 日、8 月 6 日。7 月 7 日的大风造成长阳铺、九公桥、谷州受灾较重,农作物受灾面积达 31.3 万亩。其中玉米成灾面积 9.5 万亩,水稻成灾面积 7.0 万亩,全县直接经济损失达 800 万元。

4. 雷击

2010 年全县共有 38 个雷暴日,雷击事故较少,没有造成大的损失。

5. 大雾

2010 年全县共出现 21 天大雾天气,12 月份邵阳县大雾日数较多为全年之最,出现了 8 天,占全年的 28%,7 月、9 月未出现大雾天气,全年未出现连续大雾天气。大雾使能见度降低,积雪路面湿滑、结冰,县内多处路段汽车侧翻追尾,交通事故频发,给出行的人们和车辆行驶带来极大的不便,同时也影响了城市的空气质量。

十、2011 年气象灾害

1. 冻雨

全年共出现了冻雨 4 次,集中在 1 月 2 日至 1 月 5 日期间,由于持续时间不长,强度不大,未造成直接经济损失。

2. 暴雨

2011 年出现了 4 次暴雨天气,分别出现在 4 月 30 日、5 月 12 日、6 月 15 日、9 月 5 日,最大降水量出现在 6 月 15 日,降水量达到 679 毫米,其中有 3 次出现在上半年,2 次造成了灾害。4 月 30 日出现了暴雨,过程降水量达 51.6 毫米,致使我县长阳铺、岩口铺、九公桥、谷州等受灾较重;农作物受灾面积达 18.5 万亩,其中油菜成灾面积达 5.5 万亩,小麦成灾面积达 1.1 万亩,西瓜棚和蔬菜棚受灾面积达 4.2 万亩;全县直接经济损失达 300 万元。5 月 12 日出现了暴雨,降水量 63.5 毫米,未造成灾害。6 月 15 日出现了暴雨,降水量 67.9 毫米,使我县长阳铺、岩口铺、九公桥、谷州、七里山场等受灾较重;农田被泥沙淹没面积达 13.5 万亩,玉米在此暴雨中倒伏面积达 5.6 万亩,西瓜棚和蔬菜棚受灾面积达 3.6 万亩,由于雨下得急,冲垮山塘堤坝 150 多处;这次灾害对我县造成直接经济损失达 850 万元。9 月 5 日出现了暴雨,过程降水量 51.5 毫米,未造成灾害。表 4.8 列出了 2011 年汛期降水情况。

表 4.8　2011 年汛期(4—9 月)降水情况表(毫米)

月份	4	5	6	7	8	9	合计
降水	121.9	115.2	139.3	33.3	89.0	75.4	574.1
历年平均	152.5	188.7	178.7	106.4	125.7	70.6	822.6
距平	−30.6	−73.6	−39.4	−73.1	−36.7	4.8	−248.5

3. 雷击

2011 年全县共有 19 个雷暴日。出现在 4 月 30 日的雷雨天气过程中,致使县政府机关办公大楼计算机系统整体损坏,直接经济损失达 20 万元左右。

4. 大雾

2011 年全县共出现 24 天大雾天气,2 月份和 11 月份我县大雾日数较多,分别出现了 5 天,这种天气能见度低,给出行的人们和车辆行驶带来极大的不便,县内部分路段汽车有追尾事故发生,同时也影响了城市的空气质量。

5. 寒潮

受北方强冷空气影响,县出现了 5 次寒潮,分别出现在 2 月 10 日、2 月 28 日、3 月 15 日、4 月 3 日、11 月 30 日。这五次寒潮强度均为中等,每次的寒潮低温天气持续 3 天之久,除给人们的生活带来不便外,对其他方面未造成影响。

6. 干旱

邵阳县出现了干旱,从 5 月 1 日至 5 月 31 日因干旱造成农作物受灾面积 55.92 万亩,成灾面积 25.89 万亩,绝收面积 5.18 万亩。其中早稻受灾面积 28.2 万亩,蔬菜受灾面积 6.12 万亩,玉米受灾面积 5.8 万亩,花生受灾面积 5.6 万亩,烤烟受灾面积 1.2 万亩,药材受灾面积 4.8 万亩,其他农作物受灾面积 4.2 万亩。而 7 月 24—31 日的"轻度高温热害"加重了干旱的危害,使我县经济作物受灾面积 84.7 万亩,成灾面积 47.52 万亩,绝收面积 13.25 万亩;造成 1.852 万人、1.36 万头大牲畜饮水困难。直接经济损失达 2.01 亿元。

十一、2012 年气象灾害

1. 冻雨

全年共出现冻雨 4 次,集中在 1 月 22 日至 1 月 25 日期间,由于持续时间不长,强度不大,未造成直接经济损失。

2. 暴雨

2012年邵阳县出现了5次暴雨天气,分别出现在5月1日、7月15日、11月7日,最大降水量出现在7月15日,降水量达到123.3毫米,其中有1次出现在上半年,其他2次出现在下半年,2次造成了灾害。而6月7—11日本站没有出现暴雨天气,但各乡镇受高空低槽与中低层切变线及地面弱冷空气影响,大部分乡镇出现了大到暴雨、局地暴雨天气过程。5月1日出现了暴雨,过程降水量达2.0毫米,这次暴雨过程对全县造成较大影响,直接经济损失达3200万,农业损失2200万,工矿业损失300万,基础设施100万,公益设施50万,家庭财产50万。受灾人口42000人,转移安置320人,农业受灾面积10500公顷,成灾6300公顷,绝收2100公顷,倒塌房屋210间。7月15日出现了大暴雨,降水量123.3毫米,这次大暴雨天气过程对全县绝大多数乡镇农业等多方面造成了很大的影响,受灾人口达55000人,转移226人,农业受灾面积11200公顷,成灾面积7300公顷,绝收面积1200公顷,倒塌房屋132间,直接经济损失3500万元;其中农业2300万元,工矿企业400万元,基础设施300万元,公益设施100万元,家庭财产50万元。11月10日出现了暴雨,过程降水量51.5毫米,未造成灾害。6月7—11日虽然本站没有下暴雨,但各乡镇客观存在这次连续的降水影响,全县受灾人口达56000人,紧急转移安置456人,倒塌房间596间,农作物受灾面积15600公顷,成灾面积8500公顷,绝收面积2560公顷,直接经济损失达7500万元;其中农业损失5800万元,工矿企业500万元,基础设施100万元,家庭财产400万。表4.9列出了2012年汛期降水情况。

表4.9　2012年汛期(4—9月)降水情况表(毫米)

月份	4	5	6	7	8	9	合计
降水	65.4	219.8	126.7	200.7	68.1	75.9	756.6
历年平均	152.5	188.7	178.7	106.4	125.7	70.6	822.6
距平	−87.1	31.1	−52.0	94.3	−57.6	5.3	−66.0

3. 大风、冰雹

2012年4月10日邵阳县受冰雹大风影响,直接经济损失达3000万元;其中农作物受损较为严重,农作物受灾面积达7200亩,成灾3300亩,约收1100亩,合计经济损失1600万元。据民政部门调查,全县受灾人口108000人,转移266人,倒塌房屋287间。其中,工矿企业损失400万元,基础设施100万元,家庭财产150万元。

4. 雷击

2012年全县共有32个雷暴日。

5. 大雾

2012年全县共出现14天大雾天气,11月份全县大雾日数较多,出现了5天,这种天气能见度低,给出行的人们和车辆行驶带来极大的不便,县内部分路段汽车有追尾事故发生,同时也影响了城市的空气质量。

6. 寒潮

受北方强冷空气南下影响,2012年12月8—10日48小时降温幅度达12.7℃,最低气温降至4.8℃,达到寒潮标准;24—26日48小时降温幅度达10.7℃,最低气温幅度达−3.6℃,达到强冷空气标准;这次寒潮与强冷空气强度不大,除给人们的生活带来不便外,低温对油菜、蔬菜等农作物生长有不利的影响,但对其他方面未造成灾害。

十二、2013 年气象灾害

2013 年我县出现的重大气象事件有:低温冰冻、大风、冰雹、暴雨、大雾、寒潮等,其中冰冻出现了 1 次,大风 1 次、冰雹 1 次、暴雨 2 次,干旱 1 次,雷击 30 次,大雾 23 次,寒潮 1 次。这些异常气候对我县生态及经济有一定的负面影响,现对上述重大气候事件分述如下。

1. 冻雨

全年共出现冻雨 1 次,集中在 1 月上旬期间,由于持续时间不长,强度不大,不但没有造成直接经济损失,而且这次天气在一定程度上消灭了过冬的农作物害虫,有利于冬季农作物的生长发育。

2. 大风、冰雹

2013 年 3 月 20 日我县受冰雹大风影响,此次大风共吹倒早稻集中育秧大棚 14 座,面积 5600 平方米,打坏已播种的育秧硬盘 12000 余张,蔬菜大棚 6 座,棚膜严重受损。给下花桥镇、谷州镇、郦家坪镇、诸甲亭乡、长阳铺镇、塘渡口等乡镇的油菜、烟草等春播农作物带来重大损失。下花桥镇 7000 亩油菜严重倒伏,大部分田块的受损率在 40%~50%,部分最严重丘块的受损率达到 80%。据统计,全县油菜受灾面积 15.6 万亩,成灾面积 10.5 万亩,绝收面积 7.8 万亩;正处于花期的梨、桃等其他水果及经济作物受损面积 8180 亩,枝叶全部打落。共造成经济损失 9500 万元。

3. 暴雨

2013 年我县出现了 2 次暴雨天气,分别出现在 4 月 23 日、8 月 23 日,最大降水量出现在 4 月 23 日,降水量达到 51.1 毫米,其中 1 次出现在上半年,1 次出现在下半年,2 次都没有给我县造成灾害。而 8 月 23 日那场暴雨天气,降水量达 50.1 毫米;这次过程给我县近乎干枯的土地带来一场喜雨,对农作物和花木森林等起到很好的浇灌作用,池塘水库和中小河流得到有效补水。由于这次暴雨在空间上分布比较均匀,在时间上比较平缓,因此,降雨大部分被有效吸收和水利设施储存,没有造成山洪、滑坡、泥石流等灾害。

4. 干旱

从 6 月 30 日开始到 8 月 14 日降水量仅有 2.2 毫米;由于降水量少,高温日数多,蒸发量大,全县旱情严重,达到干旱标准;这时我县在 8 月 1 日 15 时 20 分在塘田市,8 月 2 日 16 时 15 分在玉田,8 月 3 日 14 时 52 分在金称市,8 月 6 日 16 时 42 分在金江,8 月 8 日 17 时 02 分在长乐,8 月 9 日 17 时 15 分在塘渡口,8 月 12 日 18 时 16 分在白仓开展了人工增雨作业。干旱造成作物缺水、脱水、干枯,水库、山塘水位迅速下降或见底。截至 8 月 14 日,已造成 13.41 万人和 5.52 万头大牲畜饮水困难。全县农作物受灾面积 92.1 万亩,成灾面积 65.2 万亩,绝收面积 27.3 万亩;水稻受灾面积 38.2 万亩,成灾面积 22.4 万亩,绝收面积 8.6 万亩;旱土作物受灾面积 53.9 万亩,成灾面积 42.8 亩,绝收面积 18.7 万亩。全县 110 余座小型水库已经干涸,46 条溪江已经断流,夫夷河、资江河、檀江出现了近 20 年来最小流量,孔雀滩下游沿河 12 个村因资水枯竭,电排已无法提水。造成直接经济损失 7.4 亿元。

5. 雷击

2013 年全县共有 30 个雷暴日。2013 年 6 月 22 日 08—10 时,雷暴,积雨云放电,致使谭英凯家新修三层房屋屋顶遭受雷击,屋顶多处损坏,不锈钢门损坏变形,村里多户家庭的电器损坏。

6. 大雾

2013年全县共出现23天大雾天气,11月份我县大雾日数较多,出现了6天,这种天气能见度低,给出行的人们和车辆行驶带来极大的不便,县内部分路段汽车有追尾事故发生,同时也影响了城市的空气质量。

7. 寒潮

受北方冷空气南下影响,2013年1月1—3日48小时降温幅度达13.5℃,最低气温降至1.7℃,达到寒潮标准;2月28日—3月2日48小时降温幅度达20.7℃,最低气温降至1.9℃,达到强冷空气标准;这次寒潮与强冷空气强度不大,除给人们的生活带来不便外,低温对油菜、蔬菜等农作物生长有不利的影响,但对其他方面未造成灾害。

十三、2014 年气象灾害

2014年邵阳县出现了低温雨雪冰冻、大风、雷电、倒春寒、暴雨洪涝、五月低温等主要天气气候事件,现具体分述如下。

1. 雨雪冰冻

2014年我县共出现三次低温雨雪冰冻过程,分别出现在2月4—10日、2月12—13日和2月16—18日,前两次雨雪过程出现了冰冻天气,3次低温雨雪冰冻过程,对我县的交通运输、能源供应、农作物生长及人体健康等造成了不利影响。雪后路面湿滑,同时部分路段出现道路结冰现象,全县交通事故明显增多,导致交通阻塞,给群众的出行造成困难,蔬菜和油菜等早春农作物也受到不同程度冻害,部分房屋受冰雪影响倒塌。

2. 短时暴雨山洪突出损失较重

5月25日我县受大风、暴雨影响,此次大风对我县农业经济损失未造成大的影响,而暴雨使我县受灾人口达42000人,紧急转移安置人口212人,需紧急生活救助人口1100人;也给长阳铺镇、下花桥镇等乡镇的油菜、烟草等春播农作物带来重大损失。全县农作物受灾面积75.6亩,成灾面积62.5亩,绝收面积13.1亩,倒塌房屋61户61间;造成我县直接经济损失3500万元。6月2日这次暴雨使我县水田被淹面积2.8万亩;其中谷州镇被淹面积0.7万亩,塘田县镇被淹面积0.5万亩,长阳铺镇被淹面积0.4万亩,白仓镇被淹面积0.2万亩,其他乡镇也有不同程度受灾。全县20.8万亩玉米在此次暴雨中严重受灾,倒伏面积达6.5万亩,九公桥镇、长阳铺镇、塘渡口镇、岩口铺镇等乡镇的玉米倒伏面积在45.3%左右。全县农作物受灾总面积32.5万亩,成灾面积11.8万亩,绝收面积5.5万亩。这次暴雨还造成一些农田大棚被损坏,其中谷州的西瓜大棚和双江口、梅子院蔬菜基地的蔬菜大棚均受到不同程度的损坏,经济损失28.5万元左右。据统计:此次暴雨灾害对我县造成直接损失达3000万元左右。6月19日,邵阳县大范围遭受暴雨袭击,导致我县受灾人口31000人,紧急转移安置人口150人,需紧急生活救助人口1200人,倒塌房屋42户86间。全县水田被淹面积18.8万亩,其中黄亭县镇被淹面积2.7万亩,蔡桥乡被淹面积1.5万亩,黄塘乡被淹面积1.4万亩,白仓镇被淹面积2.8万亩,五丰铺镇被淹面积3.2万亩,其他乡镇也有不同程度受灾。全县农作物受灾总面积32.5万亩,成灾面积11.8万亩,绝收面积6.5万亩。

3. 寒潮、连阴雨、五月低温和倒春寒等冷空气危害

2月3—5日48小时降温16.8℃,最低气温为4.2℃,达到强寒潮标准。4月21—27日,

日降水量≥0.1毫米连续7天且日照时数为0.0小时,达到轻度连阴雨标准。5月15—19日出现"轻度五月低温"天气。

4. 雷电灾害

2014年3月8日05时55分左右,邵阳县塘渡口镇云山村17组邓发生一家当时还在床上睡觉,突然一声巨响,雷电通过屋顶上电视卫星接收器引下,发生雷灾,把人从床上打到地上,人员受轻伤(发生:轻伤,男,50岁),房屋多处开裂,直接经济损失1.2万元,间接经济损失0.5万元。雷电灾害原因是未安装任何防雷措施。2014年3月26日下午15时左右突然一声惊雷,邵阳县决赛村邵阳南方水泥有限公司矿山房接着发现监控损坏黑屏,地板、电脑损坏。造成直接经济损失1万元,间接经济损失5万元。雷电灾害原因是防雷措施不完善。

5. 霜冻

2014年我县初霜日出现在2013年11月29日,终霜日在2014年2月20日,初终日数84天。当年无霜期日数295天。

十四、2015年气象灾害

2015年邵阳县出现了冰冻、雷雨大风、寒潮、倒春寒、暴雨、洪涝等灾害性天气,气象灾害特点为冰冻灾轻、洪涝灾害重,现具体分述如下。

1. 低温冰冻

2015年我县未出现降雪天气,但1月30日出现一次低温冻雨天气过程,对我县的交通运输、能源供应、农作物生长及人体健康等造成了不利影响。路面湿滑,部分路段出现道路结冰现象,全县交通事故明显增多,导致交通阻塞,给群众的出行造成困难,蔬菜和油菜等早春农作物也受到不同程度冻害。但由于此次冰冻过程持续时间较短,影响范围较小,未搜集到相关灾情。

2. 暴雨洪涝

2015年邵阳县本站有3次暴雨过程:4月27日日降水量60.7毫米;7月2日日降水量为88.2毫米,因预报、服务及时,且降水时段不集中,没有出现明显灾情;8月16日本站日降水量为86.3毫米,塘渡口镇、白仓、塘田县镇、霞塘云等乡镇遭遇大雨、暴雨袭击,因降水过大过急造成13户民房倒损。一处山体滑坡(新人民医院与省道S317接口处)。其中塘渡口镇城区遭遇了30年一遇的暴雨,13—14时一小时内降水量高达67.3毫米,由于降雨量超大,降水时段集中,塘渡口镇新城区大木山、宝峰街、凤凰街、大冲街等几股洪水汇聚到县城低洼区邵新街百货大楼、商品大世界等地段,形成城区内涝,最深处达一米多,致使我县百货大楼、商品大世界200多户商家店铺被淹。此次暴雨洪涝灾害造成直接经济损失3000余万元。灾害发生后,县委县政府立即启动应急预案,县级领导以及塘渡口镇、城建、水利、民政、商业行管办等单位的领导在洪灾现场指挥应急抢险。紧急转移灾民17人,紧急抢险转移商品货物价值达数百万元。

3. 寒潮、倒春寒

倒春寒:受较强冷空气影响,4月7—9日我县出现了大幅降温天气,4月8日降温幅度最大,平均气温8.4℃。4月5—14日全县平均气温为12.6℃,较常年同期(15.9℃)偏低3.3℃,达到倒春寒的标准,此次倒春寒导致4月上旬初播种的早稻出苗率较低,但对油菜和3月中下旬播种的早稻无明显影响。

寒潮:11月23—25日我县出现一次寒潮天气过程。

4. 雷雨大风

2015年8月4日下午15时30分左右,塘渡口镇、小溪乡、九公桥镇、七里山园艺场等地发生近年来罕见的雷雨大风,持续时间半小时,大风时间有10分钟左右,群众生产生活损失严重。(1)民房倒损严重。据调查摸底,此次因雷雨大风倒损房屋达437户,其中倒房79户,损坏房屋358户,倒房户中有53户无房居住,只能投亲靠友或租用临时住房生活。雷雨大风给这些灾民生活带来严重影响,直接经济损失400万元。(2)林业损失。大风所到之处大树被刮断,随处可见,九公桥镇黄花村、绍田村等地山上树木被风吹倒、吹断。据估算,此次风灾给林业造成约470余万元损失。(3)农作物损失。禾苗、玉米等农作物拦腰刮倒,造成水稻和其他作物成灾,直接经济损失400余万元。(4)企业受损。大风所到之处的工商企业受损。如九公桥镇黄花村环保砖厂、美莎集团以及工业园这部分企业,屋顶钢架被风刮倒。据初步估算,直接损失达300余万元。(5)电力受损。电线杆被大风刮倒,电线被刮断,造成小溪乡、塘渡口镇红石片区、七里山园艺场等地大面积停电,造成直接损失500余万元。综上所述,此次雷雨大风造成直接经济损失在2000万元以上。这次受灾最严重是小溪县乡田心、山田等村,塘渡口镇梅溪、玉田等村,七里山园艺场新田村,九公桥镇的黄花、绍田等村。灾害发生后,县民政局第一时间组织各乡镇民政办奔赴重灾区勘查灾情,帮助转移安置群众,各地受灾群众、企业也积极开展灾后抢修工作。

5. 秋汛

秋季我县降水过程较多,邵阳县本站降水量为378.6毫米,较常年同期偏多160.2毫米,降水距平百分率为73.4%,属显著偏多。

9月共出现三次较强降水过程,分别是9月19—20日,24—25日,达中雨以上量级;10月5—6日受台风外围云系影响,我县出现一次大到暴雨过程,过程总降雨量83.8毫米对已成熟的晚稻有影响;11月降雨过程出现在10—12日、16—17日、20—21日。

6. 霜冻

2015年我县初霜日出现在2014年12月13日,终霜日在2015年2月8日,初终日数58天。当年无霜期日数307天。

7. 雾霾天气

2015年全县出现大雾39次,其中1月、11月和12月气温昼夜温差加大,桥梁、隧道和水体附近等地表温度低且湿气较重的地段极易形成能见度为50～100米的局地性浓雾,引起交通阻塞和交通事故等。2015年全县出现霾7次,主要出现在1—2月,对人们的身体健康带来一定的影响。

十五、2016年气象灾害

2016年邵阳县出现低温雨雪冰冻、五月低温、雷电、寒潮、暴雨洪涝、雾霾等灾害性天气,其中以暴雨洪涝灾害最为严重,现具体分述如下。

1. 低温雨雪冰冻

2016年我县主要出现了三次轻度低温雨雪冰冻天气,分别出现在1月23日、2月1—2日和3月10日,由于积雪持续的时间较短,强度弱,仅出现小雪过程,没有给我县造成灾害。

1月23日受强冷空气影响,我县出现一次低温雨雪冰冻天气,出现1厘米的积雪,25日我县极端最低气温降至−5.6℃。本次过程部分地区出现了道路结冰,对交通有一定的影响。

2月1—2日受较强冷空气影响,我县出现了一次雨雪冰冻天气过程,大部地区出现积雪,高寒山区出现冰冻。

3月10日受寒潮天气影响,我县出现小雪,因持续时间较短,过程影响范围较小,未出现明显灾情。

2. 强寒潮来袭

2月13—14日受强冷空气影响,我县48小时内同一时刻最大降幅达24.7℃,相应时段最低气温为2.1℃,达强寒潮标准且伴有雪或雨夹雪,对春节旅客返程造成一定的影响。

3月受北方强冷空气影响,8—10日出现强降温天气过程,48小时最大降温幅度为16.5℃,最低气温为0.1℃,达到强寒潮标准。

11月比较明显的冷空气过程出现在7—9日和21—23日。其中21—23日我县48小时内同一时刻降幅超过18℃,最低气温1.4℃,达到强寒潮标准。

3. 五月低温

邵阳县5月15—25日连续11天日平均气温≤20℃,已达到"重度五月低温"标准,对秧苗移栽、油菜收割造成一定影响。

4. 暴雨洪涝

2016年邵阳县本站共出现2次暴雨,比常年同期偏少,比去年偏少1次。3月20日我县开始进入汛期,较常年提早半个月,整个汛期持续时间长,暴雨洪涝灾害较严重,主要集中在5—6月,出现了"5·19""6·15"等强降水过程,降雨强度大,部分落区多次叠加,其中"5·19"为2016年汛期最强的一次降水过程,本站最大日降水量达76.3毫米,强度大,洪涝灾害较严重,这次暴雨使我县受灾人口30000,紧急转移安置人口5100,集中安置人口5100,造成倒损房屋31座65间,损坏道路35处,冲毁小桥梁3座、溪堤120处,冲毁或掩盖小鱼塘320口,农作物受灾总面积8200公顷,成灾面积8200公顷,而受淹镇区达14个。据统计,此次暴雨灾害对我县造成直接损失达5200万元左右。

5. 高温热害

2016年邵阳县7月下旬出现了连晴天气,21—31日连续11天日极端最高气温≥35.0℃,已达到"中等高温热害"标准,给人们的生活、生产以及农作物的生长发育带来了不利影响。

6. 秋、冬季雾霾严重

2016年全县出现大雾53次,比去年多14次,大雾天气集中出现在3月、4月、5月、11月和12月,其中11月和12月气温昼夜温差加大,桥梁、隧道和水体附近等地表温度低且湿气较重的地段极易形成能见度为50～100米的局地性浓雾,引起交通阻塞和交通事故等。

第二节 邵阳县历年(1951—1976年)农业气候条件评述

气候与农业生产有着密切的关系,气象条件的好坏,直接关系到农作物的生长发育,因此,气候是左右农作物产量的重要因素之一。比较确切地分析一定时期内农业气候条件的优劣,掌握它的规律和特点,对指导农业生产、趋利避害有重要意义。

下面主要以气象资料(1951—1959年降水为本县双江口水文站资料,距气象站约2.5公里,气温、日照引用邵阳市气象站资料)为依据,结合调查访问,对邵阳县1951年以来的逐年农业气候条件,做如下评述。

1951 年

1. 有利气象条件

(1)春季降水正常,相当于历年同期平均值 170.2 毫米。

(2)5 月下旬气温偏高,有利农作物生长发育。5 月 22—28 日出现连续 7 天日平均气温 25℃以上的日数。

(3)夏秋季降水属正常,分布均匀,仅在 8 月 19 日—9 月 9 日出现短期秋旱 22 天,对农作物生长无大影响。

(4)秋季降水日数正常,分布均匀,有利于农作物生长和农事生产活动。

2. 不利气象条件:

(1)冬干明显,1 月 2 日—2 月 6 日连晴 36 天,对越冬作物生长有影响。

(2)有中等倒春塞,3 月中旬、4 月中下旬,平均气温比历年同期偏低。

(3)春播期天气较差,如 3 月 30 日—4 月 2 日逐日气温都≤9℃,不利天气有 12 天之多。

(4)7 月上旬多连阴雨,7 月 6—10 日 5 天总降雨量达 96.8 毫米。

(5)洪涝明显,7—9 月降雨总量达 324.7 毫米,比常年同期偏多 21%,属偏涝。

(6)秋季寒露风强度属中等,9 月 21—23 日 3 天平均气温 18.5℃,其间并伴有阴雨。

1952 年

1. 有利气象条件

(1)冬季降水正常,分布均匀。

(2)4 月上中旬气温偏暖,对冬作物生长和春播有利。

(3)春播期天气尚好,自 3 月 28 日—4 月 10 日持续 14 天晴好天气对春播有利。

(4)5 月中下旬气温偏高,均在 20℃以上。

(5)6 月降水正常,分布均匀,没有连阴雨天气,有利农作物生长发育。

(6)秋季(10—11 月)降水日数正常,有利秋播、秋管、秋收田间工作和作物正常生长。

2. 不利气象条件

(1)春季(3—4 月上旬)降水偏多,达 234.8 毫米,比常年偏多 38%,有明显春涝。

(2)7—9 月降水量达 411.9 毫米,比常年偏多 54%,有洪涝,对棉花生长影响甚大。

1953 年

1. 有利气象条件

(1)春播期天气尚好,4 月 1—10 日连续 10 天晴暖天气对春播非常有利。

(2)6 月降水正常,分布较均匀,无连阴雨时段,对作物生长很有利。

(3)雨季结束后,夏秋降水正常,对作物生长非常有利。

(4)寒露风偏晚,第一次日平均气温 20℃以下的低温出现在 10 月 5—9 日。

2. 不利气象条件

(1)冬酢明显、总降水日数达 45 日,1 月 10—26 日出现连续 17 天的冬酢时段。

(2)春涝明显。3—4 月上旬降雨量达 245.5 毫米,比常年同期偏多 44%,对小麦等春熟作物生长影响较大。

(3)4 月中旬倒春寒严重,旬平均气温仅为 11.8℃,比常年偏低 4.4℃,对春熟作物生长不利。

(4)5 月低温:5 月 13—17 日为连续 5 天≤20℃的低温时段。

(5)7—9 月降水量 342.3 毫米,属偏多,有洪涝现象。4—6 月降水偏少,是先旱后涝。

(6)秋季降水日数偏多,达 35 天,比常年同期偏多 10 天、6 天以上阴雨时段达 4 次之多,严重影响秋季农事活动。

1954 年

1. 有利气象条件

(1)春播期天气良好,3 月 21 日—4 月 10 日,春暖天气达 18 天,对春播有利。

(2)5 月中下旬气温偏高,对春作物生长成熟收割非常有利。

(3)寒露风出现时段正常。第一次日平均气温 20℃以下低温出现在 9 月 26—30 日,五天内平均气温 19.4℃。

2. 不利气象条件

(1)冬酣严重,总水日数达 50 天之多,并出现两次冬酣时段,如 12 月 14—23 日和 1 月 7—17 日,对冬季田间管理和农田水利冬修工作影响较大。

(2)春旱明显,3 月—4 月上旬降水 122.2 毫米,雾偏少,缺水耙田。

(3)倒春寒出现在 4 月下旬,程度属中等,主要对春熟作物成熟和春播作物苗期生长不利。

(4)6 月 22—30 日 9 天内持续阴雨,总雨量达 142.2 毫米。

(5)降雨高度集中,洪涝明显。6 月 18—28 日,总雨量达 295.0 毫米。对农田及禾苗危害严重。

(6)雨季结束后,出现秋季特大干旱。自 8 月 20 日—12 月 3 日秋冬连旱 106 天,其间总雨量 38.3 毫米,对旱土作物生长危害极大,荞麦、油菜、小麦无法播种。

1955 年

1. 有利气象条件

(1)春季(3—4 月上旬)降水 55.3 毫米,属正常,耙田水不缺。

(2)6 月中下旬降水分布较均匀,没有连阴雨时段,有利早稻抽穗开花。

(3)秋季寒露风偏晚,有利晚稻后期生长。

2. 不利气象条件

(1)冬酣明显,总降水日数达 46 天,并出现两次阴雨,如 12 月 24 日—1 月 4 日和 1 月 31 日—2 月 1 日,对冬季田间管理和水利冬修工作不利。

(2)倒春寒严重,春播育秧天气很差。3 月下旬气温 7.4℃,4 月下旬仅 13.7℃,对早稻适期播种和移栽不利。

(3)5 月低温:5 月下旬气温为 20.0℃,比常年同期偏低 3.1℃,对早稻幼穗分化有一定影响。

(4)洪涝严重,5 月 19—28 日 10 天内总降雨量达 282.7 毫米。

(5)夏秋季有干旱。夏旱 22 天(6 月 21 日—7 月 12 日)、秋旱 45 天(9 月 8 日—10 月 22 日),共干旱 67 天,对旱土作物,如黄豆、茹类和荞麦危害较大。

1956 年

1. 有利气象条件

(1)春温偏暖。3 月中旬,4 月中旬气温比常年同期偏高。

(2)6 月中下旬降水正常,分布均匀,没有连阴雨时段,有利于早稻抽穗开花。

(3)寒露风出现偏晚,10 月 2—4 日三天平均气温 19.4℃,对晚稻成熟期影响不大。

2. 不利气象条件

(1)冬酣明显,1 月 30 日—2 月 18 日持续阴雨 20 天。

(2)3—4月上旬降水量达299.9毫米,比常年偏多76%,有严重春涝,对早稻播种育秧影响较大。

(3)5月低湿:5月中旬气温偏低,仅17.0℃,出现在5月11—19日,对早稻分蘖和幼穗分化有很大影响。

(4)特大干旱:夏旱51天(6月19日—8月8日),秋旱63天(8月25日—10月26日),两次共干旱114天,其间总雨量仅75.6毫米,对作物生长危害极大。

1957年

1. 有利气象条件

(1)冬季降水日数正常,分布均匀。

(2)春季降水正常,接近常年平均值,有利春作物生长和农事活动。

(3)播种育秧期天气良好,有利天气达18天之多,主要有利时段在3月21日—4月2日和4月4—10日。

(4)5月中下旬气温正常.20℃以上,有利于早稻生长发育。

2. 不利气象条件

(1)3月中旬有倒春寒,程度属中等。

(2)6月中旬至7月上旬连阴雨明显。出现在6月13—18日,对早稻抽穗期稍有影响。

(3)特大干旱,夏旱38天(6月23日—7月30日),其间雨量18.7毫米,秋旱55天(8月25日—10月18日),其间雨量33.7毫米,两次共旱93天,对旱土作物和晚稻生长极为不利。

(4)寒露风出现时段正常,有轻度危害。9月27—10月2日6天平均气温18.7℃,且伴有阴雨,影响晚稻灌浆乳熟。

1958年

1. 有利气象条件

(1)冬季降水日数正常,分布较均匀,没有明显冬醋时段。

(2)春季降水量146.9毫米,属正常,有利春播和农作物生长。

(3)春季气温偏暖,3月下旬至4月下旬,气温一直高于常年同期,有利早稻等春插作物的播种和生长。

(4)早稻播种期间天气良好,有利天气达18天,出现时段是3月21—26日和3月30日—4月10日,对早稻播种育秧极为有利。

(5)5月中旬气温偏低(15.2℃),下旬偏高,基本上属正常。因此,虽前期低温对早稻分蘖稍有影响,但后期高温有利幼穗分化。

(6)4—9月间没有洪涝灾害,有利农业生产。

(7)雨季结束后,降水分布均匀,只有轻度秋旱。

2. 不利气象条件

(1)6月下旬连阴雨明显,6月20—26日总雨量53.6毫米,对早稻抽穗开花有一定影响。

(2)秋季降水日数偏少,比常年少8天,对秋作物生长稍有影响。

1959年

1. 有利气象条件

春季气温特偏高,有利早稻播种育秧。自3月21日—4月10日气温高于10℃,均为有利早稻播种育秧天气。

2. 不利气象条件

(1)冬酬酣显,总降水日数达 50 天之多,比历年同期平均偏多 10 天。其特征是:前冬干,(11 月 19 日至 12 月 22 日,共 34 天。)后冬酣,(2 月 8 至 28 日,共 21 天。)均对作物生长和田间工作有一定影响。

(2)3—4 月上旬春旱明显,缺水耙田,总雨量只 127.6 毫米,比常年偏少 25%。

(3)5 月中下旬气温持续偏低,仅有 19.1～19.6℃,抑制早稻分蘖和幼穗分化。受严重危害,早稻空壳率达 50%以上。

(4)6 月 8—21 日持续阴雨 14 天,总雨量达 117.5 毫米,对早稻抽穗有抑制作用。

(5)特大旱年,夏旱 27 天(7 月 5 日—8 月 2 日),秋旱 70 天(8 月 17 日—9 月 14 日和 9 月 18 日—10 月 28 日),夏秋共旱 97 天,其间总雨量 31.4 毫米,对旱土作物和晚稻危害极大。

(6)寒露风出现时段正常,程度属中等。9 月 23—25 日 3 天平均气温 18.9℃,对晚稻开花灌浆有较大影响。

1960 年

1. 有利气象条件

(1)冬季降水日数正常,没有冬干和冬酣。

(2)春季(3—4 月上旬)降水量为 194.1 毫米,属正常。

(3)秋季降水日数魇正常,接近常年平均,对秋季作物生长和农事活动有利。

(4)寒露风出现偏晚,对晚稻生长有利。

2. 不利气象条件

(1)倒春寒严重,出现在 3 月中旬、4 月中旬,尤其是后期倒春寒,对早稻秧苗生长极为不利。

(2)早稻播种期天气属较差,3 月 31 日—4 月 3 日出现≤11℃的低温冻害和晚霜,早稻烂秧极严重,烂秧率达 50%。

(3)5 月中下旬气温持续偏低,为 10.8～19.1℃。5 月 5—14 日和 5 月 18—26 日两次明显低温天气,对早稻分蘖和幼穗分化危害极大。

(4)7 月上中旬的连阴雨明显,对早稻后期生长有一定影响。

(5)夏秋季有大旱,夏旱 6 月 15—7 月 8 日(24 天)和秋旱 8 月 18 日—10 月 16 日(60 天),两段旱期内总雨量仅为 29.4 毫米,对作物生长有很大危害,水稻粮食作物减产极严重。

1961 年

1. 有利气象条件

(1)3—4 月上旬降水量 149.1 毫米,属正常,有利春收作物生长。

(2)早稻播种育秧天气尚好。3 月 25 日—4 月 10 日对早稻等春播作物播种有利。

(3)5 月中下旬气温正常,对早稻生长发育有利。

(4)4—9 月没有洪涝灾害。

(5)秋季降水日数接近常年平均值,有利农作物生长和秋种、秋收和秋管工作。

2. 不利气象条件

(1)冬季降水日数偏少,冬干明显。1 月 11 日—2 月 3 日连晴 25 天。

(2)3 月下旬倒春寒属中等。

(3)6 月 9—14 日连续阴雨 6 天,雨量达 175.5 毫米,对早稻抽穗极为不利。

(4)夏秋季有干旱,6月14日—7月24日和9月13日—10月19日,两次共旱78天,属大旱。对旱土作物黄豆、荞麦有一定影响。

(5)秋季寒露风出现时段正常,危害程度属轻度。9月29日—10月2日,4天平均气温17.5℃,对晚稻灌浆乳熟有一定影响。

1962年

1. 有利气象条件

(1)春季3—4月上旬降水量156.7毫米,属正常。有利农作物生长。

(2)3月中旬气温偏高,3月下旬至4月下旬气温正常,对春播有利。

(3)寒露风出现在10月4—7日,偏晚,对晚稻生长无影响。

(4)秋季降水日数正常。

2. 不利气象条件

(1)冬季降水日数仅29天,冬干明显。1月18日—2月24日连晴达38天,对冬作物生长和田间工作不利。

(2)4月3—5日出现3天日平均气温≤9℃的低温,4月3日极端最低气温只4.3℃,危害秧苗生长。

(3)5月下旬气温偏低,抑制早稻分蘖和幼穗分化。

(4)6月10日—7月3日持续阴雨达23天之久,总雨量达272.5毫米,对早稻抽穗扬花危害极大。

(5)有洪涝。6月23日—7月2日10天内总雨量达214.2毫米,降雨高度集中,造成雨涝、水淹、水土流失等灾害。

1963年

1. 有利气象条件

(1)5月中下旬气温偏高,达24.4~27.8℃,5月17—25日出现连续9天≥25℃的高温时段,有利早稻分蘖和幼穗分化。

(2)寒露风出现在10月4—13日,偏晚,对晚稻生长有利。

2. 不利气象条件

(1)冬季总降水日数仅24天,此常年同期偏少达16天之多,冬干严重。1月2日—2月3日连晴33天。

(2)3—4月上旬总降水量仅87.0毫米,比常年同期偏少49%,春旱极为严重。耙田水奇缺,对小麦、油菜等作物危害极大。

(3)3月中旬、4月下旬倒春寒属中等,后期倒春寒对插秧不利。

(4)早稻育秧期天气较差,4月6—8日出现≤9℃的低温天气,造成烂秧。

(5)6月中旬连阴雨明显,6月10—16日阴雨,对水稻早熟品种抽穗稍有影响。

(6)特大干旱,6月28日—8月7日夏秋连旱42天,8月13日—10月3日秋旱52天,两次共旱94天。该年夏秋连旱接踵冬春连旱,对农业生产危害极大。

(7)秋季降水日数比常年偏多,10月8—16日,11月7—19日两次秋雨达22天之多,对田间农事活动影响甚大。

1964 年

1. 有利气象条件

(1)4 月中旬气温特暖,达 21.8℃,比历年同期平均高出 5.6℃。

(2)5 月中下旬气温正常,有利于早稻生长发育。

(3)秋季降水日数正常,接近常年平均。

2. 不利气象条件

(1)冬季总降水日数达 48 天,冬酬明显,但没有较长阴雨时段。

(2)3—4 月上旬总降水量达 321.6 毫米,比常年偏多 89%,春涝严重,对小麦生长极为不利。

(3)早稻播种育秧期天气很差,日平均气温 10℃ 以下不利天气有 10 天。出现在 3 月 21—25 日和 4 月 7—10 日,造成烂种烂秧天气。

(4)6 月中下旬至 7 月上旬多阴雨,危害早稻抽穗开花。如 6 月 16—25 日、6 月 29 日—7 月 4 日,阴雨日数达 16 天。

(5)4 月 3—12 日 10 天内总雨量达到 216.5 毫米,洪涝明显,对早稻秧苗期生长不利。

(6)夏秋季大旱。夏旱 7 月 4—24 日和秋旱 8 月 6—25 日,8 月 30 日—10 月 15 日。3 次共干旱 88 天,对夏季作物生长影响很大。

(7)寒露风出现正常,危害属轻度。9 月 27—29 日 3 天平均气温 19.4℃,对晚稻后期生长有一定影响。

1965 年

1. 有利气象条件

(1)冬季降水日数正常,但很集中。

(2)3—4 月上旬降水接近常年平均值,属正常。

(3)5 月中下旬气温正常。

(4)6 月中下旬至 7 月上旬没有连阴雨,降水分布均匀,有利早稻抽穗开花。

2. 不利气象条件

(1)3 月下旬倒春寒中等,影响早稻适时播种。

(2)春播育秧天气很差,从 3 月下旬至 4 月上旬日平均气温 10℃ 以下的不利天气达 14 天。

(3)秋季降水日数偏多,出现 3 次 5 天以上的阴雨时段,对农事活动极为不利。

1966 年

1. 有利气象条件

(1)春季 3—4 月上旬总降水量 168.9 毫米,属正常。有利农作物生长。

(2)4 月下旬天气偏暖,比常年偏高 2~3℃,对插秧有利。

(3)秋季寒露风偏晚,对晚稻生长有利。

(4)秋季降水日数正常,同常年平均值,对秋作物生长和农事活动有利。

2. 不利气象条件

(1)冬季降水日数偏多,冬酬明显,并出现两次多酬时段,分别在 1 月 13—24 日和 2 月 10—19 日。

(2)早稻播种期天气很差,3 月下旬至 4 月上旬不利天气达 13 天。

(3)5 月中旬气温 18.℃,属偏低。5 月 13—20 日的 8 天低温天气,对早稻分蘖和幼穗分化有一定抑制作用。

(4)6 月 24 日—7 月 5 日和 7 月 7—12 日两次连阴雨总雨量为 161.4 毫米,对早稻中后期抽穗开花影响甚大。

(5)特大干旱。雨季结束后,7 月 13 日—10 月 9 日持续干旱达 89 天,在旱期内仅有 47.8 毫米降雨量,对各种农作物生长危害极大。

1967 年

1. 有利气象条件

5 月下旬气温 25.5℃,比常年同期偏高 24℃。

5 月 25—30 日出现持续 6 天的高温,对早稻生长发育有利。

2. 不利气象条件

(1)冬季降水日数偏多,冬酣明显。

(2)3—4 月上旬降水量 126.9 毫米,比常年偏少 75%,有春旱。

(3)春播天气尚好,有利天气达 12 天,但 4 月中旬倒春寒严重。旬平均气温 11.7℃,比历年同期平均值偏低 4.5℃。造成严重烂秧。

(4)6 月 14—25 日持续阴雨 12 天,危害早稻抽穗开花。

(5)7—9 月降水量比常年同期偏多 39%,有洪涝现象。

(6)秋季寒露风出现偏早,9 月 11—15 日、20—22 日两次低温期,气温分别为 17.8℃ 和 18.3℃,且伴有阴雨,对晚稻抽穗开花危害严重,造成大幅度空壳减产。

(7)秋季降水日数偏多,阴雨时段明显。10 月 31 日—11 月 16 日持续阴雨达 17 天之多,且降雨量大,对晚稻等作物的收获影响甚大。

1968 年

1. 有利气象条件

(1)冬季降水日数正常,且分布较均匀。对冬季农事活动有利。

(2)3 月 28 日—4 月 9 日连续日平均气温高于 10℃ 的晴暖天气 13 天,对春播育秧有利。

2. 不利气象条件

(1)春季 3 月—4 月上旬降水量显著偏多,达 298.4 毫米,比常年同期偏多 75%,春涝严重,对春播、早稻育秧和小麦生长影响极大。

(2)倒春寒中等,3 月下旬气温 10.4℃,比常年偏低 2.5℃,影响早稻适期播种。

(3)5 月中下旬气温偏低,5 月 5—13 日低温期间,对早稻分蘖有抑制作用。

(4)6 月 14—24 日(11 天)和 7 月 7—15 日(9 天)两次阴雨,总降雨量达 280.6 毫米,日雨量平均为 14.0 毫米,对早稻中后期抽穗、开花和灌浆危害极大。

(5)4—6 月降水量为 730.4 毫米,属偏多,6 月 15—24 日 10 天内总雨量达 243.7 毫米,洪涝灾害严重。

(6)寒露风出现时段正常,危害程度属轻度。9 月 28 日—10 月 1 日 4 天平均气温 17.2℃,对晚稻灌浆成熟有一定影响。

(7)秋季降水日数 21 天,属偏少,影响秋作物生长。

1969 年

1. 有利气象条件

(1)4 月中旬天气偏暖,旬平均气温达 18.4℃,有利秧苗生长。

(2)早稻播种育秧期天气尚好,有利时段是 3 月 21—28 日和 4 月 6—10 日。

(3)5 月中下旬气温正常,在 21.7~22.0℃,有利作物正常生长。

2. 不利气象条件

(1)冬季总降水日数 47 天,属偏多,有冬酣。2 月 18—27 日为明显阴雨时段。

(2)春季 3—4 月上旬降水量仅 68.5 毫米,属偏少,春旱严重,对春熟春播作物生长影响很大。

(3)6 月 21 日—7 月 3 日持续阴雨 13 天,正值早稻开花期,危害极大。

(4)秋季干旱,9 月 2 日—10 月 12 日连旱 42 天,其间降雨量甚微(2.3 毫米),晚稻缺水、旱土作物受害较重。

(5)寒露风出现时段正常,程度属轻度。9 月 28 日—10 月 7 日,10 天平均气温 18.5℃,其间降水极少,干冷,影响晚稻乳熟。

1970 年

1. 有利气象条件

(1)秋季降水日数正常。

(2)夏秋季不旱,降水分布均匀,对各种农作物生长有利。

2. 不利气象条件

(1)3—4 月上旬降雨量达 235.8 毫米,春涝明显,对春播和育秧有一定影响。

(2)倒春寒严重,3 月中旬平均气温仅 6.2℃,比常年同期偏低 5.1℃,下旬气温 10.2℃,影响早稻适期播种。

(3)早稻播种天气较差,不利天气 9 天,主要不利播种时段是 3 月 21—26 日。

(4)5 月中旬气温 20.0℃,属偏低,不利早稻分蘖和幼穗分化。

(5)6 月中旬末至 7 月中旬连阴雨,6 月 19 日—7 月 5 日(17 天)和 7 月 8—14 日(7 天)两次共 24 天,总降雨量达 419.4 毫米,此时正值早稻抽穗开花和成熟期,危害极大。

(6)7—9 月总降水量达 521.0 毫米,此常年同期偏多 95%,有严重洪涝现象。7 月 4—13 日总雨量 266.1 毫米。由于 10 天内降雨量过多,对早稻、棉花生长造成不利影响。

(7)秋季寒露风出现时段正常,程度属轻度,9 月 26 日—10 月 6 日,11 天平均气温 17.4℃,日平均最低 14.1℃,对晚稻灌浆乳熟有一定影响。

(8)秋季降水日数 21 天。属偏少,不利秋季农作物生长和田间工作的进行。

1971 年

1. 有利气象条件

(1)春季降水量正常,3—4 月上旬总雨量 129.1 毫米,对农作物生长有利。

(2)春播育秧天气良好,播期内有利天气达 18 天,有利时段是 3 月 24—29 日和 4 月 5—10 日。

(3)5 月中旬至下旬气温 20.5~21.8℃,属正常。

2. 不利气象条件

(1)冬季总降水日数 46 天,冬酣明显。2 月 20 日—3 月 2 日为持续阴雨时段。

(2)6月19—30日持续阴雨12天,对早稻抽穗开花有明显影响。

(3)特大干旱。夏旱严重(6月27日—8月2日),夏旱接连秋旱(8月30日—10月24日),共干旱93天,对夏秋作物生长危害极大。

(4)秋季寒露风出现偏早,危害严重。9月20—22日3天平均气温17.7℃,降水甚少,干冷,对晚稻抽穗开花危害极大,造成减产。

(5)秋季降水日数11天,与历年同期相比,是最少的一年,各种作物缺水严重,田间工作困难。

1972年

1. 有利气象条件

(1)冬季降水日数正常,对作物生长和冬管有利。

(2)4—9月间没有洪涝现象。

2. 不利气象条件

(1)春季3—4月上旬降水量128.5毫米,比常年同期偏少25%,春旱较明显。

(2)倒春寒严重,4月上旬气温9.4℃,比历年同期偏低5.0℃之多,造成大面积烂秧死秧。4月下旬气温偏低,仅15.7℃,又影响移栽。

(3)5月中旬气温20.0℃,属偏低,不利早稻分蘖和幼穗分化。

(4)6月12—16日连阴雨明显,对早稻早熟品种抽穗稍有影响。

(5)夏秋干旱明显,雨季结束后,6月30日—8月4日和8月8日—9月12日,两次共旱72天,对晚稻栽插和夏季作物生长发育危害极大。

(6)寒露风正常,危害中等,9月23—25日3天平均气温16.7℃,且伴有阴雨,对晚稻开花危害较大,造成不实率增加。

(7)秋季降水日数32天,属偏多,对田间工作有一定影响。

1973年

1. 有利气象条件

(1)冬季降水日数正常。

(2)春季降水量正常,3—4月上旬降水量为192.7毫米,对农作物生长有利。

(3)春暖明显,对春播育秧非常有利。3月下旬气温达16.8℃,4月下旬气温达22.8℃,比常年显著偏高,属春季特暖。

(4)秋季寒露风偏晚,对晚稻生长有利。

2. 不利气象条件

(1)5月中旬气温19.2℃,属偏低。17—23日出现一次低温,不利于早稻分蘖。

(2)6月中旬,7月上旬多连阴雨。6月10—14日(5天)和7月6—13日(8天)两段阴雨,对早稻开花影响较大。

(3)4—6月总雨量为785.5毫米,比常年偏多30%,有洪涝。

(4)秋季降水日数21天,属偏少,对田间工作有影响。

1974年

1. 有利气象条件

(1)春季天气特暖。4月中旬气温达20.3℃,比常年同期偏高4.1℃,对早稻秧苗生长和春播作物生长极为有利。

（2）早稻播种育秧天气良好，有利天气达 17 天之多。3 月 21—25 日，3 月 28 日—4 月 1 日和 4 月 8—10 日 3 次为适宜播种时段。

（3）5 月中旬气温 24.6℃、下旬 23.7℃，属偏高，有利早稻幼穗分化。

2. 不利气象条件

（1）冬干严重，总降水日数仅 25 天。11 月 27 日—1 月 9 日连旱达 44 天之久，对绿肥和小麦、油菜等作物生长极为不利。

（2）3—4 月上旬降水量仅为 76.4 毫米，比常年偏少 55%，冬春连旱，缺耙田水严重。

（3）6 月下旬连阴雨明显，6 月 23 日—7 月 1 日连阴雨 9 天，总雨量 99.2 毫米。对早稻抽穗开花有一定影响。

（4）特大干旱，7 月 21 日—8 月 17 日夏秋连旱 28 天，8 月 21 日—11 月 9 日秋旱 81 天，在两次旱期 109 天内，仅降雨 53.6 毫米，是我县夏半年罕见的特大干旱之一，对夏秋农业生产危害极大。

（5）寒露风偏早，晚稻受害严重。9 月 18 日—21 日 4 天平均气温 18.3℃，且伴有阴雨，此时正值晚稻开花灌浆期，危害甚大。

（6）秋季降水日数 14 天，比常年偏少 11 天，对秋作物生长、秋播等田间工作妨碍极大。

1975 年

1. 有利气象条件

（1）3 月中旬至 4 月下旬气温正常，早稻播种育秧期天气良好，有利天气多达 19 天。如 3 月 21 日—4 月 1 日连续 12 天都有利春播。

（2）6 月中下旬降水偏少，未出现连阴雨时段，对早稻抽穗开花非常有利，空壳率很低。

（3）寒露风偏晚，对晚稻后期生长非常有利。

（4）秋季降水日数正常，对作物生长和田间工作有利。

2. 不利气象条件

（1）冬酣明显，总降水日数达 53 天之多。并出现三次阴雨时段，如 12 月 2—13 日、12 月 27 日—1 月 6 日和 2 月 1—11 日。影响冬季田间管理和水利冬修工作。

（2）3—4 月上旬春涝明显，降水量 239.3 毫米，比历年同期偏多 41%。对早稻秧苗、小麦生长有一定影响。

（3）5 月中旬气温 20.0℃，属偏低。5 月 19—23 日为低温时段，影响早稻正常生长，推迟成熟。

（4）4—6 月、7—9 月降水量分别比常年偏多 25%、62%，洪涝现象上年较明显。

1976 年

1. 有利气象条件

（1）冬季降水日数正常，基本有利小麦、油菜等越冬作物生长。

（2）5 月中下旬气温分别为 22.4℃、24.6℃，属正常，对早稻等春播作物生长有利。

（3）4—9 月间没有洪涝灾害。

（4）秋季寒露风偏晚。出现在 10 月 11—19 日，对晚稻生长有利。

2. 不利气象条件

（1）春季 3—4 月上旬降水量达 213.1 毫米，比常年偏多 25%，有明显春涝，对春播和早稻播种育秧带来不利。

（2）倒春寒严重。3月下旬至4月上旬，旬平均气温分别为8.4℃和10.2℃，比常年同期偏低达4度以上。长期阴雨低温，对早稻播种育秧极为不利，造成严重烂秧补播。

（3）早稻播种期天气很差，播期内不利天气达19天之多，3月21日—4月5日（16天）为长期不利播种时段。

（4）7月上中旬连阴雨明显，7月5—13日阴雨，对早稻中迟熟品种的开花灌浆期危害甚大，使空壳率增加，千粒重降低。

第五章　邵阳县农业气候区划

农业气候区划,就是农业气候的分区划片,是气象工作为农业服务的重要手段。它的根本目的,就是要充分利用气候资源,防御和减轻气象灾害危害,分析鉴定全县各地的农业气候条件及对农业生产的影响。发挥气候优势、扬长避短、趋利避害。为充分合理地利用农业气候资源,防御和改造不利的气候条件,制定综合农业区划和分类指导农业生产,为社会主义大农业实现区域化、专业化、社会化提供科学依据。

在农业气候资源调查和分析鉴定的基础上,按照农业气候区划的原则和方法,参考有关农业气候区划的文献资料,结合考虑地貌、植被、土壤的自然分异和农业地理分布,对邵阳县进行全面的综合农业气候区划。

第一节　区划的原则

(1)农业气候区划的目的是为农业生产服务,因此,应具有明确的生产观点,必须从当地农业生产的实际情况出发。抓住农业生产中具有关键性的农业气候问题。在调查的基础上,认真地进行分析研究。

(2)遵循农业气候相似原理,将农业气候条件相似的地区连成一个农业气候区,把农业气候条件相异的地区分开,要能真实地反映出各区的气候特征,充分揭示出不同地区的气候相似性和差异性。

(3)区域区划和类型区划相结合,既要考虑气候条件的水平差异,也要考虑因复杂的地形地势所造成的垂直差异。山地和丘陵按农业气候指标的垂直分析,划分农业气候类型,全县按农业气候指标的水平差异,划分农业气候区。所以,一个农业气候区内,可以包含不同的农业气候类型,以免区划过于零碎杂乱,不便于用来指导农业生产。

(4)主导指标和辅助指标相结合,以农业气候指标作为分区的依据,指标要能表明农业生产地理分布的特点。我们用$\geqslant 0℃$和$\geqslant 10℃$积温(80%保证率)作为热量区划的主导指标;用年降水量作为水分区划的主导指标;7—9月降水量作为辅助指标。

第二节　农业气候区划及分区指标

邵阳县农业气候区划采用两级分区指标,热量作为一级分区指标,水分作为第二级分区指标。

按照热量条件的地区分布,邵阳县可以划分为四个农业气候区(图5.1),按照自然降水条件的差异,在 I 区内可分成两个亚区。

I₁:资江、芙夷水岸温热、雨量中常、偏旱粮果主产区

I₂:檀江两岸温热,雨少,多旱粮果主产区

Ⅱ:西部温暖,雨量中常,偏旱粮食和经济林产区

Ⅲ:东部、中部温和、雨少,重旱粮食和经济林产区

Ⅳ:东南、南部温凉、雨多,少旱林业区

现将分区的农业气候指标及自然概况列表 5.1。

表 5.1 农业气候分区指标

区号	分区名称	海拔高度（米）	地貌类型	年平均气温(℃)	积温 80% 保证率 (℃·天)		热量分级	降水量（毫米）		降水及干旱等级	种植制度	品种属性
					>0.0℃	≥10.0℃		全年	7—9月			
Ⅰ	Ⅰ₁ 资江、芙蓉水两岸温热、偏旱粮经区	300	河谷平原岗地低丘	16.4～16.8	>6000	>5100	温热	1200～1300	250～300	偏旱雨中	双三熟制旱土柑桔、油茶	旱、中
	Ⅰ₂ 檀江两岸温热少雨,多旱粮果主产区							1100～1200	200～250	雨少多旱	单、双季旱土柑桔、油茶	
Ⅱ	西部温暖,偏旱粮经区	300～400	丘陵	15.9～16.4	5700～6000	4900～5100	温暖	1200～1300	200～300	雨中偏旱	双季与一季稻、旱土油茶	旱、中
Ⅲ	西部、中部温和重旱粮经区	300～600	丘陵低山	14.8～16.0	5300～6000	4500～5100	温和	1000～1200	200～250	雨少重旱	一季稻、油菜、旱土花生、油茶、药材	中
Ⅳ	东南、南部温凉,少旱林业区	500～1400	低山中山	10.4～15.4	3800～5500	3000～4700	温凉	>1300	>350	雨多少旱	一季稻、旱土林业、油茶	旱、中

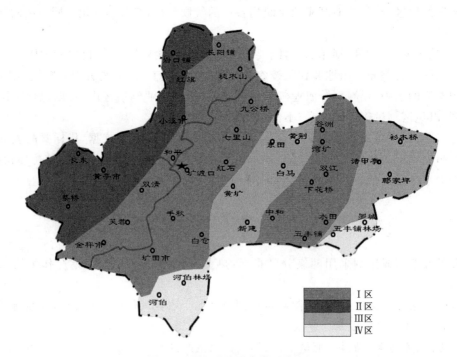

图 5.1 邵阳县农业气候区划图

第三节　分区评述

一、I₁ 区资江、芙夷水两岸温热、雨中、偏旱粮果主产区

本区位于资江、芙夷水两岸,包括长阳卜、黄安寺、枳木山、九公桥、小溪市、东田、红石、霞塘云、塘渡口、黄塘、双清、芙蓉、千秋、白仓、塘田市、金称市等乡镇的全部或部分地区,以及七里山园艺场。大部分地区的海拔高度在 300 米以下,为河谷平原、岗地、丘陵构成,是邵阳县粮食和柑桔的主要产区之一。

1. 农业气候概况

本区地势较低,热量资源比较丰富,光照充足,雨水中常,年平均温度在 17℃ 或以上。最冷月(1 月)平均温度在 5℃ 以上,最热月(7 月)平均温度在 28℃ 以上,极端最高温度曾出现过 40.1℃ 的纪录(1963 年 9 月 1 日),极端最低温度为零下 10.1℃(1977 年 1 月 30 日)。≥0℃ 积温(80% 的保证率,下同)在 5900℃·天以上;稳定通过 10℃ 的初日为 3 月 27 日,终日为 11 月 19 日,持续 238 天,活动积温在 5100℃·天以上;稳定通过 15℃ 的初日为 4 月 22 日,终日为 10 月 25 日,持续 187 天,活动积温在 4200℃·天以上;稳定通过 20℃ 的初日为 5 月 18 日,终日为 9 月 28 日,持续 134 天,活动积温在 3300℃·天以上;无霜期在 285 天以上,年降水量在 1200～1300 毫米,7—9 月降水量为 250～300 毫米。降水量年际变化大。年雨量最多的年份达 1700 毫米以上,最少的年份仅 900 多毫米,几乎相差一半;7—9 月降水量最多的年份可达 500 多毫米,最少的年份仅 100 多毫米,只有多雨年的五分之一。

本区的主要农业灾害是低温冷害、干旱和冰雹,春季(3—5 月)寒潮活动频繁,气温多变,有些年出现长时间的低温阴雨的“倒春寒”天气,容易造成早稻烂种死菌。5 月中下旬出现五月寒,使早稻移栽后僵苗不发蔸或影响幼穗分化。秋季低温出现较早的年份,对晚稻安全齐穗有很大影响,多空壳秕粒,甚至失收。由于降水量年际变化很大,一遇少雨年份本区常受干旱威胁,尤以枳木山等地更为严重。冰雹也是本区灾害性天气之一,多发生在 4—5 月,冰雹不仅危及人民生命安全,摧毁房屋建筑,同时还毁坏庄稼。1978 年 4 月 15 日黄塘等地的一次冰雹,损失严重,而且这次冰雹之大,也属罕见。

2. 评述

本区热量资源较丰富,光照充足,水分资源中等。要充分利用农业气候资源,抓好粮食生产。根据本区的热量条件,稻田的种植制度以稻—稻—肥为主。为改善土壤的理化性能,可适当压缩稻—稻—肥面积,扩种稻—稻—油。但稻—稻—油的比重也不宜过大。以占稻田面积的 25%～30% 为宜。旱地以玉米—豆类,油—茹—玉米为主的轮(套)作制,花生、西瓜、烤烟等经济作物亦适宜发展。

本区地势平缓,海拔高度多在 300 米以下,极端最低气温在零下 3℃ 以上的年份占 90%,土质较好,适宜发展柑桔等水果生产。为防御个别年份的严重低温冰冻危害,要注意选择在地形地势良好和小气候条件优越的地区种植。油茶林在本区有一定的面积,要注意及时垦复,提高产量,有条件的地方可发展蚕桑、茶叶等生产。

夏秋干旱对本区有很大的威胁,尤以枳木山等地更为突出,除改善水利设施外,要注意绿化荒山荒地,搞好水土保持,大力营造以马尾松为主的用材林和以油茶为主的经济林,以减轻

干旱危害,调节改善小气候。

二、I₂区檀江两岸温热、雨少、多旱粮果区

本区位于檀江两岸,包括谷洲、湾塘、双江、下花桥、水田、中和五丰卜等乡镇的大部分地区,海拔高度多在300米以下,主要为河谷平原、岗地、丘陵构成,是邵阳县粮食和柑桔等果木的又一主要产区。

1. 气候条件概况

本区的热量条件与I₁区基本相似,水分条件要差。年降水量只有1100～1200毫米,7—9月降水量只有200～250毫米,而且年际变化很大。

本区的农业气象灾害大体与I₁区相似。主要是低温冷害、干旱和冰雹,但干旱比I₁区要重。夏秋干旱已成为历史性的自然灾害。

2. 评述

本区热量资源较丰富、光照充足、生长季节长,但水分资源差、自然降水少、多干旱,要因地制宜地搞好农业合理布局。水利设施好的地区,稻田种植制度可大体同于I₁区。水利设施不好的高岸天水田,为趋利避害、保种保收,以种一季中、迟熟早稻为妥,早稻收获后,视情况复种其他秋杂作物或双季晚稻,旱地宜种红薯、玉米、油菜等旱粮作物。黄花、花生、辣椒、烤烟、大豆等经济作物亦可适宜发展。

从调查资料分析得出,本区的极端最低气温要略高于I₁区。柑桔冻害比九公桥、七里山等地要轻,适宜发展以柑桔为主的果木生产。但仍需要选择良好的地形地势。考虑小气候条件好的地方作建园基地。

绿化荒山,实行封山育林,是调节气候、搞好水土保持、提高抗旱能力的有效措施之一,在本区具有重大的现实意义。本区植被差,水土流失日趋严重,要在发展油茶、茶叶等经济林的同时,广种速生林,如以马尾松为主的用材林,以涵养水源、保持水土、保护生态平衡。

三、II区西部温暖、雨量中常、偏旱粮经区

本区位于邵阳县的西部,包括长阳卜、岩口卜、黄安寺、小溪市、霞塘云、黄亭市、双清、长乐、察桥、芙蓉、金称市、塘田市、河伯等乡镇的全部或部分地区,大部分地区海拔在300～400米,为丘陵地貌,是邵阳县的粮食和经济林产区。

1. 农业气候概况

本区热量资源仍较丰富,但比I₁、I₂区稍差。年平均气温为16.5～17℃,最冷月(1月)平均温度4.6～5℃,最热月(7月)平均气温27.5～28℃。≥0℃积温(80%的保证率,下同)为5700～5900℃·天;稳定通过10℃的初日为3月27—30日,终日为11月16—19日,持续232～238天,≥10℃活动积温4900～5100℃·天;稳定通过15℃的初日是4月22—25日,终日为10月22—25日,持续181～187天,≥15℃活动积温为4000～4200℃·天;稳定通过20℃的初日是5月18—21日,终日是9月25—28日,持续128—134天,≥20℃活动积温3100～3300℃·天。无霜期279～286天,年降水量1200～1300毫米,7—9月降水量为200～300毫米。

本区的农业气象灾害是:低温冷害,干旱和冰雹。低温冷害比I₁、I₂区稍重,春季气温回升稍慢,秋季低温出现稍早,干旱对本区的威胁也很大,以岩口卜、双清等地最为严重。本区是冰雹经常发生的地区,常造成严重损失。1973年4月5日黄亭市下冰雹,冰雹最大直径达

90 毫米,烟山、春草村的大春作物油菜、麦子及春荞等几乎被打光。

2. 评述

本区热量资源不及 I_1、I_2 区,但仍较丰富,是双季稻生长的有利条件。但春秋低温冷害较 I_1、I_2 区稍重,春季回温稍迟。秋季低温出现稍早,所以要注意早晚稻品种的合理搭配。部分深泥脚田、冷浸田,在水害没有根治之前,拟采用一稻或烟—稻水旱轮作为好,水利设施差的高岸天水田,以种一季早稻为妥。

本区气候、土壤适宜油茶林的生长,且油茶林分布广、面积大,在全县占首位,建议除垦复原油茶林外,把发展油茶作为该区的一个重要项目来抓。要及时垦复油茶、引进高产的新品种、加强管理,尽快改变目前的油茶低产局面。

本区适宜发展辣椒、花生、黄豆等经济作物,尤其是辣椒。气候、土壤适宜辣椒的生长,是"宝庆"辣椒的主要产地,且产量高、品质好,在国际市场上有很高的信誉,深受外商欢迎。在不影响粮食生产的前提下,应适当发展。本区的岩口卜、双清、芙蓉等乡镇森林植被差,水土流失有日趋加重的趋势,旱情比较严重,要注意造林、绿化荒山、保护森林资源,以调节气候、保持生态平衡。

四、Ⅲ区东部、中部温和、雨少、重旱、粮经区

本区位于邵阳县的东部和中部,包括谷洲、双江、五丰卜、杉木乔、诸甲亭、郦家坪、城天堂、罗城、黄荆、白马、新建、下花桥、中和、九公桥、红石、黄塘、白仓等乡镇的全部或部分地区。海拔 300~600 米,大部分地区在 400 米以下,为丘陵和低山地貌,是邵阳县的粮食和经济作物产区。

1. 农业气候概况

本区地势高低差异比Ⅰ、Ⅱ区都大,气候差异也较明显。年平均气温 15.5~17℃,最冷月(1 月)平均温度 3.5~5℃,最热月(7 月)平均温度为 26.5~28℃。≥0℃积温(80％的保证率,下同)为 5300~5900℃·天,稳定通过 10℃的初日为 3 月 27 日至 4 月 4 日,终日为 11 月 10—19 日,持续 221~238 天。≥10℃活动积温为 4500~5100℃·天,稳定通过 15℃的初日为 4 月 22—30 日,终日为 10 月 16—25 日,持续 170~187 天。≥15℃活动积温为 3600~4200℃·天,稳定通过 20℃的初日是 5 月 18—26 日,终日为 9 月 19—28 日,持续 117~134 天。≥20℃活动积温为 2700~3300℃·天。无霜期 268~286 天,年降水量为 1000~1200 毫米,7—9 月降水量为 200~250 毫米,水分条件是全县最差的地区,有名的重旱区。

本区的农业气象主要灾害是干旱灾害,又以黄荆、白马、新建、城天堂等乡镇更为严重,低温冷害比Ⅰ、Ⅱ区都重,海拔 500 米以上更明显。冰雹也在本区经常发生,造成的危害也比较严重,1980 年 6 月 28 日在杉木桥、诸甲亭、湾塘等乡镇发生的一次冰雹,损失极为严重。海拔 500 米以上的黄荆岭、城天堂等地,冬季冰冻比较严重。1981 年 1 月的冰冻,仅白马乡长香村松木等树就折断 4 万株以上,黄荆乡响石村也很严重。

2. 评述

本区热量、水分资源都比Ⅰ、Ⅱ区差,农作物的种植制度,要因地制宜,合理布局,条件很差的地方建议改革现行的耕作制度。400 米以下水利设施好的地区,可以种植双季稻加绿肥或油菜,水利设施较差的高岸天水田,以种一季早稻为妥。400~600 米的地区,受热量条件的限制,可种植一季杂交稻加一季冬作(油菜、绿肥)。小气候条件好的地方,也可种植一部分稻—

稻—肥。黄荆、白马、城天堂等地,地形地貌比较特殊,属石灰岩地区,岩溶地貌发育,地表径流严重,蓄水保水能力差,缺乏水利骨干工程,抗御自然灾害的能力差,加之地势较高,热量条件也受限制。多年的生产实践证明,这些地区要把农业生产搞上去,必须改革现行的耕作制度。

本区的东部(即郦家坪区)适宜发展黄花、药材、花生、黄荆岭,可以种苎麻、花生、黄豆等经济作物。

本区森林资源少、植被差,加之毁林开荒种粮食,水土流失非常严重。峡口水库从1959年建成至1980年淤塞泥沙42.98万方,年均2万方,石桥和塘干两村的接界处。1953年修建的可蓄水10多万方的水库,现在只剩下一口小塘,几乎填平,建议在丘陵山坡地,一面大力植树蓄草防止水土流失,大于25°的坡地要退耕还林。要有计划地改造丘陵、荒地、种植经济林木,发展多种经营,以油茶、乌柏、油桐、板栗、菜叶为重点。狠抓山水治理,改善生态条件,促进良性循环。

五、Ⅳ区东南、南部温凉,雨多、少旱、林业区

本区位于邵阳县的东南部和南部,面积少,包括五丰卜、河伯岭两个林场以及河伯乡的五皇、永兴以及白仓镇的石盆等村。地势比较复杂,高差悬殊,海拔高度在500米以上,最高点河伯岭主峰1454.9米,是邵阳县的林业区,用材林基地。

1. 农业气候概况

本区热量资源差,水分条件好,立体气候比较明显。海拔1000米以内。年平均温度为13.2～16℃。最冷的月(1月)平均温度为1.8～4℃,最热月(7月)平均气温为24～27℃。≥0℃积温(80%的保证率,下同)为4500～5500℃·天,稳定通过10°的初日是4月2—16日,终日为10月30日至11月13日,持续193～226日。≥10℃活动积温为3700～4700℃·天,稳定通过15℃的初日为4月28日—5月12日,终日为10月5—19日,持续147～175天。≥15℃活动积温为2900～3800℃·天,稳定通过20℃的初日为5月24日—6月7日,终日为9月9—22日,持续95～122天。≥20℃活动积温为2000～2900℃·天,无霜期为245～273天。海拔1000米以上的地区,年平均温度在13℃以下,最冷月(1月)平均温度在1.2℃以下,最热月(7月)平均温度在24℃以下。≥0℃积温在4500℃·天以下;≥10℃积温在3700℃·天以下;≥15℃积温在2900℃·天以下;≥20℃积温在2000℃·天以下。无霜期少于245天,本区年降水量在1300毫米以上,7—9月降水量在350毫米以上,是全县降水量最多的地区。加之还有森林涵养水源,所以干旱不十分明显。

本区的农业气象灾害是:低温冷害和冰冻严寒,比其他各区均重。此外大风危害也比较常见。

2. 评述

本区具有垂直地带性的多种气候类型。雨量充沛,空气湿度大,适合杉、松、楠竹的生长,是目前全县主要的用材林基地。多年来,由于过量砍伐和重砍轻造,森林资源减少,生态平衡失调。所以,要注意保护森林资源,把造林育林作为首要任务,对现有森林,要按轮伐周期不过量采伐,保持一定的平衡,坡陡的地方要退耕还林,以达到青山常在永续循环之目的。

本区应以林为主,建议粮食比重适当减少。目前五丰卜林场的大江岭村,河伯乡的五皇、永兴等村林地面积多,农、林互争劳动力。劳动力矛盾日益突出,建议这些地方改以林业为主。

本区海拔500～700米的稻田。根据热量条件,应以单二熟(中稻或一季杂交稻加油菜。

绿肥)为妥。热量不足的低产冷浸田,则以单季稻一熟制为好。旱土可种植红薯、马铃薯、玉米、小麦、油菜等作物。

本区还可以充分利用山区和气候资源,发挥山地优势,适当发展经济价值较高的药材、茶叶、香菇等生产。

第四节　农业气候资源合理利用的建议

(1)邵阳县地处衡邵盆地之中,属丘陵地貌为主的地区,县境内 87% 的面积在海拔 400 米以下,热量资源比较丰富。$\geqslant 0℃$ 积温 80% 的保证率在 5700℃·天以上。$\geqslant 10℃$ 积温 80% 的保证率在 4800℃·天以上,光照充足。年日照时数多年平均达 1595.1 小时。年总辐射达 105.95 千卡/厘米^2。光合潜力很大,而且光、热、水基本同季,有效性好。这些都是邵阳县气候资源的优势,给农、林、牧、副、渔的全面发展,提供了优越的气候条件。

(2)邵阳县农业生产中县有关键性的农业气候问题,主要是自然降水少。水分资源不丰富,全县大多数地区年降水量在 1250 毫米以下,少雨年还不足 1000 毫米。加之植被条件较差,森林资源又遭破坏,造成生态平衡失调,所以干旱日趋严重,是有名的干旱区。近 60 年来,规律性的夏秋干旱几乎年年都有,少数年份还有春旱和冬旱,给农业生产带来了很大的损失。要解决好这一问题,除了加强现有塘坝水库的管理,增加蓄水量、充分发挥它们的效益,进一步改善水利设施,提高抗旱能力外,根本的办法还是加强生态建设、植树蓄草、绿化荒山荒坡、保护现有森林资源、控制采伐量、严禁乱砍乱伐。这样既可保持水土,发展林业生产,又可改善调节气候,减少干旱灾害。

(3)要根据农业气候的地域差异,充分发挥各地的优势,搞好农业合理布局,种植制度要因地制宜,品种及熟制不能一刀切。还要注意保持生态平衡,培养土壤肥力。要因地制宜,水热条件好的可发展双季稻,水热条件差的可搞一季稻,在Ⅱ、Ⅲ,可充分挖掘旱地生产和山地生产潜力,开展多种经营。发展经济作物和经济林木,以调整农业内部结构,增加农民收入,提高人民生活水平。

(4)充分利用气候资源,大力发展油茶生产。邵阳县的气候、土壤适合油茶林的生长,据调查统计,油茶林面积达 50.8 万亩,占全县总面积将近 16%,主要分布在黄亭市、长乐、芙蓉等19 个乡镇,分布广且面积大,在整个农业生产中占有一定的地位。但由于管理粗放,垦复不及时、不经常,更谈不上施肥和防治病虫害,目前平均产油量很低,一般亩产只有 3~4 千克,与丰产地块亩产 50 千克相比,相差很大。这说明油茶的增产潜力是很大的。要发挥油茶林分布广、面积宽、潜力大的优势,达到大面积增产,首先必须及时垦复,看时挖山、看山挖山、看树挖山,平地三年一深挖、一年一浅锄,冬春宜深,夏秋宜浅,疏林宜深,密林宜浅,树冠外宜深,树冠内宜浅,坡地要采取梯田条带状垦复的办法,逐年分批进行防治水土流失。其次必须进行培肥管理,幼龄茶园要搞好间种,老龄茶园要逐步改造更新,同时做好冬季保温防冻工作,保护好茶花。再配合做好病虫防治等技术工作,新辟的油茶山,要注意选择高产的优良新品种,种植密度要适当。不宜过稀或过密,其郁闭度控制在 70%~80% 为宜,有利于通风透光,有利于提高光合作用效率,增加油茶产量。

第二篇

邵阳县气象与特色农业

第六章 水稻与气象

水稻是邵阳县的主要粮食作物,2015 年全县水稻种植面积为 6.4 万公顷,总产量 379738 吨,单产 395.56 千克。

稻米营养较高,一般精白米含淀粉 77.6%、蛋白质 7.3%、脂肪 1.1%、纤维 0.3% 和灰分 0.8%。稻米的淀粉粒特小,并含有营养价值高的赖氨酸和苏氨酸,粗纤维含量最少,容易消化,各种营养成分的消化率和可吸收率都高,最适于人体的需要,因而稻米是一种重要的商品粮食。

稻谷加工后的副产品用途很广,如粮食 14% 的蛋白质、15% 的脂肪、20% 的磷化合物以及多量的维生素,是家畜的精饲料,在工业上可以酿酒和提取糠油,在医药上可提取健脑磷素及维生素等。谷壳可制造装饰板、隔音板等建筑材料,稻草除作家畜饲料和褥草外,稻草还田是一种很好的硅磷肥和有机肥,在工业上是造纸、人造纤维等的原料,还可编制草袋、草鞋、绳索等。

水稻原产于热带,我国栽培水稻已有 6000 多年的悠久历史,根据栽培的地理分布(纬度和海拔高低)分籼稻和粳稻两大类。因地理分布的不同,主要的生态因子是温度条件,高海拔地区水稻生育期间(特别是前期和后期)的温度较低,以栽培粳稻为主,而低纬度、低海拔的温热地区以栽培籼稻为主。邵阳县主要是栽培籼稻。

根据栽培品种的熟期性和季节分布,在籼稻和粳稻两大类中又再各分早稻和晚稻两大类,影响晚稻和早稻类型分化的主要生态因子,是因纬度和季节不同的日照长度。

晚稻和早稻的主要差别,是它们发育特性的不同。晚稻对日照长度反应敏感,是典型的短日性作物,但在光周诱导期间,也需要较高的温度条件。所以,晚稻品种只能分布在纬度较低的地区。

早稻对日照长度的反应钝感或无感。不论日照长度长或短的条件下,只要温度条件相同,生育期的变化不大,对生态环境适应性较大。在我国南方双季稻区,早季只能种植早稻品种,但早稻品种也可在晚季栽培(称倒种春)。

晚稻和早稻之中,又根据生育期长短分为早、中、晚熟品种。

中稻的晚熟品种,感光性也较强,近于晚稻类型。中稻的早熟及中熟品种,感光性弱或不感光,近于早稻类型。

籼稻和粳稻是适应不同温度条件形成的一次气候生态型,而晚稻和早稻是适应不同日照长度条件形成的二次气候生态型。据研究,水稻栽培品种可分为 13 个气候生态型。这些气候生态型对于了解和利用我国栽培稻品种资源具有一定意义。

第一节　水稻栽培的生物学基础

一、水稻的一生与产量的形成

1. 水稻的一生

水稻的一生可分为彼此联系又性质不同的两个生长发育时期,即营养生长期和生殖生长期(图 6.1)。

稻谷的萌芽和蘗、根、茎、叶的生长,主要是在营养生长期进行的。稻的分化和形成,开花、灌浆和结实,都是在生殖生长期进行的。区分两个不同性质的生长期的标志是稻穗分化,即稻穗分化开始前是营养生长期,稻穗开始分化以后为生殖生长期。

营养生长期:营养生长是水稻本身体积增大,叶片增多,分蘗数增多,根系增长,为过渡到生殖生长积累必要的条件。它包括幼苗期和分蘗期,萌芽到三叶期为水稻的幼苗期,从第四叶出生开始萌发分蘗,直至拔节为止,是分蘗期。

返青期:是指秧苗移栽后,由于根系损伤,有一个地上部生长停滞和萌发新根的过程,约经过 5～7 天才能恢复正常生长,此一时期称为返青期。

分蘗期:返青后不断发生分蘗到开始拔节时分蘗萌发停止,分蘗数达到最高峰。分蘗在拔节后向两极分化。一部分出生较早的分蘗具有一定量的自身根系,继续生长,以后抽穗结实,称为有效分蘗。另一部分出生较迟的小分蘗,生长逐渐停滞而消亡,称为无效分蘗。

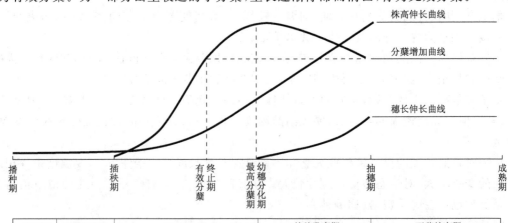

图 6.1　水稻的一生示意图

生殖生长期:包括长穗期和结实期。长穗期从幼穗分化开始,至抽穗止约需 30 天。结实期从抽穗开花到谷粒成熟,根据开花和胚乳充实过程,又可分为开花期、成熟期、蜡熟期和完熟期。结实期所需时间因当时所处的气象条件(主要温度高低)和不同品种特性而有所不同,一般为 25～50 天。

2. 水稻产量的形成过程

水稻产量是由单位面积上的有效穗数、每穗颖花数、结实率和籽粒重构成的。这四个因素是相互联系、相互制约和相互补偿的。尤其是穗数和粒数(每穗颖花数×结实率)有较大的反相关,只有在各因素协调增大的情况下,才能获得较高的产量。因此,不仅要研究各因素的形成发展过程和决定时期,更要研究各因素间的相互关系与相互影响,充分认识水稻产量的形成过程,采取相应的栽培措施,协调各因素的发展,以获得预期的产量目标。

水稻产量各构成因素的形成过程,也是水稻一生中各部分器官的建成过程。各器官的生长发育都必须有一定的物质基础,水稻的高产取得,即是群体的物质积累不断增长的结果。水稻器官成长和产量形成的关系是,首先完成吸收养分和进行光合作用的营养器官(根、叶、蘖),其次形成生殖器官,然后将同化的产物运转到稻谷中形成产量。积累于稻谷的大部分同化产物是成熟期间生产的,抽穗前所同化的碳水化合物部分积累于茎、鞘内,到成熟期再运转到稻谷中,成为充实稻米物质的一部分。

水稻产量各构成因素在水稻生育过程中,是按一定顺序在不同时期形成的,如下。

(1)穗数

穗数是其他三个产量因素的基础,穗数的基础主要在分蘖期,最迟不超过最高分蘖期后的 7～10 天就奠定下来了。分蘖时期后各种环境因素和栽培措施对穗数的影响最大。

单位面积上的有效穗数是由基本苗数和单株成穗数两个因素决定的。因此在一定的基本苗数条件下,提高秧苗质量,移栽返青后促进早分蘖,培育健壮大蘖,提高单株成穗率,是增加有效穗数的重要基础条件。

(2)颖花数

每穗颖花数是由颖花分化数和败育(退化)颖花数之差决定的。每穗颖花数的积极增殖期是在枝梗分化和颖花分化期。促使颖花分化数增加必须在穗轴分化期和颖花分化期创造良好的生态环境条件。败育颖花数在生殖细胞减数分裂期最多,败育的原因是减数分裂期间营养不良或营养代谢失调受阴雨低温、冷害、旱、涝等气象灾害影响。所以在减数分裂期前后创造适宜的小气候生态生育环境,培育健壮稻株,就可减少败育。

(3)结实率

水稻结实率是指稻穗颖花数与稻谷饱满谷粒数的比例。

影响结实率的时期是从穗轴分化开始到胚乳大体完成的这一段时间。影响最大的时期,在抽穗前是颖花分化期和减数分裂期,在抽穗后则是从抽穗到胚乳增长的盛期,受抽穗后光合量的多少和运输作用好坏的影响最大。因而培育健壮植株和分蘖,促进稻株中积累足量的碳水化合物防止倒伏及控制合理的颖花量,抽穗后适当提高叶片含氮量,提高光合作用能力及延长叶片的功能期,可有效地提高结实率。

(4)粒重

稻谷的粒重是由谷壳的体积、胚乳发育这两个因素决定的。谷壳体积是在抽穗前形成的,影响颖花数的因素也同样会影响到谷壳的大小,特别是在减数分裂期当颖花急剧伸长时,受环境条件的影响最大,此时期稻体内特别是幼穗内部碳水化合物不足是重要原因,营养不足会阻碍颖花及枝梗生长,导致败育,或使颖壳体积变小。在颖花急剧伸长时期,亦即在花粉母细胞形成到减数分裂期追施氮肥,颖壳长度可明显增加。因而适当施用齐穗肥,可加强抽穗后的光合作用,降低呼吸作用,增加净光合率。促进碳水化合物向谷粒运送,以提高籽粒重量。

二、水稻的发育特性,感光性,感温性及其在农业引种上的应用

1. 水稻品种的发育特性

水稻的发育特性是指从营养生长转变到生殖生长所表现的特性。在正常栽培条件下,水稻生殖生长期的长短变化幅度不大,营养生长期的长短则因品种熟期的迟早而有相当大的变化。早熟或全生育期短的品种发育早,营养生长期短,迟熟或全生育期长的品种发育迟,营养生长期也长。

水稻品种的发育特性决定于内在遗传性和外界的环境条件。原产于热带的水稻,在系统发育上形成了要求短日高温的遗传性,不同的日照和温度对水稻的发育转变有显著的影响。短日照使水稻生育期缩短,长日照使生育期延长,高温使生育期缩短,低温使生育期延长,这种因日长或温度不同而影响水稻发育转变的特性,分别称为感光性和感温性。由于水稻必须在最适宜的短日、高温条件下才能表现出其最短的营养生长期,即基本营养生长期既与品种的遗传性有关,同时又是有条件的,短日高温生育期与感光性、感温性可合称为"两性一期",三者决定着水稻品种生育期的长短。

(1)水稻品种的感光性

对感光性(对日长起量或质的反应)品种,短日可促进抽穗,短日是指短于某一日长时抽穗较早,长于某一日长时则延迟抽穗,称为"延迟抽穗,临界日长"。"临界日长"可理解为诱导幼穗形成的日长,长于此临界日长,则在当年的自然条件下不能形成幼穗。

水稻光合作用的补偿点为 600~700 勒克斯,但对感光性水稻品种起光周诱导作用的有效照度要低得多,黎明及黄昏的阴暗对水稻发育转变也会有所影响。

目前变化趋势有时也能影响光周诱导效果,先用长日处理,后改用短日处理的,比全期用短日处理的稻株更能早日抽穗;先用短日处理,后用长日处理的,比全期用长日处理的稻株更迟出穗。在自然条件下,夏至以后日长逐渐短的趋势,对某些感光性晚稻品种有促进完成光周诱导过程的作用。

在进行光周诱导期间,其温度条件和植株叶龄的大小,对日长反应的特性有明显的影响。

①温度对日长效果的影响

感光性水稻品种对日长的反应,本质上是引起绿色组织中的 PF 型光敏色素转变为 PR型,当 PF 型、PR 型的比率降低到一定程度时,便能解除抑制和形成幼穗有关激素的合成,从而促使发育的转变,PF 型光敏色素转变为 PR 型是在红外光作用下进行的,在黑暗条件下亦能缓慢地转变。暗期的温度低时,光周诱导作用需要经过很长时间才能完成,甚至完全不起作用。光周诱导期间的平均温度相同,但温度日较差不同,发育转变也不同,在温度日较差大的,即暗期温度较低的地方,将表现较为迟熟,籼稻尤为显著。一些感光性水稻品种在高温条件下,可以在日长较长情况下完成光周诱导过程,温度较低时,则需日长较短才能完成光周诱导作用。所以,感光性强的晚稻品种早播早栽也有提早抽穗的效果一般认为粳稻品种需在日平均气温 20℃以上,籼稻需在日平均气温 23℃以上,才能完成光周诱导作用。

广州地区冬、春播的晚稻品种,不能在清明到谷雨的短日照条件下完成光周诱导作用,就是由于当地当时的温度较低(日平均气温 23℃以下),所以不能在早春及时抽穗成熟。而在海南岛的南部地区冬、春的温度较高(日平均气温 23℃以上)感光性晚稻品种可在当地的冬、春

季期间完成光周诱导过程,所以成为我国晚稻育种过程中加速繁殖(冬繁)的主要基地。

光周诱导过程大体上是在幼穗形成之前几天到十几天之内进行的。水稻的感光期和感温期实际上两者是统一的,所以有人认为应把感光期称为"感光感温期",晚稻品种是属于感光感温性的。

②叶龄大小对日长效果的影响

光周诱导过程的迟早因品种而异。在短日高温条件下,有些品种幼龄时对日长就有反应,而有些品种则要生长到一定叶龄期才开始感光。但大多数感光性强的晚稻品种,短日高温生育期都不大长。感光性强的晚稻品种,一般随叶龄进展,对日长的反应会变得更为敏感。

(2)水稻品种的感温性

晚稻只有在短日条件下才能表现其感温性,早稻对日长反应钝感或无感,对早稻发育转变有显著影响的是温度。所以,早稻和中稻的早、中熟品种可称为"感温性"品种。

水稻营养生长期间遇到低温条件下,使抽穗延迟。高温可促进早稻发育,对基本营养生长期较长的早、中稻品种,需要较长时间才能完成发育转变过程,但早熟品种,即使幼龄时遇到高温,也能促进发育转变。

早稻的发育转变不需要光周诱导过程,暗期高温也非必要,所以早稻能在较低的温度(15～17℃)条件下形成幼穗。适当的高温条件能显著促进早稻抽穗。一方面是高温使生长速度加快,每一叶龄期经历的日数减少,幼穗发育进程较快,即高温促进作用在抽穗前的各生育期均有显著的效果;另一方面是高温促进发育转变,而在形成幼穗后效果不显著。前者(生长温度)和后者(发育温度)的起点温度不同,一般发育的起点温度(发育零度)比生长的起点温度(生长零度)要高些。但也不是温度越高,发育转变越早,促进抽穗效果最大的温度也因品种而不同。

(3)水稻品种的基本营养生长期

基本营养生长期的长短因品种而异,变化幅度为15～60天。感光性强的品种,基本营养生长期较短。感光性弱的品种则有不同长短的基本营养生长期。

一般是早熟品种的基本营养生长期短,迟熟品种基本营养生长期长,基本营养生长期也可用最少叶片数表示,基本营养生长期长的,主茎的最少叶数较多,反之则较少。

2. 水稻的生育期

水稻不但需要在不受冷害的适当时期抽穗和成熟,而且营养生长期和生殖生长期的长短也需要有适当的比例才能获得高产。发育转变过早的,生殖生长期、营养生长期的比率虽大,但营养生长不充分。发育转变过迟的,生殖生长期、营养生长期的比率过小,在生产上也不利。所以,各稻区、各稻作季节水稻品种中的发育特性,必须与当地、当季的日长、温度及栽培制度的需要相适应,因而它们的感光性、感温性和基本营养生长期也应有一定程度的差别。

(1)水稻品种的地理分布和发育特性的关系

一般在温带北部的高纬度地区稻区的生态特点是稻作季节短,在高温的稻作期间日长较长,待日长变短时温度已急降,不适于水稻生长。所以,这里的水稻品种,都是不感光或感光性极弱,基本营养生长期短而感温性较强。

温带南部、亚热带和热带的中纬、低纬地区,则有不同程度的感光性品种分布。在这个范围内,纬度越低,感光性越强。

(2)我国水稻品种的光温反应型

按其感光性、短日高温生育期及感温性的不同,分为 14 个光温反应型。

因水稻品种分布的地区、季节及熟期迟早的不同,其发育特性也有一定程度的差别,分布于南方的比北方的感光性强,晚稻比早稻强,迟熟品种比早熟品种感光性强。感光性强弱是决定发育转变迟早的因素。感光性强的品种对地区及季节的适应性较小,而感光性弱的品种,则有较大的适应性。基本营养生长期中等而感温性不强的,适应性最大。

3. 水稻生育期的变化规律及其在引种生产上的应用

水稻生育环境中的日长和温度,是影响品种发育的重要因素,而发育转变过程的快慢又受品种短日高温生育期所制约。

同一品种在同一地区正常稻作季节内同期播种移栽,各年间其生育期一般比较稳定,但在正常稻作季节以外同期播种移栽的,各年间的生育期则有较大的变动。

在同一地区不同季节播栽的,生育期变化因品种而不同,感光性强的晚稻品种,由于光周期诱导过程,须在一定的日长及温度条件下才能进行。故在同一地区不同时期播栽,抽穗期的变化幅度小,而生育期日数的变化幅度大。反之,不感光或感光性极弱的早稻,不同时期播栽,生育期日数变化幅度小,而抽穗期的变化幅度大。一般晚稻或早稻品种,在上半年提早播栽的,均可使生育日数增多,尤以晚稻为显著,提早播栽也可使抽穗期提早,以早稻为显著。

为了充分利用南方的自然资源,很早以来就利用早、晚稻不同的发育特性创造了各种多熟制稻作形式——双季连作稻、双季间作稻、双季混作稻、再生稻和三季连作稻。

在双季稻作区,晚稻品种只在晚季种植,若在早季错播晚稻,由于不能及时在早季抽穗成熟,多造成极大的损失,早稻品种可以在早季种植,也可以在晚季种植"倒种春",但由于温度高,生育期显著缩短。

4. 水稻品种引种的农业气象关键技术

南北引种水稻品种的生育期变动很大。高纬度稻区,水稻营养生长期的温度一般低于低纬度地区,而日长又较长。所以自北向南引种,生育期缩短,反之,低纬度地区的品种引至高纬度地区,生育期延长,甚至不能在正常的稻作季节抽穗、成熟。例如,在我国任何一个水稻品种,在北纬 26°以南的平原稻区,一般都可抽穗成熟,但晚稻的早熟品种只分布于北纬 32°以南,中稻可分布至北纬 40°,在北纬 40°以北的稻区,只分布早稻品种。因此,较高纬度的稻区从低纬度稻区引种,必须选择在原产地较早熟的品种。相反,自较高纬度引种,须选择在原产地较迟熟的品种,南移后才不致于因营养生长期过短而影响产量。

纬度相同而海拔不同的稻区,因温度随海拔高度升高而递减,水稻品种的生育期也有变动。从低地向高地引种,与从低纬度地区向高纬度地区引种的情况相同,一般须选用在原产地较早熟的品种,反之,高地的品种引至低地,生育期相应缩短,须选用在原产地较迟熟的品种,才能获得高产稳产。

在育种工作上为了加速种子繁殖,可在原产地收获后,立即运到海南岛南部,利用海南岛冬季的短日及较高温度的条件于 11—12 月播种,可于次年春季成熟收获,加速繁殖世代。

在杂交育种工作中,为了使父母本花期相遇,对感光性强的品种,可用夜间照明(长日处理)或晨夕遮光(短日处理),使抽穗期延迟或提早。对不感光或感光性极弱的品种,须先掌握各品种在一定条件下的生长有效积温或主茎叶数,在迟熟品种先播、早熟品种后播的条件下,适当调整两个品种的播栽期,可使抽穗期大致相同,达到父母本花期相遇。

第二节　双季早稻

一、双季早稻生育期间的气候状况

如表 6.1 所示,邵阳县双季早稻大面积一般在春分边 3 月 24 日播种,谷雨 4 月 21 日移栽,小暑边 7 月 14 日成熟,全生育期 113 天左右。≥10.0℃活动积温 2655.3℃·天,生育期间总降水量 528.0 毫米,降水日数 47 天,日照时数 714.9 小时,极端最高气温 38.6℃,极端最低气温 7.0℃,平均相对湿度 79％,水稻生长的生物学最低温度为 10.0℃,稻根生长的最低温度为 15.0℃,邵阳县日平均气温稳定通过 10.0℃的平均开始日期出现在 3 月 23 日,日平均气温稳定通过 15.0℃的平均初日出现在 4 月 22 日。根据气候规律在 3 月 23 日播种,4 月 21 日移栽,光、热、水资源基本上与早稻生长发育期同步上升,可避开夏季高温和干旱灾害威胁,实现早稻安全高产稳产之目的。

表 6.1　双季早稻生育期间气候状况表(2016 年)

发育期	始期—止期(月.日)	经历日数天	气温				相对湿度(％)	降水量(毫米)	雨日(天)	日照时数(小时)
			平均(℃)	≥10℃积温(℃·天)	最高(℃)	最低(℃)				
播种	3.23									
出苗	3.24—3.27	4	17.8	71.2	27.2	9.0	82	0.1	1	35.2
三叶	3.28—4.9	13	15.8	205.4	26.0	7.1	82	57.3	6	18.6
移栽	4.10—4.21	12	19.3	231.3	30.6	9.4	81	65.0	9	47.5
返青	4.24—4.25	3	18.0	54.0	28.0	14.3	81	18.8	3	8.9
分蘖	4.25—5.6	12	23.2	278.4	32.8	12.0	81	11.0	2	81.0
拔节	5.7—5.24	18	22.8	411.1	33.4	15.7	80	32.0	7	210.7
孕穗	5.26—6.10	17	27.0	459.0	36.0	21.0	80	70.2	5	94.1
抽穗	6.11—6.19	9	25.3	227.7	32.1	20.8	82	112.8	7	44.1
乳熟	6.20—6.27	8	27.6	220.7	36.0	19.6	79	3.5	2	45.1
成熟	6.28—7.14	17	29.2	496.5	38.9	24.7	75	157.3	5	129.7
合计		113		2655.3			8966	528.0	47	714.9
平均			23.5				79			
最高					38.9					
最低						7.1				

二、双季早稻高产稳产中的农业气象关键问题

双季早稻生育期间,3 月下旬至 7 月上、中旬,主要的农业气象关键问题是:春季寒潮倒春寒影响早稻播种育秧,造成烂秧死苗;五月低温影响早稻返青和幼穗分化,造成僵苗和空壳;高温伏旱造成高温逼熟,籽粒不饱满。

1. 春季"倒春寒"

（1）倒春寒出现情况

3月中旬至4月下旬平均气温低于该旬平均气温值2℃或以上，并低于前旬平均气温，以该旬为倒春寒。

以此标准统计邵阳县的气象资料，3月下旬出现倒春寒的频率占60％，4月上旬出现倒春寒的频率为30％左右。倒春寒主要影响双季早稻的播种育秧，长期阴雨低温寡照天气常造成早稻烂秧死苗。如1966年3月下旬至4月下旬连续低温阴雨达13天，造成早稻烂秧率达40％。

（2）倒春寒的防御措施

①掌握"倒春寒"出现规律，抢住冷尾暖头，适时播种，避开"倒春寒"危害。

②采取薄膜温室覆盖育秧，大力推广薄膜覆盖苗床旱育秧和软盘旱育秧。薄膜覆盖苗床旱育秧是培育耐寒健壮秧苗、防止僵苗死苗的最佳育秧方法，是早稻高产栽培的主要育秧方式。旱育秧在日平均气温稳定通过7～8℃时就可播种，不易发生烂种烂秧现象，秧苗根系生长快，下扎深，2.5叶后，部分秧苗开始发生分蘖，插后返青快。软盘旱育秧也具有旱育秧抗寒的特性，由于带泥移栽无损伤，抛秧后返青分蘖快。

③看天气、看苗情、看温度，及时通风换气。采取灵活的科学管理措施，及时防治病虫害，适时追施肥料，培育健壮秧苗。

2. 五月低温

（1）五月低温出现概况

五月低温是指5月连续5天或以上日平均气温等于或低于20℃。以此标准统计邵阳县的气象资料得出，5月上旬出现的低温，最长可达4～5天，日平均气温可达10℃以下。如1960年5月5—14日持续10天阴雨低温，过程降温15.8℃，日平均气温9.3℃，极端最低气温8.6℃；5月中旬出现的低温可持续7～8天，日平均气温可达10～12℃。如1966年5月13—20日，持续低温8天，过程降温12.4℃，日平均气温15.8℃，极端最低气温13.7℃；5月下旬出现的低温持续时间较短，一般为3～5天，日平均气温可达15.0℃以下。如1975年5月19—23日，持续低温阴雨5天，过程降温7.3℃，日平均气温15.4℃，极端最低气温13.9℃。

（2）五月低温的危害

五月上旬出现的低温，影响早稻移栽返青，造成僵苗死苗，减少基本苗数。

五月中旬出现的低温，影响早稻分蘖，减少有效穗数。

五月下旬出现的低温，影响早稻幼穗分化，增加空壳率和秕粒率，造成减产歉收。

（3）五月低温的防御措施

①做好五月低温的长期气候预测服务工作。根据五月低温预报，选择适宜的品种，避开五月低温对早熟早稻品种幼穗分化的威胁。

②不违农时，抓住季节，选择较好天气时段移栽早稻，防止早稻僵苗不发。

③看天气排灌，以水调温，对冷浸田、烂泥田要做好开沟排水工作，排出冷浸水，降低地下水位，提高泥温，促使早稻生根发苑，早生快发。

④施足有机肥底肥，增施磷钾肥和速效肥，既增肥又增温，以利早生快发，提高抗寒能力。

⑤做好病虫害预测预报、及时防治病虫害。抓住晴好天气喷施农药，提高防治病虫害的药效，培育健壮稻株，确保早稻高产丰收。

3. 高温热害

（1）高温热害出现概况

高温热害是指高温对农业生产产生的直接或间接的危害。

日最高气温≥35℃连续5～10天为轻度高温热害；日最高气温≥35℃连续11～15天和连续16天以上分别为中度高温热害与重度高温热害。

以此标准统计邵阳县的气象资料，多年平均值为22.2天，最多年1963年达52天。最少年1973年仅8天。

邵阳县5月下旬开始出现日最高气温≥35.0℃的高温天气，历年平均为0.3天，最多年达2天；6月中旬平均为0.3天，最多年达3天；6月下旬平均为0.7天，最多年达5天；7月上旬平均为2.3天，最多年达8天；7月中旬平均为3.9天，最多年达10天。

（2）高温炎热对双季早稻的危害

6月下旬至7月上旬日最高气温≥35℃的高温炎热天气，对正在抽穗开花和灌浆乳熟的早稻影响很大。

早稻抽穗开花和灌浆乳熟的适宜温度为22～28℃，若遇日平均气温30℃以上，极端最高气温35℃以上，对抽穗开花极为不利，因为光合作用的最适宜温度较低，而呼吸作用的最适宜温度较高，所以在较高温度下，有机物质的消耗将超过合成的碳水化合物，这样水稻植株会感到养料的缺乏，而使生长衰弱。高温造成早稻灌浆乳熟期高温逼熟，造成空壳秕粒显著增多，而降低产量。

（3）高温热害的防御措施

①掌握高温热害发生时期的规律，选择适当品种，避开高温炎热天气对早稻抽穗开花的危害。

②适时播种，控制早稻在6月中旬齐穗，躲开7月中、下旬高温炎热天气对抽穗及灌浆的危害。

③以水调温，科学灌溉，在灌浆成熟期，遇高温炎热天气，可适当灌深水，降低泥温，增加气孔蒸腾强度，降低叶间温度，减轻高温危害程度。

④喷施谷粒饱，提高水稻叶片的光合效率，延迟叶片衰老，提高结实率和籽粒饱满度，增加产量。

第三节　双季晚稻

一、双季晚稻生育期间的气候状况

邵阳县双季晚稻中熟品种通常在6月中旬末（夏至边）播种，7月中旬末（大暑边）移栽，9月上旬（白露边）抽穗，10月中旬成熟，全生育期120天左右。≥10.0℃积温3249.5℃·天，极端最高气温39.8℃，极端最低气温14.9℃，平均相对湿度77%，全生育期总降水量619.5毫米，降水日数48天，总蒸发量698.2毫米，总日照时数790.9小时。日平均气温稳定通过20℃终日出现在10月12日。

双季晚稻生育期间的气候状况见表6.2。

表 6.2　邵阳县双季晚稻生育期间的气候状况表(2016 年)

| 发育期 | 始期—止期（日/月） | 经历日数（天） | 气温 | | | | 相对湿度（%） | 降水量（毫米） | 雨日（天） | 日照时数（小时） |
			平均（℃）	≥10℃积温（℃·天）	最高（℃）	最低（℃）				
播种	18/6									
出苗	21/6	3	27.4	82.2	33.4	23.2	80	0.9	1	11.0
三叶	27/6	6	26.2	157.2	32.2	21.5	75	117.4	5	31.6
移栽	20/7	23	28.6	657.8	37.1	25.0	75	77.9	7	141.7
返青	23/7	3	31.4	94.3	36.7	27.1	74	8.8	2	30.4
分蘖	27/7	4	30.8	123.3	36.6	26.4	75	1.7	1	38.3
拔节	10/8	14	31.7	443.2	39.8	25.4	75	29.9	3	152.7
孕穗	30/8	20	28.7	602.8	38.8	20.9	79	112.2	5	172.1
抽穗	6/9	7	26.9	188.3	31.8	21.9	78	71.9	4	61.8
乳熟	19/9	13	28.1	364.6	36.5	21.8	79	5.7	3	95.9
成熟	15/10	26	20.6	535.6	29.7	14.9	79	126.7	17	55.4
合计		119		3249.5				619.5	48	790.9
平均			27.1				77			
最高					39.8					
最低						14.9				

1. 秧苗期

6 月 18 日播种,6 月 21 日出苗,经历日数 3 天,≥10.0℃积温 82.2℃,平均气温 27.4℃,最高气温 33.4℃,最低气温 23.2℃,日照时数 11.0 小时,气象条件有利于秧谷出苗。出苗至三叶经历日数为 6 天,≥10.0℃积温 157.2℃·天,平均气温 26.2℃,最高气温 32.2℃,最低气温 21.5℃,降水量 117.4 毫米,降水日数 5 天,日照时数 31.6 小时,秧苗生长的最适宜温度为 25～30℃,可见,此时气象条件适宜于秧苗生长。播种至移栽期经历日数 32 天,日平均气温 ≥10.0℃积温 897.2℃·天,总降水量 263.2 毫米,降水日数 13 天,日照时数 184.3 小时,可见秧田期间的天气条件,晴雨相间,阳光充足,雨量适中,温度适宜,气象条件对秧苗生长是有利的。

2. 返青分蘖期

7 月 20 日移栽,7 月 23 日返青,7 月 27 日进入分蘖期,7 月下旬至 8 月上旬在西太平洋副热带高压稳定控制下,天气炎热高温,移栽至返青期日平均气温为 31.4℃,返青至分蘖期平均气温 30.8℃,分蘖的最适宜温度为 30～32℃,最适水温为 32～34℃,最高气温为 38～40℃,在高温条件下(26～36℃)土壤持水量达 80% 时分蘖发生最多。

3. 拔节、长穗期

稻株于分蘖高峰期后便开始拔节,直至抽穗后数日才停止节间的伸长。同时在拔节前后,茎端生长点发生了质变,分化形成稻穗。这一过程,生产上称为拔节、长穗期。

拔节、长穗期稻株的营养生长和生殖生长同时并进,植株生长量迅速增大,根的生长量最大,植株的最长叶片相继出生,全田叶面积也达最高,稻穗迅速分化,是壮秆大穗的关键时期,各部器官生长加剧,地上部分干重的积累占一生物质积累总量的 50% 左右,是水稻一生中需肥最多的时期,也是为提高结实率,增加粒重奠定基础的时期。

稻根生长的最适温度为 30~32℃,超过 35℃ 对根的生长开始有不利影响,超过 37℃ 有显著不利影响。

幼穗分化最适宜的温度为 26~30℃,昼温 35℃,夜温 25℃ 更为有利。幼穗发育的最高温度为 40~42℃,高温对幼穗发育的危害以减数分裂期最为严重。

拔节至孕穗期经历日数 20 天,≥10.0℃ 积温 602.8℃·天,平均气温 28.7℃,温度条件适宜于拔节和长穗。但午间温度过高,对拔节长穗也稍有不利影响,造成稻株蔫萎,影响光合作用。

4. 抽穗、结实期

这一时期经历抽穗、开花、乳熟、蜡熟、黄熟等生育阶段。从抽穗到成熟经历日数晚稻约为 45 天,是决定籽粒数和千粒重的关键时期。

抽穗开花时的气象环境条件与空秕率高低关系密切,温度又是重要的因素。开花最适宜温度为 25~30℃,最高温度为 40~45℃,最低温度为 13~15℃。当温度低于 23℃ 就会影响籼稻花药的开裂,温度低于 20℃,开花日期与一日中的开花时间都要推迟。温度愈低,影响愈大,以致不能开裂散粉,形成空壳秕粒。

灌浆结实与温度关系也极为密切。灌浆最适宜温度为 20~22℃,据研究,在灌浆开始的前 15 天,以昼温 29℃、夜温 19℃、日平均温度 24℃ 为最适宜,后 15 天以昼温 26℃、夜温 16℃、日平均温度 24℃ 为最适宜。以日平均温度 24℃ 为好,结实率最高。高温不利于碳水化合物的积累。籼稻灌浆结实的适宜温度比粳稻稍高,但过高温度对籼稻灌浆也不利。以抽穗后 11~15 天(乳熟期)为高(低)温度降低粒重的最大时期,影响籼稻结实的高温极限是 35℃,低温极限为 23℃。

从表 6.3 可看出:乳熟期平均气温 28.1℃,对籽粒灌浆有些不利影响,由于温度较高,比灌浆最适温度 20~22℃ 高 8℃,比籼稻灌浆适宜温度 24.0℃ 高 4.1℃,由于温度高,灌浆速度加快,光合作用积累的碳水化合物少,造成籽粒重量低,而降低产量。

二、双季晚稻高产稳产中的农业气象关键问题

邵阳县双季晚稻中熟品种在 6 月中旬末、下旬初播种,大暑边移栽,白露至秋分边抽穗乳熟,至 10 月中旬成熟,其天气气候背景由西太平洋副热带高压稳定控制的盛夏高温天气向夏季风向冬季风过渡的冷凉天气,温度变化呈"低—高—低"马鞍型。其主要农业气象关键问题:一是高温干旱对秧苗期生长的影响;二是秋季低温寒露风对抽穗开花的危害。

1. 高温热害

(1)高温热害概况

6 月下旬至 7 月初,极锋雨带北移,邵阳县在西太平洋副热带高压稳定控制下,多下沉气流,太阳辐射强烈,温度高,降水量少,蒸发量大,日平均气温上升到 30℃ 以上,不少年份在 7 月上旬常出现"小暑南风十八朝"的火南风天气,对晚稻秧苗生长及移栽返青极为不利。见表 6.3。

表 6.3　6 月中旬—9 月中旬平均气温、降水量、蒸发量、日照时数统计表

月份旬项目	6		7			8			9	
	中	下	上	中	下	上	中	下	上	中
平均气温(℃)	25.2	26.5	27.7	28.7	28.6	28.7	27.4	26.9	25.7	23.9
降水量(毫米)	70.9	80.8	46.5	43.8	43.6	42.9	48.5	34.6	28.1	22.9
蒸发量(毫米)	49.1	53.9	63.7	78.0	83.3	71.3	61.8	69.6	63.3	47.3
日照时数(小时)	48.7	57.6	73.9	82.6	90.7	79.5	65.2	73.4	57.8	51.4
最高气温(℃)				39.8		38.9			39.2	

(2)高温热害的防御措施

①掌握高温热害规律,适时播种。

②以水调温,降低泥温。白天温度高,炎热干燥,灌水降温;夜晚排水露田,以促进秧苗扎根生长。

③移栽时选择在阴天或清晨与 17 时后至傍晚,气温稍低时进行,以免强烈阳光高温烧灼秧苗。

④加强田间管理,施足底肥,及时追肥,促使秧苗健壮生长,提高抗逆性能。

⑤充分利用空中云水资源,开展人工增雨作业,增加降水量,减轻干旱危害。

2. 秋季低温寒露风

(1)秋季低温寒露风出现概况

常年秋分至寒露,北方有一次强大冷空气爆发南下,造成日平均气温≤20℃连续 3 天或以上,并伴有 3 级以上偏北风的低温阴雨天气过程,称为寒露风。

常规晚稻品种抽穗开花的适宜温度为 20℃,籼型杂交稻抽穗开花要求日平均气温 23℃,因而寒露风对双季晚稻齐穗影响极大,常因低温造成空壳不实,青风失收。农谚"秋分不露头、割了喂老牛"。

根据邵阳县多年气象资料统计,日平均气温稳定通过 20℃的 80%保证率终日出现在 9 月26 日左右,日平均气温稳定通过 22℃的 80%终日出现在 9 月 12 日左右。因而常规晚稻品种在 9 月 20 日左右齐穗,籼型杂交晚稻在 9 月 10 日左右齐穗是较为安全的。

(2)秋季低温寒露风的防御措施

①掌握寒露风规律,选择适宜的晚稻品种,确保双季晚稻在寒露风来临之前安全齐穗。

②根据寒露风气候变化规律,计算早稻播种至成熟期天数加晚稻播种至齐穗天数和寒露风 80%出现日期倒推,适时安排晚稻播种期,邵阳县中迟熟晚稻播种期应安排在 6 月 20 日左右,以确保晚稻在寒露风来临前,常规晚稻在 9 月 20 日前,籼型杂交晚稻在 9 月 10 日之前安全齐穗。

③看天气排灌,以水调温,寒露风来临时灌深水可提高水泥温 2℃左右,可减轻低温危害程度。

④施足底肥,早施追肥,促进晚稻早生快发。

⑤采取紧急措施,晚稻抽穗前 10~18 天增施壮籽肥,可提早 3 天左右抽穗,寒露风来临前5~7 天,喷施叶面和根外追肥,可提高结实率 13%~15%,寒露风来临前喷施叶面追肥,还可

提高结实率 3%～5%。

⑥根据天气预报和苗情,做好病虫测报,及时防治病虫害,促使晚稻健壮生长,增强抗逆能力。

第四节　一季稻、中稻

一、一季稻、中稻生育期间的气候状况

邵阳县一季稻、中稻通常在清明至谷雨之间(4 月中、下旬)播种,5 月上、中旬移栽,5 月下旬至 6 月初分蘖,7 月下旬至 8 月上旬抽穗开花,9 月上中旬成熟。全生育期 148 天左右,≥10.0℃积温 3684.4℃·天,降水量 713.0 毫米,雨日 61 天,日照时数 642.9 小时。

表 6.4　一季稻、中稻发育期气象要素统计表(2016 年)

| 发育期 | 始期— 止期 (日/月) | 经历日数 天 | 气温 | | | | 相对 湿度 (%) | 降水量 (毫米) | 雨日 (天) | 日照 时数 (小时) |
			平均 (℃)	≥10℃ 积温 (℃·天)	最高 (℃)	最低 (℃)				
播种	13/4									
出苗	14/4—17/4	4	20.7	82.7	28.5	11.2	87	24.3	4	10.6
三叶	18/4—27/4	10	17.7	176.7	28.3	9.3	87	47.5	8	37.6
移栽	28/4—11/5	14	20.8	290.4	31.4	10.3	82	36.7	5	67.0
返青	12/5—14/5	3	23.5	70.6	32.5	15.8	69	1.6	1	30.4
分蘖	15/5—2/6	19	23.9	454.6	32.2	14.4	83	109.9	8	73.1
拔节	3/6—10/6	8	24.6	197.1	32.2	17.3	94/75	58.6	3	18.2
孕穗	11/6—8/7	28	24.4	683.7	33.6	18.5	95	326.2	18	58.4
抽穗	9/7—2/8	25	28.6	715.8	38.9	21.6	95	34.4	5	183.7
乳熟	3/8—18/8	16	28.3	452.4	38.3	22.2	76	56.7	6	80.2
成熟	8/9—19/9	21	26.7	560.4	37.9	20.8	77	16.9	3	85.7
合计		148		3684.4			12270	713.0	61	642.9
平均			24.9				83			
最高					38.9					
最低						9.3				

二、一季稻、中稻高产稳产的农业气象关键问题

一季稻、中稻高产稳产的农业气象关键问题,平原地区主要是抽穗开花期间的高温干热风害造成空壳率高。

山区主要是 8 月倒秋雨、低温阴雨寡照和湿害病害影响一季稻、中稻抽穗开花,导致青风不实,而严重减产甚至绝收。

1. 高温热害、干旱灾害

①高温炎热、干旱概况

邵阳县在6月底至7月初断雨脚,极锋雨带北移,7—9月在西太平洋副热带高压的稳定控制下,多下沉气流,天气晴热高温,降水量少,蒸发量大,对正在抽穗开花的中稻影响极大。

表6.5　历年7—9月各旬气温、降水量、日照时数、蒸发量统计表

月份 旬 项目	7			8			9	
	上	中	下	上	中	下	上	中
平均气温(℃)	27.7	28.7	28.6	28.7	27.4	26.9	25.7	23.9
降水量(毫米)	46.5	43.8	43.6	42.9	48.5	34.6	28.1	22.9
蒸发量(毫米)	63.7	78.0	83.3	71.3	61.8	69.6	63.3	49.3
日照时数(小时)	73.9	82.6	90.7	79.5	65.2	73.4	57.8	51.4
最高气温(℃)		39.8			38.9			39.2	

从上表可看出:邵阳县7月上旬平均气温上升到27.7℃,7月中旬平均气温攀升到28.7℃,7月下旬平均气温28.6℃,8月上旬平均气温28.7℃,此一时期为全年的高温炎热期。极端最高气温达39.8℃。而7月上旬至8月上旬这一时段的降水量仅为177.0毫米,同期蒸发量却达296.3毫米,降水量比蒸发量少119.3毫米。太阳辐射强烈,日照时数326.7小时,平均每天日照时间达8.16小时。一季中稻于7月8日进入孕穗普遍期,8月2日进入抽穗开花普遍期。8月18日进入乳熟普遍期,9月8日成熟。高温干热风天气,最高气温在35℃以上,空气干燥,使花粉干枯,难以授精,使结实率显著降低。空壳秕粒率达30%以上。因而高温干旱是严重影响一季中稻产量的主要农业气象灾害。

②高温干旱的防御措施

防御高温干旱的主要措施是,了解高温干旱发生规律,使抽穗开花期避开高温干旱危害,具体措施为:

一是适时播种,控制抽穗开花期躲开高温干旱期危害;

二是选育耐高温品种,提高水稻抗高温抗干旱能力;

三是提高科学种田水平,科学灌溉,以水调温,减轻高温干旱影响危害程度;

四是充分利用空中云水资源,开展人工增雨作业,降低空气温度,减轻高温干旱危害。

2. 八月低温"倒秋雨"

(1)8月低温"倒秋雨"出现概况

邵阳县海拔800米以上的中山面积62.50平方千米,500～800米的中低山面积58.10平方千米,其中河伯岭海拔高度1454.9米,海拔高差1050米,尖和海拔高度1014.0米,海拔高差639米,三角岭海拔高度919.0米,海拔高差610米。根据考察资料,温度随海拔高度升高而降低,海拔每上升100米,平均气温递减0.65℃,日平均气温稳定通过20.0℃的初日提早3天,8月上、中旬出现日平均气温低于20.0℃的概率达25%左右,基本上是4年一遇,因而8月低温"倒秋雨"天气,也是影响高海拔山区这一季中稻高产稳产的一个农业气象灾害。

(2)8月低温"倒秋雨"的防御措施

①掌握8月低温"倒秋雨"发生规律,适时播种移栽,躲开8月低温"倒秋雨"危害。

②培育和选择耐寒、抗病强的优良品种,增强水稻品种的抗寒、抗病能力。

③做好开沟排出冷浸水,减轻湿害水害,促进根系生长发育。

④精耕细作,施足底肥,适时追肥,增强稻株体质。

⑤科学灌溉,适时晒田,促使早生快发。

⑥及时防治病虫害,重点做好稻瘟病的防治工作。

第七章　玉米与气象

玉米是高产的粮食作物之一,邵阳县 2015 年玉米种植面积为 13.59 万亩,全县平均亩产 297.26 千克,总产 60596 吨。不少乡镇亩产达 602.7 千克,因而玉米的增产潜力还是巨大的,为此从气象角度对玉米高产做粗浅分析。

第一节　玉米生育与气象条件的关系

一、温度

玉米原产中南美洲的热带高山地区,在系统发育中形成了喜温暖短日照的特性,生长发育要求较高的温度。

1. 播种出苗期

玉米种子在 6～8℃时可缓慢发芽,温度 10～12℃时才能旺盛发芽,一般把出苗后 10℃作为玉米的生物学下限指标。农业生产上常以日平均气温 10～12℃作为玉米播种期的温度指标。日平均气温 25～30℃为玉米发芽的最适宜温度。44～50℃为玉米发芽的最高温度。在适宜温度范围内,温度愈高出苗愈快。据研究,在湿度正常条件下,日平均温度 10～12℃播种至出苗经历日数为 21～28 天,16～20℃时播种至出苗经历日数为 8～12 天。

2. 幼苗生长期

玉米幼苗生长最适宜的温度为 18～20℃,最低温度为 8～10℃。玉米茎秆生长速度与温度关系密切,春玉米生长前期气温较低,茎秆生长缓慢,待温度上升到 20℃以上时,茎秆才开始迅速生长,根系生长与地温关系大,适宜地温为 20～30℃,地温降低根系代谢过程缓慢,低于 5℃时,根系完全停止生长。

3. 抽雄开花吐丝期

玉米抽穗开花期对温度极为敏感,玉米抽穗开花的适宜温度为 25～28℃,温度过低,日平均气温低于 18℃,或温度过高,日平均气温高于 30℃,日极端最高气温 35℃以上雄穗不能开花,超过 30℃开花很少,若温度超过 32～35℃,花粉便很快丧失生活能力。

雌穗开花一般比雄穗迟 3～5 天,一个果穗的花丝抽出时间可持续 4～5 天,以第 3 天抽出数最大,花丝抽出每小时可伸长 1～2 厘米,花丝长度为 15～30 厘米。花丝抽出后,即有授粉能力,通常可保持 10～15 天。落到花丝上的花粉约经 6 小时开始发芽,花粉管伸长,进入胚囊,完成受精过程后,即可发育成籽粒。玉米从授粉到受精结束约需 24 小时。玉米在开花授粉过程中,若土壤和空气过于干燥,花粉容易丧失生活能力,花粉也不易吐出。

4. 籽粒灌浆成熟期

最适宜温度为 16～25℃,高于 26℃或低于 16℃,均不利于养分的积累和运输,使籽粒瘪瘦,千粒重下降。从花丝凋萎到收获,玉米生长的中心是籽粒,籽粒干物质的 80% 左右是植株在此期间制造的,受精后,由茎秆贮存的营养物质输送进籽粒的数量,叶片占 60％左右,茎秆占 26％,穗轴占 12％左右。可见,籽粒生长阶段,是玉米植株制造、转化和合成养分的重要时期。这阶段的光、温、水、营养状况对籽粒形成影响极大。若乳熟期碰上高温干旱,就会造成高温逼熟。因此,玉米成熟期初期要求适当的水肥供应,以利养根保叶,防止早衰。

二、水分

玉米种子萌发首先是吸水膨胀、软化。玉米种子完全膨胀所需要的水量,相当于种子干重的 48％～50％。土壤水分以田间持水量 60％左右为宜。玉米种子的胚内含有较多脂肪,只有供氧充足才能使脂肪分解转化。发芽时若土壤持水量高于 80％,已膨胀的种子因缺氧而死亡。

玉米根系的生长、分布,与土壤水分及土壤疏松程度关系很大。根生长需要一定的水分和充足的氧气,若水分过多,土壤通气性不好,或土壤坚实缺氧,则根系发育不良。特别是对苗期根系生长的影响最大。拔节期玉米植株旺盛生长阶段,需水量较大,要求田间持水量 70％～80％,有利于茎叶生长。

抽雄至开花、吐丝期,是玉米对水分最敏感的需水临界期,要求田间持水量 70％～80％才能确保玉米高产。

籽粒灌浆成熟期:前期要求适量的水分,后期要求较少的水分。玉米对水分的总要求,早熟品种 300～400 毫米,中熟品种 500～800 毫米,迟熟品种为 800 毫米以上。总的要求,玉米营养生长期田间持水量 60％～70％为宜,抽雄至开花期则为 70％～80％为宜。

三、光照

玉米起源于危地马拉和墨西哥的热带山区,具有高温短日照的特性。温度高,日照短可以促进玉米生长发育加快,生育期缩短,但玉米不是典型的短日照作物。玉米生育期要求日照时数 600～800 小时为宜。

早、中熟品种对日照反应不敏感,迟熟品种对日照反应较敏感,日照时间长可延长玉米的生育期。高温短日照使玉米的生育期缩短。

幼苗期需要充足的日照,有利于幼苗健壮生长,如果光照缺乏不足,则会引起地上部伸长,幼苗嫩弱,造成高架苗,根系生长不发达。

雌雄蕊分化发育期,对日照也敏感,若抽雄乳熟期日照不足,会减少籽粒数,降低产量;如果乳熟初期后光照不足,会降低千粒重。

四、玉米全生育期与积温的关系

玉米从种子发芽到成熟,可分为幼苗期(种子萌发到拔节期)需 25～40 天,穗发育期(拔节至抽穗期)约经历 30 天左右,籽粒形成期包括开花授精期(雄穗开花到雌穗授精完成)历时约 10 天,籽粒灌浆成熟期(授精至成熟期)经历 30～40 天籽粒全部形成。

玉米的全生育期,一般早熟品种为 90～100 天,积温 1800～2000℃·天,中熟品种为 100～120 天,积温 2200～2500℃·天,迟熟品种为 120～150 天,积温 2500～2800℃·天。

第二节 邵阳县玉米生育期气候状况

邵阳县地处资江南源夫夷水和西源郝水汇合处,居湘中偏西南,邵阳市南部。属东部亚热带季风湿润气候区,光照充足,年日照1595.1小时,气候温暖,年平均气温16.8℃,≥0.0℃活动积温6128.2℃·天,无霜期285天,降水量丰沛,多年降水量为1263.2毫米,适宜玉米生育。2000年被国家农业部确定为玉米示范基地县,种植面积13.97万亩,总产量6.0596万吨,是邵阳县旱地主要粮食作物之一。

一、玉米生育期气候状况

表 7.1 玉米发育期气象要素统计表(2017年)

发育期	始期—止期(日/月)	经历日数(天)	气温				相对湿度(%)	降水量(毫米)	雨日(天)	日照时数(小时)
			平均(℃)	≥10℃积温(℃·天)	最高(℃)	最低(℃)				
播种期	27/3									
出苗	2/4	6	16.4	98.1	29.9	18.3	81	1.7	2	30.2
拔节期	29/4	27	18.5	462.6	29.1	9.1	95	224.8	21	44.4
抽雄期	1/6	33	22.2	731.9	34.6	11.6	90	200.5	17	111.0
吐丝期	7/6	6	24.1	144.7	35.0	18.6	90	11.1	1	29.7
成熟期	20/7	43	27.3	1172.3	37.0	17.2	87	206.1	18	200.2
播种—成熟		115	22.8	2620.9	37.0	9.1	88	644.2	58	415.5
收获期	26/7	6	30.4	182.3	39.0	24.4	69	0	2	71.4
全生育期		122	23.0	2803.2	39.0	9.1	84	644.2	58	486.9

1. 幼苗期(播种27/3—拔节期29/4)播种至出苗期

2017年3月27日播种,4月2日出苗,经历日数7天,平均气温15.6℃,最高气温29.9℃,最低气温18.3℃,平均相对湿度81%,降水量1.7毫米,日照时数30.2小时,气象条件有利于玉米出苗。

玉米出苗后于4月29日进入拔节普遍期,经历日数27天,平均气温18.5℃,最高气温29.1℃,最低气温9.1℃,相对湿度95%,降水量224.8毫米,降水日数21天,日照时数44.4小时。降水日数过多,日照时数较少,极端最低气温较低(9.1℃),对玉米拔节有些不利影响。

2. 拔节—抽雄期

4月29日拔节普遍期至6月1日抽雄期,经历日数为35天,平均气温20.9℃,最高气温34.6℃,最低气温11.6℃,平均相对湿度90%,降水量200.5毫米,雨日17天,日数时数111.0小时,此期温度适宜,雨水丰沛,有利于玉米拔节抽雄。

3. 籽粒形成期

籽粒形成期包括开花授精期(雄穗开花—雌穗授精完成),6月1日抽雄普遍期至6月7日吐丝期,历时约6天,平均气温24.1℃,最高气温35.0℃,最低气温18.6℃,平均相对湿度90%,降水量11.1毫米,日照时数29.7小时。此期温度适宜,降水量丰沛,光照充足,对玉米开花授粉有利。

4. 籽粒成熟期

6月7日吐丝期至7月20日籽粒成熟期，经历日数为43天，平均气温27.3℃，最高气温37.0℃，最低气温17.2℃，相对湿度87%，降水量206.1毫米，雨日18天，日照时数200.2小时，7月20日成熟期至7月26日收获期，经历日数6天，平均气温30.4℃，最高气温39.0℃，最低气温24.4℃，相对湿度69%，日照时数71.4小时，晴天无降水。籽粒成熟期后期，天气炎热，晴朗高温、干旱无雨，对籽粒成熟不利，出现高温逼熟现象。

5. 播种至成熟

播种至成熟全生育期115天，≥0.0℃活动积温2620.9℃·天，极端最高气温37.0℃，极端最低气温9.1℃，平均相对湿度88%，降水量604.2毫米，雨日58天，日照时数486.9小时。玉米从播种至成熟期的生育过程中，吐丝期至成熟期，平均气温27.3℃，极端最高气温37.2℃，对玉米灌浆壮籽不利。

成熟至收获期，平均气温30.4℃，极端最高气温39.0℃，相对湿度仅69%，日照时数71.4小时，高温干旱无雨，造成玉米成熟至收获期的"高温逼熟"，导致籽粒瘪粒数的增加，对玉米的高产有些不利影响。

二、邵阳县玉米不同品种物候期及经济性状

1. 玉米不同品种物候期

全生育期：从不同玉米品种物候期观测记载表7.2中可看出，湘农玉27号、百农五号、全生育期为108~109天，蠡玉6号、三北89、湘康玉901、中玉999、先玉1171、稻单2号、正大999、金玉998全生育期为110~114天。

3月27日播种，4月1—3日出苗，4月6—8日齐苗，4月29日至5月2日拔节，5月30日—6月3日抽雄，6月6—9日吐丝，7月20—24日成熟，7月26日收获。均为中熟品种。乳熟至成熟收获期，均在7月中、下旬。日平均气温27.8℃，极端最高气温37.0℃以上，以上品种都遭受"高温逼熟"危害，对玉米高产产生影响不良。

表7.2　不同玉米品种物候期观测记载（2016年）

品种	播种期	出苗期	齐苗期	出苗率	拔节期	抽雄期	吐丝期	成熟期	收获期	全生育期
湘农玉27号	3/27	4/2	4/7	885.2	4/29	6/1	6/7	7/20	7/26	109
蠡玉6号	3/27	4/1	4/6	92.1	5/1	6/3	6/10	7/22/	7/26	112
三北89	3/27	4/2	45/7	88.3	4/29	5/31	6/6	7/24	7/26	113
湘康玉2号	3/27	4/3	4/8	76.9	4/30	6/1	6/8	7/22	7/26	110
康农玉901	3/27	4/3	4/8	91.0	5/2	6/1	6/8	7/25	7/26	113
百农5号	3/27	4/3	4/7	86.3	5/2	6/3	6/9	7/20	7/26	108
中玉999	3/27	4/3	4/8	84.5	5/1	6/2	6/7	7/22	7/26	111
先玉1171	3/27	4/4	4/8	91.3	5/1	6/1	6/7	7/24	7/26	111
福单2号	3/27	4/2	4/7	84.7	4/30	5/31	6/6	7/25	7/26	114
正大999	3/27	4/3	4/7	94.3	5/1	6/1	6/8	7/23	7/26	112
金玉998	3/27	4/3	4/6	91.6	4/30	5/30	6/6	7/22	7/26	113

2. 玉米不同品种经济性状表现

从玉米不同品种经济性状与产量结构表 7.3 中可看出：

(1)每亩株数:均为 3000 株。

(2)每亩有效穗:为 2307~2823/亩,以湘康玉 2 号最少,为 2307/亩,以正大 999 最多,为 2823/亩。

(3)株高(厘米):在 244.7~301.2,以蠡玉 6 号最短,为 244.7 厘米,以先玉 1171 最高,为 301.2 厘米。

(4)茎粗(厘米):在 2.5~3.0 厘米,以康农玉 901 最长,为 3.0 厘米。

(5)穗长(厘米):在 20.1~24.1 厘米,以中玉 999 最长,为 24.1 厘米。

(6)总粒数:在 602~888.2 粒,以湘农玉 27 号最少,为 602 粒,以先玉 1171 最多,为 888.2 粒。

(7)百粒重(克):在 29.6~35.6 克,以康农玉 901 最小,百粒重为 29.6 克,以湘农玉 27 号最大,百粒重为 35.6 克。

(8)鲜果重(克):在 3150~476.4 克,以福单 2 号鲜果重最小,为 315 克,以中玉 999 最大,为 476.4 克。

(9)鲜籽重(克):在 248.9~391.1 克,以金玉 999 最小,鲜果重为 248.9 克,以中玉 999 最大,鲜果重为 391.1 克。

(10)出籽率(%):为 75.9%~83.8%,以金玉 998 出籽率最小,为 75.9%,以福单 2 号最大,为 83.8%。

(11)实际产量(千克/亩):在 415.6~602.7 千克/亩,以湘康玉 27 号实际产量最低为 415.6 千克/亩,以先玉 1171 为最高,实际产量为 602.7 千克/亩。

第三节　影响春玉米生育的主要农业气象灾害及防御对策

影响邵阳县春玉米生育的主要农业气象灾害有:春季寒潮、五月低温及伏旱。

一、春季寒潮与五月低温

1. 早春寒潮与五月低温出现概况及危害

春玉米在 3 月下旬播种,4 月初出苗,4 月上旬初三叶,4 月中旬五叶,4 月下旬初进入七叶,4 月下旬末至 5 月初进入拔节期。

玉米播种后,若遇低温,种子吸水膨胀时间延长,发芽慢,易烂种。

玉米出苗后,幼苗期生长最适宜的温度为 18~20℃,若遇日平均气温低于 10℃,持续 3~5 天,玉米幼苗叶尖枯萎,日平均气温降低到 8℃以下,并持续 3~5 天的低温阴雨天气,则可发生烂种或死苗。若低温阴雨天气过程持续 10 天或 10 天以上,死苗率可达 60%以上。因为玉米幼苗期需要靠叶片的光合作用制造养料供其生长,充足的阳光可使幼苗健壮生长,根系发达,若碰上 5 天以上的低温阴雨寡照天气过程,幼苗不能进行光合作用,就会因缺乏营养而"饥饿",枯黄致死。玉米根系生长要求土壤温度 20℃左右,地温降低,根系的代谢过程缓慢,当地温降低到 5℃时,根系完全停止生长。

表 7.3 2017 年玉米品种示展示经济性状与产量结构表

品种	每亩株数	每亩有效穗	株高(厘米)	穗位高(厘米)	茎粗(厘米)	穗粗(厘米)	穗长(厘米)	秃顶长(厘米)	穗行数	每行粒数	总粒数	百粒重(克)	鲜果重(克)	鲜籽重(克)	出籽率(克)	干籽重(克)	理论苗产(千克)	实际苗产(千克)
湘农玉 27 号	3000	2394	274.3	105.7	2.5	5.5	24.3	4.3	17.1	35.2	602.0	35.6	352.0	286.7	81.4	173.6	513.1	415.6
蠡玉 6 号	3000	2790	244.7	109.0	2.9	5.6	20.5	2.7	15.2	42.9	652.6	34.3	348.0	275.6	79.2	180.0	624.5	502.1
三北 89	3000	2649	258.3	108.3	2.5	5.4	21.5	2.7	15.6	39.1	610.4	34.2	336.0	262.2	78.0	167.4	553.0	443.5
湘康玉 2 号	3000	2307	251.0	112.3	2.9	5.8	22.3	3.9	20.4	39.0	795.4	31.8	394.0	320.0	81.2	202.6	583.5	467.4
康农玉 901	3000	2673	272.0	120.3	3.0	6.2	21.5	2.9	19.6	45.3	888.6	29.6	424.0	346.7	81.8	211.0	703.1	563.9
百农 5 号	3000	2670	252.3	124.7	2.7	5.3	20.8	1.5	16.0	41.1	657.2	33.1	346.4	278.7	80.4	174.5	580.8	465.8
中玉 999	3000	2535	279.7	106.0	2.5	5.7	24.1	2.5	17.6	48.2	849.2	31.3	476.4	391.1	82.1	212.9	673.8	539.7
先玉 1171	3000	2763	301.2	116.3	2.7	5.1	21.3	1.9	18.2	48.8	888.2	30.7	434.0	346.7	79.9	218.1	753.4	602.7
福单 2 号	3000	2619	271.3	121.6	2.5	5.4	21.7	2.5	15.0	47.6	714.4	32.4	315.0	263.9	83.8	186.3	606.2	488.0
正大 999	3000	2823	268.7	108.0	2.6	5.4	21.5	4.1	18.8	35.9	674.4	31.2	318.0	264.4	83.2	169.2	594.0	477.6
金玉 998	3000	2748	251.7	99.7	2.8	5.2	20.1	3.9	17.2	34.9	600.3	31.8	328.0	248.9	75.9	151.8	524.6	417.1

表 7.4　3 月下旬与 5 月上旬各旬气象要素

项目 ＼ 旬	3 月下旬	4 月上旬	4 月中旬	4 月下旬	5 月上旬
平均气温（℃）	12.5	14.2	16.6	18.7	19.6
最低旬平均气温（℃）	8.4	9.4	11.6	14.0	16.2
旬极端最低气温	3.1	1.7	2.7	8.6	14.6
降水量（毫米）	47.0	59.8	65.9	55.0	68.9
雨日	6.0	6.1	6.5	5.5	5.8
日照时数（小时）	33.7	29.6	36.9	41.2	32.2
地面 0 厘米旬平均温度（℃）	14.3	16.1	19.2	21.5	22.5
地面 0 厘米旬极端最高温度（℃）	48.0	51.0	58.5	64.6	59.2
出现年份	1974	1961	1963	1963	1968
地面 0 厘米旬极端最低温度（℃）	4.9	1.5	2.4	5.0	7.4
出现年份	1961	1969	1980	1976	1971

　　从表 7.4 可看出，邵阳县 3 月下旬平均气温 12.5℃，基本上可满足玉米出苗对热量的要求，4 月上旬玉米出苗期平均气温 14.2℃，4 月 11 日玉米三叶，4 月 17 日玉米五叶，旬平均气温 16.6℃。4 月 22 日玉米进入七叶期，旬平均气温 18.7℃，4 月底玉米进入拔节期下旬平均气温 18.7℃，5 月上旬平均气温 19.6℃，正常年份热量条件可满足玉米播种至三叶、五叶、七叶期生长发育的需要，但若遇气候异常年份，如果 3 月下旬平均气温最低为 8.4℃，旬极端最低气温 4.9℃，4 月上旬平均气温最低为 9.4℃，极端最低气温为 1.5℃，4 月中旬旬平均气温最低为 11.6℃，极端最低气温为 2.4℃，4 月下旬平均最低气温为 14.0℃，极端最低气温为 5.0℃，5 月上旬平均气温最低为 16.2℃，极端最低气温为 7.4℃，则对玉米的播种出苗及幼苗生长极为不利。

　　3 月下旬至 5 月，邵阳县正处于北方冷空气与南方海洋上来的海洋性暖湿气流交替时期，冷暖空气活动频繁，气温波动很大。因而春季寒潮与五月低温是影响春玉米播种出苗及幼苗生长发育和产量高低的重要农业气象灾害之一。

　　早春北方的强冷空气、寒潮侵入本地时，气温急剧陡降，常伴随大风冰雹、阴雨低温天气，使玉米生育期推迟，拔节后的低温阴雨对玉米的幼穗分化极为不利。

　　据邵阳县多年气象资料统计，五月低温出现的概率为五年二遇。

　　2. 防御对策

　　(1)掌控春季寒潮与五月低温规律，选择抗寒性强的品种，提高玉米品种的抗寒能力。

　　(2)根据长期天气预报和气候规律，适时播种，躲开和减少寒潮低温危害。

　　(3)推广地膜覆盖，人工补偿热量，提高土壤温度。

　　(4)施足底肥，合理密植，早中耕，勤中耕，促使根系生长发育。

　　(5)根据天气预报与病虫发生情况及时防治病虫害。

二、干旱

　　邵阳县在 6 月底 7 月初断雨脚雨季结束后，在西太平洋副热带高压稳定控制下，多晴热高温天气，7 月上旬平均气温 27.8℃，日照时数 77.6 小时，7 月中旬平均气温 28.3℃，日照时数 81.1 小时，极端最高气温 37.0℃以上，而 7 月份降水量仅 93.6 毫米，蒸发量达 223.4 毫米。

太阳辐射强,气温高,降水量少,蒸发量大,玉米处于乳熟壮籽成熟阶段。从花丝凋萎到收获,玉米生长中心是籽粒,籽粒干物质的 80% 左右是植株在此期间制造的。受精后由茎叶贮存的营养物质送进籽粒的数量,叶占 60% 左右,茎占 26%,穗轴占 12% 左右,可见籽粒生长阶段是玉米植株制造、转化与合成养分的重要时期。因而这个阶段的水、热、光和营养状况对籽粒形成有极大影响。若乳熟期遇上高温干旱,易造成"高温逼熟",影响籽粒饱满,使瘪粒增加。因而玉米成熟期仍要求适当的水肥供应,以利养根保叶,防止早衰。

分析邵阳县历年(1960—2016 年)气象资料,发现邵阳县 6 月底至 7 月中旬出现干旱的概率达 70%,即 10 年中有 7 年出现伏旱,因而做好玉米防御伏旱工作,是夺取春玉米高产稳产的关键之一。

(1)作好伏旱的气象预报服务工作,根据伏旱规律,科学安排品种,避开干旱威胁。

(2)适时早播,力争在伏旱前成熟,躲开伏旱危害。

(3)推广地膜覆盖种植,人工加热,提高地温,促进玉米早生快发。

(4)提高科学种田水平,施足底肥,早中耕,早施追肥,促进根系扎深,增强玉米抗旱能力。

(5)兴修水利,科学灌溉,在干旱期内,适当采取人工灌溉措施,确保土壤湿润,满足玉米生育对水分的需求。

(6)充分利用空中云水资源,采取人工增雨作业,增加地面蓄水量,缓解干旱危害。

(7)做好病虫防治工作,促使玉米植株健壮生长,增强玉米的抗逆能力。

第四节 充分利用气候资源,夺取玉米高产丰收

一、适时早播,延长玉米生育期,提高玉米产量

春玉米的适时早播,是在温度较低的条件下,根、芽细胞的细胞壁果胶质较少,木质素、纤维素较多,能防止病菌侵入而引起烂种死苗,有利于全苗。早播玉米根系发达,幼苗敦实健壮,植株组织致密,营养生长期延长,光合作用制造的营养物质积累多,生殖生长基础好,不仅雌雄穗分化好,而且抽雄吐丝期也较为接近,同时穗位以下节间相对缩短,抗旱抗倒伏产量高。适时早播能使生育期提前,当害虫猖獗时,玉米苗已长大,能错开螟害的盛发期。适时早播在伏旱前玉米已成熟,可避开 7 月伏旱威胁。因而适时早播能保证玉米出苗到成熟有较长的生育期,有较适宜的光、温、水气候条件,有利于果穗与籽粒发育,获得高产稳产。

1.播种过早

因早春土温低,寒潮频繁,种子发芽出苗很慢,或种子只吸水不发芽,容易引起种子霉烂,同时温度过低,根芽鞘细胞的细胞壁全为果胶质组成,易被菌丝分泌酶所溶解,病菌极易侵入,导致霉烂死亡而缺苗多。同时在低温环境下的酶促反应弱,根的代谢过程缓慢,吸收养分少,幼苗常生长弱小纤细或叶片泛红。据试验,3 月 5 日播种,烂种 65%,出苗率 28%,3 月 25 日播种,烂种率 15%,出苗率 75%,4 月 5 日播种,烂种率 10%,出苗率 90%,4 月 15 日播种,烂种率 0%,出苗率 96%。由此可见,播种期过早,温度过低,烂种率高,出苗率低。

2.播种期过迟

温度高,玉米的发芽出苗虽然很快,但拔节早,营养生长期短,营养体生长较差,光合作用时间短,光合作用制造积累的有机物质少,生殖生长的基础差。同时还因后期温度高、湿度大,

或遇伏旱而不利于开花授粉与灌浆成熟。春玉米播种过迟,容易遭受"高温逼熟"危害,而造成空秆减产。

3.春玉米早播的时间在何时为宜

玉米适时早播的时间,应根据当地的温度、季节、耕作制度与品种等条件来确定。

春玉米适时早播的时间,露地应在日平均气温稳定通过 10~12℃,10 厘米土壤温度稳定上升到 10~12℃以上时较为安全。邵阳县历年日平均气温稳定通过 10℃初日为 3 月 27 日,日平均气温稳定通过 12℃平均初日为 4 月 7 日,因而邵阳县春玉米适宜播种期应在 3 月 27 日至 4 月 7 日之间。大穗型、生育期长的迟熟品种,宜早播、春播,以充分发挥其增产潜力。

二、育苗移栽,提高复种指数,提高光能利用率,增加玉米产量

1.玉米育苗移栽增产的原因

(1)地膜覆盖,可提高地温,促使玉米早出苗,早发根,延长生育期,防御早春低温与晚霜冻的危害。

(2)工厂化大棚温室育苗,可节省用种量,节省育苗土地,防御春季低温寒潮危害,提高出苗率。

(3)能解决多熟制中的地力培养问题。为了扩大绿肥,但绿肥的旺长期与玉米播种期有矛盾,若采取玉米育苗移栽,则既使玉米不缩短生育期,又能使绿肥充分生长。

(4)能增加密度,保证苗全苗壮,抗倒伏抗病虫。

育苗移栽的玉米,由于幼苗在苗床的良好环境下生育健壮,能保证苗全苗匀,而且移栽后能起到自然蹲苗的作用。有利根系生长。移栽玉米扎根深,苗壮,杆矮,比直播的每亩可提高500~1000 株,还能抗病,抗倒伏。

2.育苗移栽的技术

(1)培育壮苗

选用土质疏松、背风向阳、灌排方便又靠近大田的地方作苗床。为节省土地,可利用田边、地头与其他空隙地。苗床整地力求细、净、匀、平,并用腐熟有机肥与少量氮磷肥,开沟作畦,然后按 5~7 平方厘米播精选种子 1 粒,稍加压实,上面覆盖薄土。亦可用方格育苗,进行带土移栽的则要将苗床上用粪水湿透耕作层,搅拌成泥糊状,再摸平稿光畦面。待畦面稍干,再划成5~6 平方厘米、深 9 厘米的方格,于每方格中打好约 3 厘米深的洞,再播 1 粒种子,用细土覆盖种子。以后苗床自然裂开形成方块,移栽时带营养土块移栽。

苗床面积,可按床苗与大田比例 1:(20~30)的面积,分批育苗,分批移栽。

播后到出苗,床土应保持湿润,干旱时傍晚淋水,以免表土板结,妨碍出苗,及时中耕除草。早春育苗可加盖塑料薄膜,防寒保温。

(2)适龄移栽

小苗移栽,蒸腾面小易成活,但争季节,延长玉米生育期不多;苗过大移栽,难以克服根部吸水与叶面蒸腾的矛盾,不易成活。且大田营养生长期短,故上述过早过迟均不适宜。

春玉米出现 4~6 叶时是移栽的适宜时期。这时正是玉米一、二轮次生根的发生期,根短而粗、长势旺、起苗与移栽伤根少,移栽后根能迅速扎入土中,且地上部蒸腾面不大,易于返青成活,播期可根据当地温度,利用发芽出苗与出叶所需时间推算。在日平均气温 15℃左右播种,10 天左右可出苗;日平均气温 20℃左右播种,6~7 天可出苗。出苗至 5 叶需 15 天左右。

（3）提高移栽质量，加强栽后管理

大田移栽前要施足底肥，做好开沟排水工作。移栽时，应力求根系伸展，不压伤生机旺盛的一、二层根系，移栽深度以齐茎叶绿白分界处为佳，过深易发生僵苗，过浅表土水易干，不易成活。春玉米土温低，以晴天移栽为佳。栽后至返青，遇干旱应淋水，保持土壤湿润，促进成活返青生长。

三、合理密植，增加光合作用面积，提高玉米产量

1. 协调穗数

玉米的籽粒产量是由单位面积上的有效穗数、穗粒数与籽粒重量三者的乘积组成的。一般单位面积上的株数增加，有效穗数相应增加，但每穗粒数与千粒重则下降。相反，单位面积上的株数减少，有效穗也相应减少，但穗粒数与千粒重都有所上升。由于穗数的增加，穗粒数与百粒重虽有下降，但增加穗数所得到的总粒重量要超过穗粒数与百粒重下降的损失，产量三因素比较协调，因而乘积最大，能获得较高产量，如表7.5所示。

表7.5 玉米不同密度的产量构成因素变化

密度（株/亩）	每株穗数	构成产量因素			每株生产力（千克）	空秆率（%）	籽粒产量（千克/亩）	茎杆重量（千克/亩）
		每亩总穗数	每穗粒数	百粒量（克）				
2000	1.22	2436	446	34.1	0.13	3.85	261.8	788.5
3000	1.03	3083	398	33.6	0.10	7.05	290.3	961.5
4000	0.97	3864	356	32.2	0.80	9.27	305.7	1158.0
5000	0.91	4571	271	30.1	0.50	12.20	250.3	1200.0
6000	0.76	4583	256	29.8	0.04	26.37	233.3	1274.0
8000	0.69	5506	197	29.4	0.03	33.87	206.7	1601.0

2. 充分利用光能、CO_2、水分和矿物质养料

合理密植，单位面积上增加适当的株数，可使叶面积与根系的吸收面积得到合理的增大，以充分利用光、热、水、气、肥、土等生活因子，合成与积累更多的有机物质，以利高产。

合理密植，使个体与群体均发育良好，生长协调，群体有较大的叶面积与根系的吸收面积，在生育期中，表现光合势极大，光合生产率与经济产量系数都较高，以获取较高产量。

表7.6 密度与叶面积、光合势、净同化率、经济产量系数的关系

密度（株/亩）	最大叶面积（米²/亩）	叶面积指数	全生育期光合势（米²·日）	净同化率（克/(米²·日))	经济产量系数	生物产量（千克/亩）	经济产量千克/亩
2000	1399.79	2.10	57.624	9.65	0.4047	556.24	225.14
3000	1736.32	2.60	75.060	9.01	0.3693	676.29	249.75
4000	2160.13	3.24	94.986	8.03	0.3446	762.60	262.80
5000	2502.55	3.75	106.535	6.89	0.2929	734.50	215.00
6000	2655.86	3.98	110.928	6.37	0.2840	706.62	200.70

　　从表 7.6 可看出,种植过稀(2000 株/亩),虽然净同化率达 9.65 克/(米²·日),经济产量系数达 0.41,但光合势只有 57.624 米²·日,经济产量只有 225.14 千克/亩,种植过密(5000～6000 株/亩),光合势虽达 106.535～110.928 米²·日,但净同化率下降为 6.89～37 克/(米²·日),经济系数下降为 0.2929～0.2840,经济产量为 215～201 千克/亩。与光能、CO_2 利用最为密切的是玉米的叶面积,这是产量形成的物质基础,也是群体发育过程中的主要衡量指标。密度愈稀,叶面积动态发展曲线的升降比较平稳。而且叶面积达到最大化后,保持稳定的时间愈长,密度愈密,叶面积动态曲线的升降愈剧烈,最大叶面积保持稳定的时间愈短。生产上获得高额产量的密度一般是在最大叶面积出现后,能稳定相当长一段时间,然后再缓慢下降。据试验,稳定期时间以能达到 15～20 天,能延续到灌浆乳熟时为好。最大叶面积指数在 2.5～4.0,高产栽培可达 3.5,亩产 400～500 千克的亩栽 3700 株的叶面积动态指数变化为播后 30 天叶面积指数达 1～1.2。40～45 天叶面积指数达 2.2～3.55;55～60 天达高峰 3.5,以后 20 天稳定在 3.2。收获时叶面积指数仍保持在 2.2 左右。

　　据试验研究,玉米早熟品种密度一般以每亩 4000 株左右,中熟品种每亩 3000 株左右,晚熟品种每亩 2500～3000 株为宜。而比较合理的 4000 株则三者都居中,其乘积达最大,使经济产量最高,每亩产量达 262.8 千克。

四、加强田间管理

1. 苗期管理

　　玉米苗期是生根发芽和茎、节、叶分化形成的营养生长时期,地下部生长较快,地上部生长较慢,这个时期以根系建成为中心,根系的大部分在此期形成。

　　玉米苗期植株生长速度缓慢,干物质积累较少,需要的水分、养分也较少,但植株内部的生理活性物质——核酸、核蛋白及其他原生质与核的基础物质,在旺盛合成阶段,到幼苗末期核酸的积累约占全生育期总量的 1/4,而干物质积累只占 5%。因此,这一时期管理的主攻目标是采取积极促进与适当控制的措施,促进根系发育,培育壮苗,做到全苗、齐苗、壮苗,为穗粒期生育打好基础。苗期的主要管理措施如下。

　　(1)早中耕、早除草,防旱、防板结,助苗出土

　　玉米播种后在适宜温度环境下,土壤的空气和水分是影响出苗的关键因素。玉米播种后,如遇天气干旱,土壤持水量低于 60% 时,常产生烂种、烂芽、干霉或幼苗出土即被旱死,造成严重缺苗。故播种后遇干旱应及时中耕松土保墒,及时灌水,保持土壤湿润;若遇大雨接近暴雨,暴雨造成地面板结时,常会阻碍土壤透气与升温,使玉米难以出土,即使出土,也因消耗营养与能量过多,生长不壮,并易染病,故应及时中耕松土,破除板结,散墒通气,助苗出土。玉米苗期中耕一般可进行 2～3 次,先浅后深,头次在三叶期,第二次中耕在定苗期,第三次中耕在拔节前进行。

　　(2)及时查苗补苑,间苗定苗

　　玉米苗期要逐丘逐块进行检查,发现缺苗,应及时早补或补栽。最好采用移苗补栽,栽后遇旱应及时浇水,返青后及时中耕追肥,促进通气生根,确保苗齐苗壮。

　　间苗应早,选苗应适时。间苗应在三、四叶期进行。这时玉米开始独立营养,根系向四周伸展,对营养面积的大小非常敏感。此时如不间苗,则会密集拥挤,相互竞争,以致形成"高脚苗"和"丝线苗"。

间苗、定苗,都要掌握"去弱留强,间密存稀,定向留匀、留壮"的原则。一天中定苗的时间宜在午间进行,以利鉴别幼苗的优劣。

(3)科学做好水肥管理与蹲苗

玉米苗期需肥约占总需肥量的 10％ 以下,需水约占总需水量的 18％。

玉米苗期的水肥管理,要看是否蹲苗而灵活运用。蹲苗是控制苗期水肥,进行早锄、勤锄与深锄,使土壤疏松透气,上干下湿的环境,起到控上促下、旺根壮苗的作用。

蹲苗应根据"蹲晚不蹲早,蹲黑不蹲黄,蹲肥不蹲瘦,蹲湿不蹲干"的原则,蹲苗时间一般不能超过拔节期,以免形成"小老苗",影响幼穗分化。

(4)及时防治地下害虫,确保全苗齐苗

玉米苗期的地下害虫较多,地老虎是玉米全苗的大敌,黏虫也常有危害,防治地老虎,暴食阶段可用 2.5％ 敌百虫与炒熟的油面粉,以 3∶100 的剂量拌和撒在玉米根际。

2. 穗粒期的管理

玉米穗粒期的生育特点是由苗期营养生长逐渐转换为穗期的营养生长与生殖生长同时并进,再转换为穗期的生殖生长的过程。

玉米穗期植株生长极快,到抽雄吐丝期植株体积比苗期增长 10 倍左右,干物质增加 20～30 倍,叶面积增加 5～10 倍。受精后营养生长基本停止。叶面积达到最大值,但穗粒生长在受精后营养生长基本停止,叶面积达到最大值,但穗粒生长在加速进行,干物质积累约增加 40％,穗期光合产物的运输中心前半段以叶、茎为主,后半段则逐渐转向雄穗与雌穗上,而穗粒期则完全转到果穗上面了。

整个穗粒期玉米的生理活动与代谢都很旺盛。吸收养分约占全生产期的 90％～95％,吸收水分约占一生中的 85％ 左右,尤以孕穗到开花灌浆这一时期,对水分和养分等外界条件反应最为敏感。故穗期和粒期是决定玉米穗、粒数与籽粒饱满、籽粒重量的关键时期。

穗粒期田间管理的主攻目标是夺取壮杆、多穗、穗大与粒饱粒重。管理的重要任务是以水肥为中心的追肥、中耕培土、灌溉排水、防治病虫与去雄辅助授粉等综合农业措施,达到根系发达,支持根多而粗壮,杆粗节密、叶宽、叶厚而挺健,穗期叶色深绿,粒期正绿、不早衰的丰产长相。

(1)追肥

苗期生长良好的春玉米,未施苗肥的应追施拔节肥。并施半速效性的有机肥,达到拔节施、穗期重点用之目的。既攻叶又攻秆,又不徒长,还可促进幼穗发育。以后在大喇叭口期视情况再施穗肥。

凡苗期生长不良,应重施拔节肥,促进生育,搭好丰产架子。穗期宜在大喇叭口期,即果穗生长锥小穗小花分化期施用。

玉米开花受精后,还有 40～50 天的生育期,吸收养分比穗少,但仍需吸收总量的 1/4～1/3,故仍在开花授精期视叶色、长相补施粒肥。以延长根叶功能,防止后期脱肥早衰,促进灌浆,增加粒重。

(2)灌溉与排水

玉米蒸腾系数在 250～320,每生产 1 千克籽粒需水 1400～2800 千克,每株玉米在抽雄开花期间每日耗水 1.5～3.5 千克。

苗期玉米植株矮小,生长缓慢,蒸腾面小,绿色面积只占大面积的 10％ 左右,耗水量不大,仅占总量的 15.6%～17.8%。

一般认为玉米耐旱,即是指苗期。为促进根系良好发展并向纵深发展,应保持表土疏松干燥,下层湿润,有利于蹲苗,促壮苗,土壤水分保持在持水量 55%～60% 为宜。

拔节到抽穗开花期,是玉米营养体生长最旺盛的时期。抽穗开花到灌浆期是蒸腾面最大的阶段。从拔节到灌浆,玉米需水量最多,占总量的 43.4%～51.2%,平均每天每亩约需水 3 立方米,从灌浆到蜡熟蒸腾面较大,需水量也较多,占总量的 19.17%～31.45%。

抽雄前 10 天到抽雄后 20 天的 30 天左右,是玉米需水临界期。对水分反应极为敏感,土壤缺水不仅影响雌雄器官分化,还影响抽雄吐丝,使抽雄与吐丝间隔拉长,授精不良,形成大量的缺粒与秃顶,并使灌浆过程受阻,形成大量秕籽,增大秃顶程度,降低玉米产量。从孕穗到灌浆乳熟期须保持田间持水量 70%～80%,拔节到孕穗须保持田间持水量 65%～70%。土壤水分低于下限,要及时灌水。灌水比不灌水的增产 30% 以上。春玉米各生育期的需水量如表 7.7 所示。

表 7.7 春玉米各生育期的需水量

项目 生育期	需水量 (米³/亩)	占总需水量 (%)	天数	平均每天需水 (米³/亩)
播种—出苗	7.50	3.07	8	0.99
出苗—拔节	43.30	17.75	23	1.88
拔节—抽穗	72.20	29.60	26	2.89
抽穗—灌浆	33.60	13.78	10	3.36
灌浆—蜡熟	76.60	31.45	26	2.95
蜡熟—收获	10.60	4.35	11	0.96
合计	243.9	100	103	2.37

玉米在干旱情况下,灌水的比不灌水的效果都好。尤以在需水临界期中灌抽穗水与攻籽水的增产效果更为显著。

玉米虽然需水很多,但也最怕涝渍。当土壤湿度大于田间持水量 80% 以上时,生育会受到不良影响。尤其是在苗期与籽粒形成时期,土壤过湿缺乏氧气,地温降低,根系的呼吸、吸收与合成功能均会受到阻碍(表 7.8)。

表 7.8 玉米穗粒期不同灌溉时期与产量

处理	株高(厘米)	营养体重:籽粒重	籽粒产量(千克/亩)
不灌水(对照)	190.2	1.69:1	223
拔节期灌水	211.4	1.70:1	274
抽穗期灌水	229.4	1.25:1	397
灌攻籽水	197.5	1.31:1	335
灌抽穗与攻籽水	220.3	1.07:1	452

(3)中耕培土与去蘖

为防止土壤板结,消灭杂草,提高根系生长机能,促进根系的多发与深扎,穗粒期还应进行中耕培土。拔节到抽雄前进行 1～2 次中耕,拔节期前后,行间应进行深中耕(7～10 厘米)切断部分毛根,刺激多发新根,以扩大吸收面,增强抗旱抗倒伏能力,同时也有利培土,促进支持根系生长和入土。

在抽雄前的"大喇叭口期",再浅中耕一次,并培高土垅。到抽雄吐丝以后,若土壤板结、杂草多,还应中耕除草一次,粒期中耕宜浅,以免伤根过多而影响玉米生长。

玉米的培土,是玉米生产上广泛应用的技术措施。但培土时间不宜过早,也不宜培土过高。一般先低后高,先小后多。拔节后,抽雄前共进行二次培土,培土高 10~12 厘米即可。

玉米分蘖上一般不结穗果,因此,必须在拔节前后去掉分蘖或培土,加以抑制。去蘖应早,以免损伤主茎和根系。

(4)防病虫、防倒伏

①防病防虫

玉米穗粒期危害严重的虫害是玉米螟和黏虫,主要病害是大小斑病。

在抽雄前,玉米螟幼虫多集中在心叶危害,受害心叶伸展后,不久蛀虫入茎内危害,折断茎秆,果穗长出后,为害花丝、早穗和籽粒,造成籽粒不饱满,影响产量与质量。因此玉米螟应在抽雄前 7 天左右进行防治,将药粉直接撒于心叶,或撒入喇叭口。抽雄后可用毒砂或螟虫散放于雌穗上下几个叶腋中与雌蕊上面。

防治黏虫在二龄前以 40% 乐果乳剂喷杀,三龄后可用 800~1000 倍敌百虫喷杀。

大小斑病多在籽粒形成期大量发生,可用倍量式波尔多液喷雾,或用草木灰、石灰混合粉在有露水时撒于叶上,效果尚好。

②防倒伏

玉米倒伏有根倒、茎倒与茎折三类。

根倒因根系发育不良,在大雨或灌水之后,遇大风产生很大的倾斜被倒下,对产量损失很大。

茎倒是植株上部重量与基部组织所承受的力量不相适应,引起茎秆弯曲或倾斜。因根系组织损伤轻,对玉米产量影响较小。

茎折是因茎秆受虫蛀或组织脆嫩被风雨外力折断,发生于果穗下部,损失较大。

玉米发生倒伏应立即扶正培土,加固基部,以恢复正常的生理活动与开花授精,减少损失。

(5)去雄与人工辅助授粉

①去雄

玉米去雄是后期田间管理的增产措施,可增产 10% 左右。一是能使一部分雄花的营养物质转而供应果穗发育,使其发育好、早抽丝、受精完全、秃顶少、早成熟。

二是去雄后,可使玉米植株变矮 30 厘米左右,改善田间中部叶层的通风透光条件,有利于籽粒饱满,且可防止倒伏。

三是去雄可减少螟虫与蚜虫危害。螟虫多群集心叶,先危害雄穗,再往下蛀食果穗,去雄可去掉部分螟虫以及天花上的蚜虫。

玉米去雄应在雄穗刚抽出尚未开花时进行,一般在上午 10 时以后至下午 15 时前的晴天进行,以利伤口愈合,避免病菌传染。去雄数量应占全田总株数的 1/3 左右,不可过多,以免影响授粉。去雄要做到去弱株、留壮株、去地中、留地边,隔行与隔株去雄。去雄后结合进行人工辅助授粉,效果更好。

②人工辅助授粉

　　玉米不同部位的果穗和同果穗不同部位的花丝,抽丝时间不一致,高温干旱下,花丝抽出比开花晚7～10天以上,形成开花与授粉脱节,多雨和空气湿度过大,花粉易吸水成团,失去发芽能力,大风则花粉易被吹失,因此进行人工辅助授粉可满足迟出花丝的选择受精与克服不利因素的危害,减少秃顶缺粒,达到粒大粒饱,可增产8％～10％。

　　人工辅助授粉的方法:在开花吐丝期的晴天上午09—11时,收集壮株50～100株花粉混合后授于花丝上,隔天1次,连续3～4次,或以一丁字尺形架,每日在田间逐行走动一次,以触动天花,使之散粉,以满足雌花的选择受粉。

第八章　红薯与气象

红薯原产墨西哥为中心的美洲地区,是邵阳县主要旱地杂粮作物之一,已有 400 多年栽培历史,营养价值高,用途广,块根中淀粉含量占鲜重的 20%左右,可溶性糖占鲜重的 3%左右,蛋白质含量占 20%左右,还含有多种维生素,尤其是抗盐血酸和胡萝卜素含量较丰富。同时红薯也是制造淀粉、酒精和糖的原料,每 100 千克鲜薯可制淀粉 15～20 千克,或酒精 9～10 千克,或糖 6～7 千克。红薯还是制造葡萄糖、柠檬酸、红霉素、药片填充料、果胶、味精、人造橡胶等的重要原料。红薯又是重要的饲料作物。

红薯适应性广,抗逆性强,除对温度条件要求严格外,对土壤及其他生态因子的适应性很广,比较耐旱,需肥较多但又耐瘠薄,茎叶和块根的再生能力强,受灾损伤后还能恢复生长。也是一个稳产保收的作物。同时甘薯又是新垦荒地良好的先锋作物和新茶园、新果园、油茶林、油桐林中的覆盖作物。

邵阳县栽培红薯,1958 年达 15.13 万亩,1963 年达 15.35 万亩,总产 955.5 万千克,1978年种植红薯面积 10.14 万亩,总产折合稻谷 1.89 万吨。

红薯是农村喂养生猪的主要饲料,也是农民爱吃的主要杂粮,俗话"红菇半年粮"。红薯在农民的日常生活中有着极其重要的地位。

红薯是无性繁殖作物,块根及茎叶均可作为繁殖器官。块根无明显成熟期,只要气候、土壤生态环境条件适宜可以持续膨胀,能充分利用生长季节和土地,故红薯是深受邵阳县农民喜爱的传统农作物。

但红薯生长与温度、降水条件的关系极大,为充分利用邵阳县的农业气候资源,趋利避害,提高光能利用率,夺取红薯高产、稳产,特从气象条件角度作粗浅分析。

第一节　红薯栽培的生物学特性

甘薯层属旋花科,为蔓生性草本植物,在热带终年常绿为多年生,在温带为一年生植物。

一、红薯的植物学特征

(1)根:用营养器官繁殖时,从块根、薯苗、茎、叶柄以至叶身发生的根均属不定根。由于内部分化状况不同而发育为以下三种不同的根。

①细根:形状细长,又称纤维根。

②柴根:又称梗根或牛蒡根。粗如手指,细长似鞭,这种根主要由于不良气候和土壤条件,使根内组织发生变化,中途停止加细而形成。柴根徒耗养分,无利用价值。

③块根:在适宜条件下幼根经过一系列组织分化和积贮养分过程发育为块根,红薯块根既是贮藏养分的器官,又是重要的繁殖器官。

红薯块根多生长在 5～25 厘米深的土层内,单株结薯数和薯块大小与品种及栽培条件有关。

（2）茎：通称薯蔓或薯藤。多数品种伏地生长。茎的长度因品种差异很大。长蔓型长达3～4米，短蔓在1米左右。茎粗为0.4～0.8厘米，茎上有节，节部能发生分枝和不定根，茎节两侧的不定根原基，栽播入土后即伸展生长，故能利用薯蔓栽播繁殖。

（3）叶：红薯属双子叶植物。

（4）花：红薯的花单生，是喜温和短日照植物，在热带能自然开花，为异花授粉作物，自交结实率很低。

（5）果实与种子：果实为圆形或扁圆形蒴果。

二、红薯的生育过程

红薯大田生长阶段可分为发根还苗，分枝结薯，茎叶生长、薯块膨大，块根盛长、茎叶渐衰等4个时期。

1. 发根还苗期

薯苗栽插后，在适宜的温度和水分条件下，从入土的茎节部两侧和薯苗切口部位，先长出一批不定根。当新根吸收水分与养分，薯苗地上部开始抽出新叶或新腋芽时，称为还苗或活棵期。此时大量发生的吸收根是生长中心，地上部也开始缓慢生长，一般春薯栽插后3～6天发根，7～12天还苗，吸收根系基本形成约需30天，夏秋薯栽插后3～4天发根，5～7天还苗，吸收根系基本形成约需15～20天。

2. 分枝结薯期

从出现分枝到封垄期，春薯栽插后约需25～50天，夏秋薯约需20～35天，植株生长中心由根系逐渐转向茎叶生长和块根形成。分枝期末茎叶开始封垄，地下部形成庞大的根系，并出现外形上能识别的小薯块。

3. 茎叶盛长、块根膨大期

从封垄始期到茎叶生长高峰，春薯约在栽插后50～90天，夏、秋薯约在栽插后35～70天期间，茎叶是生长中心。由于处在高温多雨季节，茎叶旺盛生长达到高峰，地上部重量达最大值，但黄叶落叶也陆续出现，形成新老叶片相互交替，同化物质向地下部输送增多，薯块相应膨大，薯重占全期总重量的30%～40%。

4. 块根盛长，茎叶渐衰期

从茎叶生长高峰期开始到收获为止，历时约2个月。薯块膨大是中心。由于气温降低，雨水减少，茎叶由缓慢生长直至停滞、叶色变淡落黄，基部分枝枯萎、叶子脱落，呈衰退现象。此时同化物质加速向地下部运输，薯块显著增大，薯块重量占全期总重量的50%左右。在前期茎叶及时长足的基础上，应保护茎叶和防止因脱肥受旱等原因而发生早衰现象，促使块根迅速膨大。

三、块根的形成与膨大

1. 块根形成与膨大的机制

红薯由幼根发育为块根，可划分为两个时期，前期为初生形成层（形成层）活动期，决定幼根的发育方向，是为块根形成时期。后期主要为次生形成层（副形成层）活动期。决定已形成的小块根的肥大程度，是为块根膨大时期。初生形成层和次生形成层在红薯块根发育中具有同等的重要性。

(1)初生形成层活动期:薯苗栽插发根后 10～25 天为初生形成层活动与块根形成时期。

(2)次生形成层活动期:在发根后 20～25 天。块根膨大主要依靠次生形成层的活动。次生形成层是块根膨大的主要"动力"。

形成层活动(主要为次生形成层,其次为初生形成层)不断形成次生木质部和次生韧皮部以及大量的贮藏薄壁组织,使块根膨大增粗。形成层最活跃的时期,也是块根膨大最迅速的时期。红薯块根的大小即由形成层的活动范围、强度及时期的长短决定,红薯块根发育没有明显的终止期,只要气候生态条件适宜,形成层活动时间长,次生组织增大范围广,故红薯的增产潜力极大。

红薯块根膨大,主要依靠形成层分裂活动增加块根体内的细胞数目,其次是依靠细胞体积增大。块根内的细胞体积随生长而有所增大。

红薯块根早在形成期就开始积累淀粉,以后随着块根膨大,细胞内淀粉粒逐渐增多,淀粉粒体积也由小变大,块根的淀粉含量相应随之提高。但到临收获 1 个月,淀粉含量达到最大值,以后不再增加。

2. 块根形成与膨大的过程

栽插期对红薯块根形成的影响主要在于温度。较高温度能促进块根形成,春薯生育前期温度较低,栽后 30～40 天,地下部开始出现小薯块,至栽后 50～60 天有效薯数大致固定。夏薯生育前期温度较高,块根形成过程加快,栽后 20～30 天即出现小薯块,至栽后 40～50 天结薯数大致稳定。栽插期对红薯块根膨大过程的影响也很明显,春薯生育期经历低—高—低的温度变化过程。在春薯生育期间,气候条件不仅影响茎叶生长,也使块根膨大过程出现马鞍型的两次膨大高峰。直接影响春薯的产量提高。一般在 5 月中旬至 6 月上旬,平均气温 20～26℃,茎叶盛长阶段出现块根第一次膨大高峰。在此期间,积聚的干物质占块根产量的 40% 左右。尔后进入高温季节,7 月中旬至 8 月中旬,平均气温 28℃ 至 29℃ 左右,伴随干旱,植株光合作用强度降低,茎叶生长及块根膨大速度显著减缓。再后气温下降,9 月上旬至 10 月上旬,平均气温 25.7～20.0℃,及昼夜温差加大,8 月下旬至 9 月下旬,昼夜温差 9.0℃,块根膨大加速,进入第二次膨大高峰期。至秋末冬初由于温度低,茎叶光合作用减弱,块根膨大速度下降。据研究,4 月下旬栽插的春薯,在栽后 70～90 天出现块根膨大第 1 次高峰期(每日每株块根平均增重 10.28 克)积累了全生育期块根产量的 36%～48%,以后由于高温干旱,块根膨大速度明显下降,至栽后 150～170 天又出现第二次膨大高峰期(每日每株块根平均增重 11.61 克)。春薯块根膨大过程出现二次块根膨大高峰现象,主要原因是高温期的气候条件所造成。而不是块根膨大过程自身的必须规律,如有些年份生育期气候条件较为适宜,高温现象不明显,块根产量就高。

高温期块根膨大速度减缓与垅土的通气性,土壤营养条件以及地上部生长状况有关。采取改善垅土通气性,遇干旱灌水调节土壤湿度和增施磷钾肥等措施,协调上下部生长,提高中期块根膨大速度,由通常的两次块根膨大期变为持续的一次块根膨大高峰期,可有效地提高红薯产量。

栽插期较迟的,在高温前块根膨大速度很低,难以形成块根膨大高峰,仅在高温期后出现一次膨大高峰期(表 8.1),产量较低。7、8 月栽的秋薯,生育期短促,块根在高温期后始进入膨大阶段,产量更低。

表 8.1　春薯不同时期块根膨大速度

调查日期	10/6—30/6	1/7—21/7	22/7—3/8	1/8—31/8	1/9—20/9	21/9—10/10	11/10—21/10	平均
栽后天数	50～70	71～90	91～110	111～130	131～150	171～180		
块根增长速度（克/（日·株））	4.50	10.30	3.40	4.70	4.48	10.67	4.60	6.23

注：移栽期为 4 月 20 日，表示块根膨大高峰期。

四、红薯地上部茎叶生长与地下部块根产量的关系

红薯茎叶生长与块根产量关系密切，构成红薯躯体的物质 90% 以上由地上部茎叶（主要是叶片）进行光合作用所积累，块根膨大主要依靠地上部同化物质的转移和积贮。因此，红薯茎叶生长及其光合作用产物的积累分配状况，在很大程度上对块根发育及产量形成起支配作用。因此，需要掌握茎叶和块根之间生长的一般规律和植株养分积累分配的动态，以便采取相应措施，协调上下部生长和提高块根产量。

1. 红薯茎叶和块根生长之间的一般规律

红薯的不同阶段有不同的器官生长中心及与其相应的养分分配中心。生育前期植株以氮素代谢为主，养分大都输向地上部，促使茎叶迅速生长；生育中期茎叶等器官发展到一定程度后，植株加强了碳素的同化能力，碳素代谢逐渐转为优势，输向地上部的养分减少，输送到块根的养分增多，生育后期植株中养分大部分向块根输送，供应块根迅速膨大的需要。

在红薯生产中，茎叶生长与块根产量间一般存在三种状态。

(1)茎叶生长正常，上下部生长协调，块根产量高。以下薯苗栽插后发根还苗快，茎叶早发。前期生长快，封垄早，中期稳长，叶面积适量，后期茎叶不早衰。块根形成早，膨大快，膨大期长，产量高。

(2)茎叶生长差，块根产量低。在土瘠、肥水不足或弱苗迟栽条件下，茎叶生长缓慢，生长势弱，分枝少，地上部生长量不足，甚至不能封垄，后期又早衰，地上部干物质积累少，结薯晚、块根产量低。

(3)茎叶生长过旺，块根产量亦低。在高肥条件下，氮肥过多或垄土过湿，茎叶生长过旺，叶面积过大，地上部生长过量，形成疯长。养分大多消耗于地上部生长，茎叶产量虽高，但块根产量低，品质差。

另外，地上部前衰后旺，也会降低块根产量与品质，前衰，茎叶前期生长差，影响结薯形成薯数少，后旺，地上部消耗养分多，不利于薯块膨大和干物质积贮。

2. 叶片生长、叶面积指数与干物质积累

红薯植株叶片生长（叶片数，叶片寿命及光合能力）叶面积指数及工作效能，与干物质积累及块根产量关系密切。

红薯植株一生出叶数很多，茎叶盛长期单株绿叶多至 150～200 片。每亩总绿叶数可达 50 万片左右。叶片寿命一般为 30～50 天，最长的在 80 天以上。

早栽的叶片寿命为 62.9～74.7 天，6 月中旬迟栽的叶片寿命为 47～58.8 天。

红薯叶片的光合作用强度是新叶高于老叶，在一定范围内，叶绿素含量越高，光合作用强度越大。在同一薯蔓上，叶龄越小的顶上部展开叶叶绿素含量最高，随着叶龄增大含量大降，

尤其是近基部的老叶叶片叶绿素含量最低。

红薯植株积累的干物质,90%以上是光合作用的产物。叶片又是主要的同化器官。因此,在适宜的范围内全生育期叶面积总数(总光合势)与薯块产量成正相关。

表 8.2 叶面积总数(总光合势)与薯块产量

总光合势(米²/日)	136251	134934	129218	92875	86785
薯块产量(千克/亩)	2003.0	1680.5	1561.0	1332.0	1105.5

据研究。总光合势与叶面积指数密切相关,较高的叶面积指数是红薯高产的基础,红薯生育期叶面积指数一般在4～5范围内。叶面积指数大于4有徒长趋势,最适宜的叶面积指数为4左右。高产田块生育中期叶面积指数以4.5～5为适宜。高产鲜薯2500～3000千克的田块,生育中期叶面积指数,接近4;高产4000～4500千克的田块,中期叶面积指数多为4～5,徒长田块叶面积指数在5以上。而茎叶生长不良的低产地块,叶面积指数在2以下。

红薯生育过程中,叶面积发展动态为:栽插成活后,随分枝结薯,叶面积逐渐增加,至茎叶盛长期叶面积指数达最大值,保持一段时间后,又随温度条件的变化及植株衰老,叶面积缓慢下降。

高产薯田生育期适宜的叶面积指数发展动态为:前期叶面积指数上升快,封垄较早,中期叶面积指数较长时间平稳维持在4～5,生育后期叶面积指数下降缓慢,至收获时仍保持叶面积指数在2.5～3。

第二节 红薯生育与气象条件的关系

一、温度

红薯为喜温作物,在整个生育期需要较高温度,对低温尤其是霜冻极为敏感。

红薯苗发根最低温度为15℃,发根缓慢,温度17～18℃正常发根,在18℃以上的较高温度,发根加快。

红薯茎叶生长适宜温度为18～35℃,在此范围内温度越高,茎叶生长愈快,温度低于15℃,茎叶停止生长。10℃以下,持续时间长或遇温度0.0℃以下的霜冻,地上部分受冻即枯死。

红薯光合作用的适宜温度为23～33℃,在35～38℃的高温天气条件下,呼吸强度过大,消耗养分多,光合作用强度下降,茎叶生长缓慢。

红薯块根形成和膨大的适宜土壤温度为20～30℃,在土温22～24℃条件下,初生形成层活动较强,中柱细胞木质化程度较小,适宜于薯块形成。块根膨大的最适宜温度为20～25℃,最低温度因品种不同而有差异,有些品种土温低于20℃块根膨大即停止。有些品种在土温17～18℃时块根停止膨大。

在块根膨大的适宜温度范围内,昼夜温差大,有利于红薯块根积累养分膨大。因为白天温度较高,茎叶光合作用较强,制造养分较多;夜间温度低,呼吸强度较弱,养分消耗较少,地上部生长缓慢,有较多养分向块根输送,白天红薯块根膨大慢,夜间块根膨大快。

二、光照

红薯原产热带，属喜光的短日照作物。光照充足可提高光合作用强度，增加干物质积累。据研究，光照强度在34140勒克斯，红薯叶片的光合强度为4.228克/(米²·日)；光照强度减弱至25220勒克斯时，光合强度降低到1.960克/(米²·日)；光照强度降低到5160勒克斯时，光合强度降低为0.424克/(米²·日)，红薯叶片的光饱和点为3万~4万勒克斯。同时，充足的光照还可提高土壤温度和扩大昼夜温差，对块根形成和膨大有利。故红薯块根膨大过程尤需晴朗天气，若遇低温阴雨连绵光照不足天气，则影响红薯块根形成和膨大，导致产量低，出干率也降低。

光照长短对红薯生育也有影响。每天光照时间较长，对茎叶生长有利，薯蔓变长，分枝增多，有利于块根发育。据研究，最适宜红薯块根形成和膨大的日照时数为12.4~13.0小时/日，每天8~9小时短日照能促进红薯现蕾开花，但不利于块根膨大。

三、水分

红薯对水分的利用率较高，蒸腾系数在300~500。生育期土壤持水量达田间持水量70%左右，适宜于茎叶生长和块根形成及膨大。

生长前期土壤干旱(土壤持水量低于50%)，薯苗发根还苗缓慢，茎叶生长差，根体薄壁细胞木质化程度大，不利于块根形成，结薯少而迟，且易形成柴根。

生育中后期土壤干旱，茎叶生长量不足又多早衰，养分积累少，块根膨大慢，产量也低。但若雨水过多，土壤湿度过大(土壤持水量90%以上)，土壤通气性差，易使茎叶徒长，根体形成层活动强度弱，对块根形成和膨大也极为不利。

在生长后期阴雨天气过多，光照不足，光合作用减弱，也影响块根形成和膨大，使块根产量降低，块根水分含量高，出干率及耐贮藏性均降低。如果田间渍水发生涝害，块根还会因缺氧窒息而腐烂，同时薯块中不溶于水的原果胶含量增多，发生硬心。生长后期时干时湿，块根易于开裂。

红薯具有较强的耐旱能力，但不耐涝。红薯耐旱，除因根系发达外，还与干旱时地上部与地下部生长缓慢或暂停生长这一特性有关。一旦旱情解除。只要其他条件适宜，地上部能恢复生长，块根也能继续膨大。

第三节 邵阳县红薯生育期间的气候状况

邵阳县红薯在3月初播种：农村传统一般采取牛粪有机物温床育苗。5月初插薯，6月中、下旬开始结薯，7月中下旬封垄，11月初霜前收获。

红薯生育期间的气温、降水量，日照时数均呈"低—高—低"马鞍型变化，历年红薯生育期间的气温、降水量、日照时数见表8.3。

表 8.3　邵阳县历年 3—11 月气温、降水量、日照时数统计表

项目 \ 月份		3	4	5	6	7	8	9	10	11	3—11月合计	初霜期 最早(日/月)	初霜期 平均(日/月)
气温	≥0℃积温(℃·天)	337.9	445.0	660.3	750.0	874.2	849.4	711.0	561.1	149.0	5338.4		
	平均(℃)	10.9	16.5	21.3	25.0	28.2	27.4	23.7	18.1	14.9	20.9		
	最高(℃)	31.4	34.6	36.3	38.2	39.4	39.5	40.1	34.6	30.1	40.1	30/10	5/12
	最低(℃)	−0.7	2.7	8.6	14.6	19.5	17.6	11.3	2.5	2.1	−0.7		
降水	量(毫米)	105.2	180.7	209.1	171.4	93.6	114.0	61.1	85.4	24.9	1045.4		
	日数(日)	17.6	18.0	17.2	14.5	10.7	11.8	8.4	11.7	3.5	113.5		
日照	时数(小时)	80.6	106.1	124.3	154.0	2555.5	169.9	132.8	105.4	37.9	1166.5		
	百分比(%)	22	28	30	38	61	57	46	37	33	35		
蒸发量	量(毫米)	69.5	98.8	123.0	144.4	223.4	196.8	147.7	102.8	25.1	1131.5		

从表 8.3 可看出：红薯播种至成熟收获期气温、降水与日照时数基本上与红薯生长发育期需要相适应，邵阳县的气候条件适宜于红薯生育与高产的要求。

根据红薯气象平均观测资料统计如表 8.4 所示。

表 8.4　红薯生育期气象资料统计表

发育期	发育日期(日/月)	经历日数	气温 ≥10℃积温(℃·天)	气温 平均(℃)	气温 最高(℃)	气温 最低(℃)	相对湿度(%)	蒸发量(毫米)	降水量 毫米	降水量 日数	日照时数(小时)
播种期	6/3										
出苗期	3/4	28	290.9	10.4	27.1	2.5	80	79.9	41.3	12	116.2
移栽期	1/5	28	534.2	19.1	29.9	9.4	80	113.8	135.6	15	156.6
还苗期	9/5	8	155.9	19.0	31.0	13.2	83	25.4	50.2	4	31.2
分枝期	14/5	5	106.5	21.3	30.0	16.7	80	23.7	29.7	3	35.2
结薯期	21/6	38	716.0	18.8	29.6	19.6	89	187.0	240.7	13	185.0
封垄期	22/7	31	810.0	26.1	34.8	22.7	80	122.3	40.9	9	129.9
收获期	10/11	111	2527.0	22.8	39.4	2.5	76	539.3	303.1	33	648.5
合计		249	5140.4					1091.4	831.4	89	1310.6
平均				30.6	39.4	2.5	78				

注：产量(千克/亩)：3203.5。

从表 8.4 得到如下结论。

1. 播种至出苗期

3 月 6 日播种，4 月 3 日出苗，经历日数 28 天，≥10℃积温 290.9℃，平均气温 10.4℃，最高气温 27.1℃,最低气温 2.5℃,日照时数 116.2 小时,降水量 41.8 毫米,雨日 12 天,蒸发量 79.9 毫米,相对湿度 80%,出苗期气温稍低,致使播种至出苗期经历日数较长。

2. 出苗至扦插期

经历日数 28 天,≥10.0℃ 积温 534.2℃,平均气温 19.1℃,极端最高气温 29.9℃,极端最低气温 9.9℃,日照时数 156.6 小时,降水量 135.6 毫米,雨日 15 天,蒸发量 113.8 毫米,平均相对湿度 80%,气象条件对红薯苗期生长有利。

3. 扦插至还苗期

经历日数 8 天,≥10℃ 积温 155.9℃,平均气温 19.0℃,最高气温 31.0℃,最低气温 13.2℃,日照时数 31.2 小时,降水量 50.2 毫米,雨日 4 天,蒸发量 25.4 毫米,平均相对湿度 83%,扦插后平均气温达 19.0℃,有利于红薯扎根恢复生长。

4. 还苗至分枝结薯期

还苗至分枝期经历日数达 5 天,≥10℃ 积温 106.5℃,平均气温 21.3℃,日照时数 35.2 小时,降水量 29.7 毫米,气候温暖、湿润,有利于红薯分枝形成,6 月 21 日开始结薯,经历日数 38 天,≥10℃ 积温 716℃,平均气温 18.8℃,气候条件对红薯结薯有利。

5. 结薯至收获期

6 月 21 日开始结薯至 7 月 22 日进入封垄期,经历日数 31 天,日平均气温 18.8～26.1℃,日照时数 129.9 小时,降水量 40.9 毫米,雨日 9 天,蒸发量 122.3 毫米,有利于红薯茎叶生长,红薯进入第一次壮薯高峰期。

7 月中、下旬平均气温升高至 28.3℃,下旬 28.5℃,8 月上旬平均气温 28.2℃,极端最高气温 39.0℃ 以上,高温炎热天气使红薯膨大停止。至 9 月中旬平均气温下降到 23.4℃,中旬平均气温 22.1℃,10 月上旬平均气温 20.0℃,10 月中旬平均气温 18.1℃,对红薯壮薯极为有利,于是红薯又进入第二次膨大高峰期,11 月上旬平均气温 14.9℃,红薯生长缓慢,11 月中旬平均气温 12.0℃,11 月下旬平均气温 9.9℃,因而必须在日平均气温降低至 10℃ 之前,适时收获才能确保红薯安全高产。

第四节　充分利用气候资源,夺取红薯高产丰收

一、推广温床育苗,延长红薯生育期

红薯块根无明显成熟期,只要条件适宜可以持续膨大,可充分地利用生长季节和土地。

1. 块根萌芽及幼苗生长对气象条件的要求

温度:红薯块根萌芽及幼苗生长与温度关系密切。

在苗床条件下,床土温度在 20℃ 以上,不定芽原基开始萌动。在 15～35℃ 温度范围内,温度愈高,萌芽愈快,萌芽数愈多,薯苗生长愈速。但幼苗健壮程度则表现出相反的趋势,见表 8.5。

红薯苗芽阶段较高温度能促进不定芽原基萌发,除了直接加快其根系生长,增强对水分和养分的吸收外,还使薯块和不定芽原基组织内的呼吸作用和酶的活性增强,使养分转化加快。

表 8.5　红薯块根萌芽及幼苗生长与温度的关系

温度(℃)	萌芽所需天数	薯苗特征
20～35	6～7	瘦弱、节间长
25～30	8～12	较壮、节间短
20～25	12～15	健壮、节间短
15～20	25～30	粗壮、节间更短

块根在 20℃、25℃、30℃不同温度条件下催芽时,其呼吸强度分别为 0.09、0.25 和 0.44 毫克/小时。38℃以上薯块易腐烂。40℃以上短期内就会烂芽烂种。

根据温度对块根苗芽长苗的影响和生产上对育苗的要求:一般育苗期采取前期高温催芽,中期适温长苗和后期低温炼苗分阶段控制床温的方法。

水分:水分不仅影响块根的萌芽和幼苗生长,还是协调苗床环境条件的重要因素。水分与温度、空气等因素相互影响而起作用。据试验,在温度 32℃条件下不同温度处理结果,相对湿度 80%～90%的早期萌芽数,要比 70%相对湿度下多出 50%以上。萌芽时在温度条件满足的情况下,当床土湿润时,先长根,后长芽。幼芽生长迅速,当床苗水分缺乏时,则仅萌芽不发根,直到土壤湿润时,才开始出新根,因而萌芽和幼苗生长均较慢。若床土过湿,会影响土温的提高而延缓块根的萌芽。土壤水分饱和,在高温高湿下,块根可能腐烂。出苗后,若水分缺乏,幼苗发根力弱、生长慢、叶片小、容易形成老苗、播插后成活率差。若水分过多,幼苗在高温高湿下发生徒长,同样会形成幼苗。因此,苗床在萌芽期要求保持较高的湿度,以利薯块萌芽,出苗后湿度稍降低,以培育健壮薯苗。

光照:光照强弱影响薯苗生长和苗床温度。光照不足影响床温,出苗后影响薯苗生长,降低光合作用,减少有机物质积累,生长速度缓慢,幼苗变黄嫩细弱。一般前期日晒提高苗床温度,出苗后弱光晾苗,随着幼苗生长,逐渐增加光照强度和时间,以利培育健壮幼苗。

氧气:氧气对薯块幼苗的呼吸和正常生长关系密切。氧气不足,萌芽缓慢或不能出苗,长期缺氧会造成薯块腐烂,因此,覆盖塑料膜育苗时,要注意通气。

2. 育苗方法

红薯育苗方法很多,根据苗床加温与否可分为冷床与温床两大类。温床育苗中因加温措施不同又有许多育苗方法。要根据当地气候、耕作制度和生产条件,因地制宜选择适宜的育苗方法。

(1)酿热温床覆盖薄膜育苗

利用牲畜粪、作物秸秆、绿肥及青草等酿热物堆积发酵产生的热量和太阳光的热能来提高苗床温度,促使红薯块根发芽和幼苗生长。这个方法设备简单,既经济又便于管理,只要选好床址,把酿热物调剂填放得当,就能达到升温快,床温高,保温时间长的要求。农村普遍使用。

床址应背风向阳、地势高燥,排水良好和管理方便,最好采用新床址,旧床常易感染黑斑病及线虫病。

苗床的长度依地势和需要而定,一般以长 4～5 米,床宽按薄膜宽度以及便于管理,一般 1.2 米左右,苗床深度因酿热物材料的种类,填放厚度和育苗时间而不同。如发热材料较好,育苗较晚的可适当浅些,反之要深些。一般苗床深 40～50 厘米。苗床有地上式,地下式和半地下式。地上式有利于排水,地下式保温性能较好。床底应挖成中间高四周低的瓦背形,以增加四周酿热物,使床温均匀,出苗整齐。

酿热物填放进苗床要先搞碎,作物茎秆要切成长 6～10 厘米的短段,以利分解。酿热温度,常见温度低,升温慢甚至"冷床"等情况,这与酿热物过干或过湿影响菌类分解活动有关,如畜粪与桔秆配合,两者可分层填放。若单用桔秆,还要泼浇氮肥,以促进菌类分解,填放厚度为 25～30 厘米,填放后先不要踩紧,可用铁锹略为拍实,保持一定疏松程度,以利菌类分解和迅速提高床温,并加盖薄膜提升温度。待酿热物温度上升到 35℃时,再踏压酿热物至不松不紧状态,在上面铺 3～5 厘米细床土后即可排放种薯。

塑料薄膜育苗,将塑料薄膜覆盖在苗床上,利用薄膜吸收和保存太阳热能,提高苗床温度。比露地育苗苗床温度可提高 5～8℃(3 月上旬 4 月上旬),剪苗期提早 7～10 天,出苗量增加 20%～30%。这种温床不需人工加温,省工省料。但这种苗床受天气变化影响较大,床温较难控制,影响萌芽及防病。床面薄膜覆盖以斜坡式和拱架式热效应较好。平铺的温度变化急剧、昼夜温差过大,容易灼伤薯苗。

在薄膜育苗基础上,采用增温保墒剂育苗,可比薄膜覆盖提高土温 2～5℃,土壤湿度增加 15%,出苗期提早 4～6 天,出苗数增多 1 倍左右。

露地育苗,利用自然温度培育薯苗方法简单,省工、省料、管理方便,薯苗健壮,多在温暖季节采用。日平均气温 15℃以上时播种,苗床期应注意保温、浇水、施肥、中耕、松土和防治病虫害。

高温催芽结合露地育苗。这种育苗方法是先将红薯放在室内高温催芽,再移入露地薄膜覆盖进行育苗。

具体做法是:将精选出的薯种均匀铺在催芽架上,每层厚度约 30 厘米,每隔 1 米左右放一个通气筒;然后用温水淋透各层薯堆,并在整个催芽期间经常淋水,保持种薯干干湿湿;装薯前烧火将室温提高到 20℃,装好后迅速大火升温至 37℃(最上层薯堆温度),并保持三天三夜,促使不定芽原基萌发,第四天后降温至 30℃左右;待不定芽普遍萌发露嘴,幼芽长 1.5 厘米时,即可特种薯移至露地薄膜苗床。催芽期间,要注意通气,增加新鲜空气对种薯正常萌芽极为重要。在不影响温度的前提下,每天中午气温较高时打开前后通气窗进行短时通气。

催芽后选择晴暖天气,将种薯由催芽室移至露地育苗。按品种薯块大小及幼芽长短分床排种、排种后浇水、待芽上的水晾干后即可覆盖湿润营养土,以盖没薯芽为度,最后覆盖薄膜。从排种至苗高 6 厘米期间,注意保持较高温湿度,以利薯苗生长,苗高 7 厘米以后即按一般苗床进行管理。

(2)种薯消毒

种薯消毒可以杀死附着在薯块上的黑斑病病菌孢子,常用方法有温水浸种和药剂浸种两种方法如下。

温水浸种,是用 50～54℃的温水浸种 10～12 分钟,杀菌效果显著。

药剂浸种常用的药剂有 50%托布津可湿粉剂 200 倍,50%代森铵稀释 200～300 倍液,25%多菌灵粉剂 500 倍液,抗菌剂 402 稀释 1500～2000 倍液,可任选其一,浸种 10 分钟即可。消毒后即可播种。

3. 苗床管理

(1)排种至齐苗阶段

排种至齐苗阶段为薯块萌芽阶段,以催为主,高温催芽和防病。床温保持 32～35℃。尤其是初期高温35℃,能促使薯块萌芽既快又多,还可抑制黑斑病为害,此时段的管理,主要是提温保温,调节湿度。薄膜育苗还要注意通气。

床温不高时,晴天白天,可揭开薄膜,让阳光暴晒,提高床温,晚上加厚覆盖保温。酿热物温床可浇温水或新鲜人粪尿,促进分解,提高床温。

床温超过35℃时,打开苗床通气洞,或揭开薄膜一角降温。床土相对湿度80%左右较为适宜,薄膜内相对湿度95%左右为宜。若床土过干,可在晴天中午适当淋水。

（2）齐苗至剪苗阶段

齐苗至剪苗为幼苗生长阶段,也是培育壮苗的时期。这一时期的管理,以催苗为主,催中有炼,催苗生长与培育壮苗。床温保持在25～28℃,使薯苗在较低温度环境下稳健生长,保持床土相对湿度70%～80%为宜。薯苗还应逐渐见阳光。苗高20厘米左右具有6～7个节时,应转入炼苗为主。停止浇水,在不低于16℃范围内尽可能降低床温。同时应充分见阳光,经过3天炼苗后,即可剪苗移栽。

（3）剪苗后管理

剪苗后苗床管理又转入以催为主阶段,促使小苗生长。床温应很快上升到32℃左右,剪苗当天不浇水,以利创口愈合和防止病菌侵入。第二天浇一次大水。一般在剪二茬苗后追肥,追肥时间也在剪苗后第二天进行,施肥后用清水淋洗。待薯苗生长到一定程度后又要降温降湿,见光炼苗。同时苗床管理还要做好中耕培土、除草、防治病虫害等工作。

二、适时提早红薯栽插期,延长红薯结薯时间,促使早结薯,出现二次块根膨大高峰期,多结薯,增加红薯产量

邵阳县热量丰富,≥10℃以上积温5363.4℃,日平均气温稳定通过10℃初日为3月27日,日平均气温稳定通过15℃平均初日为4月23日,最早为4月4日,最迟为5月21日,终日平均为10月25日,最早为9月30日,最迟为11月10日。

根据红薯的生物学特性,日平均气温15℃以上,茎叶开始生长,从气象角度考虑,谷雨至立夏(4月21日—5月5日)是红薯最适宜的移栽期。根据多年试验研究,4月15日插的红薯亩产2767千克,比6月5日栽插的亩产1807.5千克,高959.5千克。从4月15日插薯至6月底,降水量较多,4—6月降水量561.2毫米,占全年总降水量为44.0%,温度较高。4月至6月平均气温16.5～25.0℃,养分集中在地上部分,薯藤生长青绿。7月上、中旬极峰雨带北移,雨季结束,受西太平洋副热带高压控制,天气晴热,极端最高温度达39.0℃左右,旬平均气温日较差达9.3℃,地面平均气温达35.0℃左右,地面极端最高温度达63.6℃,养分往地下块根输送,薯藤由青变黄,出现第一次块根膨大壮薯高峰期。7月底至9月中旬,气温高于地温,养分又向上输送,薯藤由黄转青。9月中旬以后,气温日较差增大,地温高于气温,薯藤又逐渐转黄,养分向下输送,出现第二次块根膨大壮薯高峰期。据研究4月15日栽插的红薯,栽插后70～90天(7月中旬前),出现第一次块根膨大高峰期,每日每蔸红薯平均增长10.3克,薯块达到全生育期总重量的36%～48%,在栽插后150～170天(9月20日—10月10日)出现第二次块根膨大壮薯高峰期,每日每蔸红薯平均增长11.61克。因而4月中旬栽插期早的红薯比6月栽插期迟的产量要高,即在日平均气温稳定通过15℃初日后,插薯期迟早与产量成正比,见表8.6。

表 8.6　红薯不同移栽期发育期与产量

期次	移栽期 （日/月）	还苗期 （日/月）	结薯期 （日/月）	封垄期 （日/月）	收获期 （日/月）	移栽—收获期 （天）	产量 （千克/亩）
1	15/4	25/4	30/5	14/6	1/11	140	2767.0
2	25/4	2/5	5/6	25/6	1/11	129	2533.5
3	5/5	11/5	10/6	1/7	1/11	123	2200.0
4	15/5	20/5	18/6	6/7	1/11	118	2066.5
5	25/5	30/5	23/6	11/7	1/11	113	1933.0
6	5/6	9/6	3/7	18/7	1/11	106	1807.5

1. 红薯不同移栽期与产量的关系

从红薯不同移栽期试验资料中可看出：红薯移栽期在一定范围内与红薯产量成正比。即在红薯适宜移栽期开始，移栽期早、红薯产量高，如 4 月 15 日移栽的亩产 2767 千克，6 月 5 日移栽的亩产 1807.5 千克，移栽期推后 1 天，红薯产量减低 18.8 千克。

2. 不同生育期与气象条件关系

（1）还苗期

红薯苗发根的最低温度为 15℃，发根缓慢，日平均气温 17～18℃时，正常发根，当温度在 18℃以上时发根加快。红薯茎叶生长的适宜温度为 18～35℃，在此范围内温度愈高，茎叶生长越快，温度低于 15℃茎叶停止生长。从不同分期移栽期试验资料（表 8.7）可看出：自 4 月 15 日—6 月 5 日移栽的红薯，平均气温在 17.8～24.6℃，均适宜于红薯的移栽至还苗期的需要，经历日数在 4～10 天，温度越高，移栽至还苗期的经历时间愈短。

表 8.7　移栽至还苗期气象资料统计

期次	移栽期	还苗期	经历日数	气温 ≥10℃积温（℃·天）	气温 平均（℃）	气温 最高（℃）	气温 最低（℃）	相对湿度（%）	蒸发量（毫米）	降水量（毫米）	雨日（日）	日照时数（小时）
1	15/4	25/4	10	177.5	17.8	30.5	8.1	80	34.7	8.0	5	36.0
2	25/4	2/5	7	139.1	19.9	28.1	13.5	85	24.6	107.4	4	26.7
3	5/5	11/5	6	120.0	20.0	27.2	12.6	76	24.2	3.6	2	27.4
4	15/5	21/5	5	115.6	23.1	31.0	17.4	83	21.1	9.7	3	18.1
5	25/5	30/5	5	116.9	23.4	32.7	17.3	79	24.4	14.8	2	36.1
6	5/6	9/6	4	98.5	24.6	29.0	21.4	84	15.1	19.4	3	4.2

（2）结薯期

红薯块根形成的温度为 20～30℃，在地温 22～24℃的条件下，初生形成层活动较强，中柱细胞木质化程度较小，适宜于红薯块根形成。红薯块根膨大的适宜温度为 20～25℃，在块根膨大的适宜温度范围内，昼夜温差大，有利于红薯块根积累养分和膨大。从红薯不同移栽期试验资料中（表 8.8）可看出，不同移栽期至结薯期平均温度在 21.4～24.4℃，均适宜于红薯结薯和块根膨大。移栽期至结薯期的经历日数在 35～24 天，移栽期早的结薯早，结薯时间长一些，结薯多一些，产量就要高一些。

表 8.8　还苗至结薯期气象资料统计

期次	结薯期	经历日数	气温				相对湿度（%）	蒸发量（毫米）	降水量（毫米）	雨日（日）	日照时数（小时）
			≥10℃积温（℃·天）	平均（℃）	最高（℃）	最低（℃）					
1	30/5	35	749.7	21.4	32.7	12.6	81	141.9	158.2	18	166.8
2	5/6	24	749.0	22.0	34.6	12.6	79	148.8	141.4	16	172.0
3	10/6	30	701.3	23.4	34.6	15.8	80	136.0	99.9	14	147.3
4	18/6	29	685.2	23.6	34.6	17.2	81	128.9	193.6	14	133.7
5	23/6	24	583.5	24.3	34.6	17.7	83	106.2	187.0	13	98.9
6	3/7	24	584.7	24.4	33.7	18.2	85	103.7	131.8	14	91.8

（3）封垄期

红薯从分枝结薯到封垄始期，一般春薯栽插后 25～50 天，植株生长中心由根系逐渐转向茎叶生长和块根形成。地上部腋芽伸长，叶片展开，分枝陆续长出，立蔓突出增长，称为拖秧。至此期末茎叶开始封垄。地下部形成庞大的根系，从封垄始期到茎叶生长高峰，春薯在移栽后 50～90 天，薯藤与薯块同长期，茎叶生长是块根膨大的物质基础，茎叶生长量不足或生长过旺（徒长）新老叶交替频繁或茎叶早衰，均会影响同化物质的积累和正常分配，对红薯块根膨大不利。从不同移栽期试验资料（表 8.9）看出，平均气温在 16.7～25.0℃，除一期受 5 月低温有些影响外，其他各期的温度对红薯封垄均有利。

表 8.9　红薯至封垄期气象资料统计

期次	移栽期	封垄期	经历日数	气温				相对湿度（%）	蒸发量（毫米）	降水量（毫米）	雨日（日）	日照时数（小时）
				≥10℃积温（℃·天）	平均（℃）	最高（℃）	最低（℃）					
1	15/4	14/6	15	350.6	16.7	34.6	17.7	81	59.9	85.5	8	47.0
2	25/4	25/6	20	495.6	24.8	33.7	18.8	85	83.1	147.9	13	71.1
3	5/5	1/7	21	514.4	24.5	33.7	18.8	86	86.1	131.8	14	72.4
4	15/5	6/7	18	440.2	24.5	33.7	18.2	85	80.3	53.3	10	69.9
5	25/5	11/7	18	419.7	23.3	31.6	18.2	88	59.2	96.8	13	34.9
6	5/6	18/7	15	375.1	25.0	33.8	20.2	87	60.7	83.5	8	73.5

（4）成熟收获期

红薯块根膨大的适宜温度为 20～25℃，9 月中旬平均气温下降到 23.4℃，下旬 22.1℃，10 月上旬平均气温 20.0℃，日平均气温稳定通过 20℃终日在 9 月 29 日。红薯地上部生长缓慢，地下部还在旺盛生长，农谚"七壮芋头、八壮薯"是指 7、8 月白天温度高，夜间温度低，昼夜温差大，邵阳县历年平均日较差 7、8 月为 9.3℃，9 月为 9.0℃，10 月为 8.5℃，为一年中昼夜温差最大值的时期。白天温度高，光合作用制造的碳水化合物多，夜晚温度低，呼吸作用弱，呼吸作用消耗的物质少，因而光合作用积累的物质多，有利于红薯块根膨大，故农历 8—9 月（公历 9、10 月）是红薯块根膨大的关键时期。表 8.10 为红薯不同移栽期至成熟收获期气象资料统计。

表 8.10　红薯移栽至成熟收获期气象资料统计

期次	移栽期	成熟收获期	经历日数	气温				相对湿度 (%)	蒸发量 (毫米)	降水量 (毫米)	雨日 (日)	日照时数 (小时)	产量 (千克/亩)
				≥10℃积温 (℃·天)	平均 (℃)	最高 (℃)	最低 (℃)						
1	15/4	1/11	200	4631.0	23.2	36.7	8.1	80	947.6	747.9	85	1150.7	2766.5
2	25/4	1/11	190	4453.5	23.4	36.7	10.2	81	119129.1	739.9	80	1114.7	2533.5
3	5/5	1/11	180	4263.1	23.7	36.7	10.2	80	879.7	615.2	73	1077.8	2200.0
4	15/5	1/11	170	4055.1	23.9	36.7	10.2	80	843.4	602.2	68	1039.9	2066.5
5	25/5	1/11	160	3820.7	23.9	36.7	10.2	80	795.4	596.5	65	984.0	1908.0
6	5/6	1/11	149	3565.4	23.9	36.7	10.2	80	739.5	531.1	60	916.0	1807.5

三、推广墩作栽培，抗旱保墒，改善田间小气候

红薯茎叶生长，块根的形成和膨大，都需要较多的水分，水肥条件好和较高的地温，较大的昼夜温差，以及充足的土壤含氧量。即要求水、热、气、肥四体共存的土壤生态环境条件，而四者之间又常存在着矛盾，如 4—6 月邵阳县处于冷暖气团交替的过渡节季，降水较多，多阴雨低温寡照天气，地温较低，而 7—9 月受西太平洋副热带高压控制，太阳辐射强烈，温度高，降水量少，蒸发量大，常出现规律性的夏秋干旱。有些年份秋旱之后又出现阴雨连绵天气，对红薯茎叶的生长发育及块根膨大极为不利。虽红薯原产热带，喜欢温暖湿润的气候条件，但光合作用又需要充足的太阳辐射。红薯幼苗生长前期常出现阴雨天气过多，土壤湿度过大，通气不良，地温回升慢，而中期和后期在二次薯块膨大高峰期需要日夜温差较大的凉爽天气。但又常遇夏秋干旱、土壤龟裂，肥水供不应求，不利于红薯块根膨大生长。在晚秋红薯成熟收获之前，常碰上连绵阴雨天气，土壤含水量过多，块根品质差，不好贮藏，对红薯的产量影响极大。

推广红薯墩作，土墩使地面呈半球形加厚了松土层，增加了土壤空隙度，具备了红薯生育期中水、气、肥、热四体共存的生态环境条件，有利于薯块的形成和壮大，同时墩作还扩大了土壤曝晒面积，有利于太阳辐射热的吸收与散发，增大了土壤日夜温差。据观测第一次块根膨大期，5 厘米深土壤的日夜地温差，墩作为 11.6℃，平作为 7.5℃，墩作比平作的地温日夜差高 4.1℃，10 厘米深昼夜温差墩作土壤比平作高 2.5℃，第二次薯块膨大期，5 厘米深的日夜地温差，墩作为 8.0℃，平作为 6.8℃，墩作比平作的日夜地温差高 1.2℃，10 厘米深土壤日夜差墩作比平作高 1.5℃。说明墩作的在晴天白天四面受太阳光照射，吸热块，土壤地表升温快，光合作用强，制造的碳水化合物多，夜晚散热快、温度低、呼吸作用弱、消耗的养分少，积累的物质多，有利于薯块形成和膨大。据研究试验，墩作的亩产 3908 千克，比垅作的（亩产 2978 千克）增产 17.8%，比平作的（亩产 2821 千克）增产 20.8%，由此可见红薯墩作产量高，是红薯高产的重要技术措施之一。

四、合理密植，提高光能利用率

红薯的产量是由每亩株数与块根数及每个块根重量组成的。个体与群体的关系协调处理得好，就能充分利用地力和光能，提高单位面积的产量。一般是肥土、平土可插稀一点，瘦土、坡土插密一点，据试验，一般直立型、半直立型的短中蔓品种，土质瘠薄、保水抗旱能力差的坡

土,每亩插 5000～6000 株为宜,葡伏型的长蔓品种,土壤肥沃的平土,每亩插 3000～4000 株为宜。

五、趋利避害建立灾害性天气防御体系,做好气象为红薯高产稳产的气象服务工作

红薯高产稳产与气候关系密切,要加强对红薯防灾减灾的研究工作。邵阳县红薯高产稳产的主要农业气象灾害是,春季低温与夏秋干旱。

建立气象防灾减灾信息网络与服务体系,尽量减少气象灾害对红薯高产的威胁。乡镇要建立气象信息站,村组要有气象信息员,经常观测掌握气象灾情和红薯苗情,及时采取防御措施,确保红薯健壮生长,高产丰收。

要做好早春寒潮低温的防御工作,适时提早红薯育苗期。据研究,温床育苗可提高土温 5.0℃以上。因而可提早红薯育苗期,邵阳县日平均气温稳定通过 5.0℃时苗床土温可达 10℃,可在日平均气温稳定通过 5.0℃时,进行温床育苗,以延长红薯生育期提早红薯的栽插期,促进早结薯。据研究在温度 15℃时,红薯可生根,温度在 15～18℃时红薯可正常发根,温度在 18℃以上红薯发根加快,邵阳县历年日平均气温稳定经过 15℃初日为 4 月 23 日,因此红薯温床育苗时间可提早在 2 月底。红薯适宜栽插期为 4 月 23 日至 5 月初。提早红薯栽插期,可争取二次结薯块根膨大高峰期,延长结薯时间,提高红薯产量。

据研究红薯结薯的温度为 20～30℃,块根膨大的适宜温度在 20～25℃,邵阳县日平均气温稳定通过 20℃的初日为 5 月 19 日,因而 5 月 20 日左右的温度就适宜于红薯结薯的需要了,5 月中旬气温 20.9℃,6 月平均气温 25.0℃,7 月上旬平均气温 27.8℃,这一时期的气温有利于红薯结薯与块根膨大,可出现第一次红薯块根膨大高峰期。7 月中旬至 8 月上旬,平均气温在 28.0℃以上,极端最高气温 35℃以上,太阳辐射强烈,高温干旱,不利于红薯结薯。9 月上旬至 10 月上旬平均气温降低到 25.0～20.0℃范围,适宜红薯块根膨大,可出现第二次红薯块根膨大高峰期,有利于红薯高产。

防御高温、夏秋干旱,确保红薯高产,具体方法如下:

(1)兴修水利设施,进行人工灌溉,满足红薯生育需要,减轻干旱危害;

(2)利用空中云水资源,开展人工增雨作业,缓解旱象有显著作用;

(3)施足底肥,施有机肥,可保持土壤水分,提高抗旱能力。

第九章　烤烟与气象

　　烟草原产于美洲中南部,16世纪中叶传入我国。2015年邵阳县烤烟种植面积1670千公顷,单产160千克,总产量4008吨,县委、县政府已将烤烟列为邵阳县四大农业支柱产业之一。

　　烤烟生长在露天环境中,受天气气候条件影响很大,在目前的科学技术水平下,烤烟仍是雨养型产业。因而研究烤烟与气象条件的关系,充分利用邵阳县的气候资源,提高光能利用率、扬长避短、趋利避害,对于提高烤烟产量和质量,提高烤烟种植的经济效益,对于农业增效,农民增收,农业可持续发展都具有极为重要的意义。

第一节　烟草的生物学特性

一、烟草的植物学特征

1.根

　　烟草的根有主根、侧根和不定根,它们都能不断地发生细根,形成发达的根系。烟草的发根能力很强,不仅土下的基部可以生长不定根,若湿度大,光照弱,温度合适,茎的地上部也能产生不定根。根系分布的宽度和密度随入土深度逐渐减小,形成圆锥形。根在氮素同化中起着主要作用,氨基酸、烟碱主要在根部合成。正烟碱在根部合成较多,合成后通过木质部运到烟叶中去,木烟碱合成也可以,他们根部为主,烟碱的合成是以根尖的伸长生长为必要条件,烟碱主要由根的初生组织合成。土壤通气良好,根尖细胞分裂频度高,伸长生长量旺盛,烟碱含量就高。运用农业技术措施,如施肥、中耕、培土、打顶等都能促进根系的生长和发展,提高烟根的生理机能。

2.茎

　　烟草具有强大的圆形直立的茎,由顶芽不断生长和分化而成。同种烟株上节间长度不一,一般是下部较密,上部较稀,茎高,节间长度和茎粗均随类型、品种及栽培条件而异。茎的生长包括伸长和加粗两个方面。伸长生长是由于茎先端生长点细胞的不断分裂和伸长的结果。加粗生长则主要是茎内形成层细胞活动的结果,烟茎生长大体上是初期慢,中期快,后期又慢,直茎停止。一般在肥水较多、光照较弱条件下,茎生长速度较快,但细长不粗状,木质部也欠发达。在水分适中、磷钾肥较多,光照充足,则茎秆健壮。茎的主要功能是通过输导组织输送水分和养料。烟叶上部的叶和芽生长势较强,呼吸较旺盛,含亲水胶体较多,代谢作用旺盛,水分、矿质营养和有机养料总是优先输送到顶部,形成顶端优势。烟草每个叶腋都有腋芽,所有腋芽都能萌发成为分枝,在栽培上必须抹芽或整枝,以免徒耗养分。

3.叶

　　烟草子叶附生,表面无腺毛与保护毛,叶面平滑无脉。真叶是由顶芽或腋芽的生长点细胞分化而成。从生长点出现叶突起开始,经历14~16天,出现幼叶,以后旺盛生长,在20~30天至 40～50 天内基本长成,其生长过程可分为 3 个时期,即细胞分裂生长期,交错生长期和细胞伸长期。叶的生长速度是初期快于后期,长度的增长快于宽度,夜间的生长快于白天,中部、基部的生长快于尖部。叶片在茎上互生,叶序为 1/3、2/5、3/5、5/10 四等。出叶速度苗期较慢,移栽还苗后较快,在适宜条件下,每隔 2～3 天出一片叶子,到现蕾前 5～10 天,能同时出现 3～5 叶并聚集在一起,形成叶簇,顶部出现花蕾后,叶数就不再增加,叶片的结构包括表皮,叶肉和维管束三部分,表皮有气孔及表皮毛(保护毛及腺毛),腺毛是分泌器官,能分泌香精油,树脂和蜡质;叶内由栅栏组织与海绵组织构成,由含叶绿体,是烟草进行光合作用的主要场所,维管本又称叶脉,是水分、矿质元素及同化产物的主要通道。

叶片在植株上着生的部位不同,品质有差异,一般下部叶片是在土壤和空气湿度较高,温度较低和光照不足条件下形成的叶片,组织疏松,重量轻,品质较差;中部叶片是在有利条件下形成,叶片宽大,组织致密,重量大,品质好;上部叶片是在高温、低湿、日照充足条件下形成,但生长时期短、叶小而厚,组织紧密,重量较大,品质也较好。

由于烟株各部位叶片的大小不同,构成 3 种不同的株形,即筒形(上下部叶片大小均匀)、塔形(下部叶大于上部叶)和橄榄(中部叶大于上、下部)。

烟叶重要的生理机能是进行光合作用,叶片占全株总光合面积的 92% 左右,光合强度高,同化 CO_2 占全株的 98%。同一烟株中部光合强度最高,上部次之,下部较低。而光的饱和点和补偿点是上部叶最高,中部叶次之,下部叶最低,烟叶也是重要的蒸发器官,叶片大,蒸腾作用强。一般上部叶片的细胞较小,单位面积上的气孔较多,叶脉密,蒸腾强度比下部叶片大。烟叶的角质层很薄,气孔较多,有利于吸收,有一定的吸收能力。所以在适当时期进行根外追肥,也有较好效果。

二、烟草的生长发育过程

烟草的一生,包括发根、长茎叶的营养生长和形成花芽,开花结实的生殖生长两大阶段。从栽培的角度出发,烟草以采叶为目的,要求控制生殖生长,促进营养生长。烟草种子极小喜温,需要育苗移栽。育苗需要较高的技术,叶片采收后,必须调制才能利用,不同生育时期,烟草对外界自然气象环境条件有不同的要求。这些特点与烟草的生长发育、品质、产量都有密切的关系,必须了解烟草生育过程中不同时期的特点,运用适当措施加以调节控制,才能提高烟草的品质和产量。

1. 苗床期

从播种到移栽这一时期称苗床期,一般为 60～100 天,根据幼苗的形成特征,地上、地下部的动态变化,可分为 4 个时期。

(1)出苗期

包括种子萌发和出苗,从播种到子叶开展称为出苗期。

播种后,种子首先吸水膨胀,呼吸作用逐渐增强,当种子含水量达到 31%～32% 时,膨胀过程结束,暂停吸水,呼吸作用旺盛,酶的活性加强,贮藏的复杂的营养物质水解成简单的、易于吸收的可溶性养分,供给幼胚萌发需要,当这些简单的营养物质积累到一定数量,幼胚开始萌幼,又再度吸水,当种子含水量达到 70%～80% 时,胚根首先由珠孔突破种皮露出,称为"露嘴"。然后胚根不断伸长,长出白色根毛。此时下胚轴开始伸长,子叶也开始扩大,由于下胚轴各部生长速度不一致,便形成钩状,顶破土面,带出子叶,称为"拱背"。随着胚轴的伸直,子叶的扩展,种皮被顶向子叶尖部,最后脱落,子叶在胚轴顶部向上斜立接着平展,称为"出苗"。

种子萌发必须有水分不断进入种子,才能进行一系列生理、生化变化。在胚根长出以后,若种子干燥就会造成幼芽的死亡。种子萌发的最低温度为7.5～10℃,最适温度为25～28℃,温度高于28～30℃,萌发和幼芽生长慢;温度高于35℃萌芽种子容易失去生活能力。种子膨胀在相当宽的温度范围内都能进行,而萌发则在最适宜温度条件下进行最快。故从膨胀结束到"露嘴"保持最适温度很重要。种子胚乳中含有多种营养物质(脂肪35%～39%,蛋白质24%～26%,糖类3%～4%),由于呼吸作用和新陈代谢旺盛,营养物质分解、转化很快。故萌发时要求良好的通气条件。影响出苗的环境条件主要是温度、水分及覆土深度。一般在10～30℃温度范围内,水分充足的条件下,温度愈高,出苗愈快。

幼苗胚轴好光性强,光照不足会引起胚轴的延伸,形成高脚苗。因此,出苗前后要加强覆盖物的管理,供给适宜的光照条件。

从子叶展开到子叶出现,根系发育很弱,侧根尚未发生,土壤表层短期干旱也会使幼苗死亡。因此,必须经常保持土层湿润,确保充分通气和适当的温度条件,当子叶进行光合作用,积累到一定数量的有机质后,第一真叶开始出生,便进入下一个时期。

(2)十字期

第一、二真叶生出并与子叶交叉成十字状,称为十字期。第一真叶出现后,第二真叶随即出现。十字期烟苗主要靠胚根吸收的水分、养料和子叶合成的有机物供应幼苗生长需要。十字期幼苗对外界环境比较敏感,若短期干旱或烈日照射,会使幼苗生长受抑制,甚至死苗。土壤湿度过大容易发生病害,35℃以上高温或0℃以下低温,能产生灼伤或冻害,造成幼苗死亡。因此,必须加强管理。当出现第三真叶时便进入生根期。

(3)生根期

从第三真叶生出到第七真叶生出为生根期。前期(第三真叶到第五真叶生出)又称鼠耳期或十字期(第五真叶出现时,第三真叶斜立如鼠状);后期(第五真叶到第七真叶生出)又称貓耳期或竖叶(第七真叶生出时,第三或第四真叶斜立如貓耳状)。生根期幼苗合成能力已有相当提高,但同化面积不大,主要功能叶,前期为初生叶,后期为第三至第五叶,其叶脉网已形成输导组织完善。根系发育最快,主根明显加粗,一次侧根大量发生,二次三次侧根也陆续出现。生长中心在地下部,而地上部生长较为缓慢,5～6天才出生一片叶子,茎叶生长量更小。后期地上部生长虽然逐渐活跃,但地下部生长仍显著快于地上部。生根期的栽培措施是以促进根系的发展为主。水分供应适当控制,以保持土壤最大持水量的60%左右为宜。生根期幼苗需要较强的光照,若光照不足,幼苗地上部生长加快,但根的生长受阻。要增施肥料,尤其是施磷肥以促进根系发育,施钾肥以提高幼苗抗病力,但氮肥要适量,过多的氮肥会使根系生育受到影响。

(4)成苗期

从第七真叶生出到适时移栽为成苗期。此时幼苗已有完整的根系,输导组织基本健全,吸收、合成能力已强大,生长中心逐渐移至地上部,幼苗生长很快,叶片的出生,叶面积的扩大,茎的伸长极为迅速。到具有8～10片真叶时就可移栽。成苗期一切栽培措施都要从抑制茎叶徒长着想,促使幼苗壮健,适当控制水分供应,促使幼苗粗壮,提高移栽成活率,成苗期有机物质的形成加强,幼苗需要较强的光照,相应地加强氮素营养,促进烟苗生长。

2. 大田期

从烤烟移栽到收获完毕,称为大田期,大田期一般为100～120天,可分为四个时期。

（1）还苗期

从移栽到成活称为还苗期。

烤烟移栽后根系受伤，但地上部蒸腾作用照样进行，因而易引起烟株体内水分亏缺，发生姜蔫现象，使生长暂时停滞，甚至植株下部叶片枯黄，必须待根系恢复并发展到一定程度，才能恢复生长。待移栽苗叶色开始变绿心叶开始生长，日晒不萎蔫，表示已经成活。还苗期长短一般 5～10 天，苗壮，土壤水分适宜时 3～4 天可发生新根。还苗期是决定株数及烟株整齐度的关键时期，所以烤烟苗移栽后必须供应充足的水分，促使迅速生根，提早成活。

（2）伸根期

从还苗到团棵称为伸根期。

烟苗成活后，即恢复正常的生理机能，茎开始伸长，新叶不断出现，随后叶片出现速度加快，茎部伸长加粗，到株高 33 厘米左右，展开叶片达 13～16 片，株形近似圆珠形，称为"团棵"。自还苗至团棵，一般需 25～30 天，伸长期，茎叶生长逐渐加速，平均每 3 天左右出现一片新叶，但生长中心在地下部，是根系伸展发达的关键时期。根系生长最快，根干重及体积比前期增加10 倍以上。本期是营养生长的一个转变时期，是旺盛生长的准备阶段，要使下一阶段茎叶旺盛生长，必须要有一个发达的根系。要使根系发达，也要有适当的叶面积来合成有机养料，供应根系生长需要。因此，这个时期栽培管理的基本原则是上下兼顾，做到伸根又早发。伸根期是管理上的重要时期，必须加强田间管理，大田除草、追肥、培土等在此期进行，并基本结束。注意调节，控制水分的供应，不旱不灌溉，土壤水分过多要及时排除。

（3）旺长期

从团棵到现蕾称旺长期。团棵后烟株转入旺盛生长阶段。尤其是茎叶直线上升，花序原始体开始分化。主茎顶端花芽发育成花蕾，称为"现蕾"。到现蕾时已形成完整烟株。从团棵到现蕾一般需 25～30 天。在植株形成期，茎基部发生许多不定根，茎秆迅速伸长，茎高增长，每天平均可达 3～4 厘米以上，新叶不断出现，平均不到两天可生长一片叶，叶面积迅速扩展，团棵前三个月仅长 33 厘米，而团棵后一个月就长 99 厘米，茎直后，最大叶层在距地面 33～66 厘米高处，顶上叶片大而嫩，散开喇叭状，形成喇叭口并停留较长时间，延迟现蕾开花，是优质高产的长相。

当花芽开始分化时，叶片数即已固定。烟株由营养生长进入营养生长与生殖生长并进的时期，上部新叶伸展扩大和下部叶片干物质充实、积累重叠进行，是群体与个体矛盾突出的时期。对光、热、水、肥等外界环境条件非常敏感。旺长期光合面积扩大，光合产物增多，烟叶的数量和大小，主要决定于这个时期，所以是决定产量、品质的关键时期。栽培管理的原则是既要保证茎叶的旺盛生长，使其有足够的光合面积，又要充足光照，提高光合能力，特别要创造良好条件，延长旺长期，做到旺长不徒长。具体措施除合理密植与施足肥料外，必须调节水分供应。旺长期耗水量大，必须充分供应水分维持烟株体内水分平衡，充分发挥肥料的效果。若水分供应不足，将导致产量、品质的下降。但在雨季、暴雨洪涝造成渍水，也应注意排水，避免烟田积水，做到雨停烟田水排干。

（4）成熟期

从现蕾到收获称为成熟期。一般指叶片的成熟。烟株在成熟期根系仍有较大增长，茎的生长在开花后停止。现蕾前后，叶片自下而上开始成熟。一片叶的成熟过程，从生理角度分析，可分为三个阶段如下。

第一阶段:叶片旺盛生长,进行强烈的光合作用,合成的有机物大部分用于生长,仅有一小部分在叶中积累,此时叶片组织疏松,含水量高,贮存物质少。

第二阶段:光合作用形成的有机物逐渐在叶中贮存起来,贮存的速度超过呼吸消耗的速度。当叶中的干物质积累量达到最高值时,叶的组织由疏松变紧密,含水量下降,有利于品质的化学成分不断增加,叶内蛋白质含量开始下降,糖分含量最高,叶片已进入工艺成熟期,出现成熟的特征,应及时采收。

第三阶段:叶内贮藏物质逐渐分解部分可溶性物质被上部正在生长的嫩叶或花蕾夺取,叶片变黄、变薄,进入生理成熟期。采叶要在工艺成熟期采收,才能保证最好质量。若到生理成熟期后采收就是过熟,质量低劣,不能利用。

烟叶现蕾以后,转入生殖生长为主的阶段。代谢特征发生变化,叶子分解加强,可塑性物质加强流向花序,营养生长与生殖生长矛盾突出。以采叶为目的时,栽培管理上要控制生殖器官的生长和腋芽的生长。主要的农业措施是打顶,抹杈和改善光照条件,促进叶片及时成熟,适时采收,提高品质和产量。现蕾后7~10天开花,开花期要求强的光照,适当的温度(22~25℃)和水分,种子形成要求一定的营养物质。

第二节 烤烟生育与气象条件的关系

烤烟生长发育与气象环境条件的关系极为密切。

一、温度

烟草是一种喜温作物,在整个生长发育过程中都要求比较高的温度,地上部在温度8~38℃均可生长,最适宜温度为25~28℃,根生长的温度为7~43℃,最适宜温度为31℃左右,烟叶成熟的日平均温度在20℃以上,而在24~25℃的温度条件下,烟叶品质优良。若在16~17℃的温度条件下,烟叶不能成熟,且品质低劣,不合工艺要求。夏季平均温度在20℃以上,有利于提高烟叶的产量和品质。不同生育期的烟苗对温度条件要求有差异。

1. 苗期

种子发芽的适宜温度为20~28℃,低于10℃,种子不能萌发,高于32℃,幼芽容易死亡。

幼苗生长的适宜温度为18~29℃,温度在20~26℃条件下幼苗发根能力强,气温降低至10℃以下,幼苗停止生长。

2. 大田期

烟叶适宜温度为20~35℃,最适宜温度为25~27℃,温度低于20℃,烟株生长缓慢,高于35℃生长发育受到抑制,成熟期适宜温度为20~30℃,最适宜温度为22~25℃,温度过高,易造成假熟,温度过低,延迟并影响烟叶成熟,温度过高或过低均会降低烟叶品质。

二、水分

烟草叶片大,一生中需水较多,一般每生产1千克干烟需水约800千克,未成熟叶片含水量90%以上,成熟叶片含水量80%左右。在生长期中,烟叶片含水量减少6%~8%,即呈现萎蔫现象。

水分与烟草生长发育关系密切,生长期间水分不足或过多,对烟叶产量和品质都有不利影响。在干旱情况下,根系生长缓慢,甚至停滞,株小叶少,叶形徒长。组织较粗,叶片不柔软,成熟不一致,蛋白质与烟碱含量相对增加,碳水化合物减少,并提早现蕾开花,品质、产量下降。严重缺水时,叶片凋萎,出现"旱烘",甚至干枯死亡。

但是,水分过多,土壤湿度过大,则土壤通气性差,土温降低土壤通气性差影响根系发育及吸收能力,生长受到抑制。在过湿条件下生长的烟叶,组织疏松、叶片差、油分少、弹性差、成熟期降水过多、叶片表面因雨水冲刷过度,引起叶面腺毛大量损失和分泌的树脂,香物质流失,造成烟叶香气不足。水分含量过高,干物质积累少,产量降低,烤后颜色暗浅,吸味淡薄,缺少香气,品质低劣。

在烟草生育过程中,降水的数量、分布与烤烟的品质、产量关系密切。据研究,烟草大田生育期间月降水量 100～130 毫米比较适宜。但雨季的洪涝与夏季干旱对烟叶的产量与品质都有不利影响。

三、光照

烟草是一种喜光作物,太阳光可影响烟草的生长、发育和组织结构等方面。在不同的光照条件下,叶片组织有不同的变化。

若光照不足,组织内部的细胞分裂慢,纵向伸长,细胞间隙所占比重大,机械组织发育差,叶片组织疏松,细胞柔软,单位面积上的气孔数减少,但气孔大,叶片上下表皮细胞的大小与厚度降低,叶肉系数(栅栏组织/海绵组织)较大,叶大而差,干物质积累少,香气差,油分少,品质下降。

若光照过强,则叶片的栅栏组织与海绵组织加厚,叶肉变厚,组织粗糙,主脉突出,形成"粗筋暴叶"甚至会引起日灼等症状。使叶尖、叶缘和叶脉产生褐色的枯死斑。从栽培要求看,充足而不过分强烈的光照,对于形成优质烟叶较为有利,尤其是在成熟期,充足的光照是形成优质烟叶的必要条件。

烟叶的需光量因烟叶着生部位而不同,光饱和点由下部叶片向上部叶片逐渐增加。同时,需求量随生育期而变化。苗期的光饱和点较低,大田期升高,为 4 万～5 万勒克斯。成熟期在 10 万勒克斯左右,群体的同化物质总量随光强度的增加而增加。

第三节　邵阳县气候资源有利于烤烟优质高产

一、邵阳县烟草生育期间气候状况

邵阳县烟草生产包括烤烟、晒黄烟两类,其栽培制度为烟—稻轮作制(春烟—晚稻—休闲),栽培方式为集中漂浮式温床育苗,地膜覆盖移栽,烤烟品种基本为 K326、G80、云烟 87,晒黄烟为寸三皮。烤烟一般年前 12 月下旬,晒黄烟 1 月初左右播种;移栽期烤烟在 3 月 20 日左右,晒黄烟 3 月底;蹲苗、伸根期烤烟在 3 月下旬至 4 月中旬中,晒黄烟 4 月上旬至 4 月下旬中;旺长期烤烟在 4 月中旬中至 5 月下旬,晒黄烟 4 月底至 6 月上旬;成熟采收期烤烟 6 月初至 7 月中旬,晒黄烟 6 月上旬至 7 月中下旬(较烤烟生育期迟 15 天左右);全生育期 190～210 天。苗期要求大于 8℃的活动积温 900℃·天左右(大棚内温床温度),光照充足。大田期需 10℃以上活动积温 3200℃·天,日照时数 600～680 小时,降雨量 650～750 毫米(表 9.1)。

表 9.1 烤烟发育期气象要素统计表

发育期		始期—止期（月、日）	经历日数（天）	气温				相对湿度（%）	降水量（毫米）	雨日（日）	日照时数（小时）
				平均（℃）	≥10℃积温（℃·天）	最高（℃）	最低（℃）				
播种		2015.12.26									
出苗		2016.1.10	16	8.2	130.8	18.4	−0.5	89	49.6	6	28.4
移栽		3.26	76	8.2	624.2	27.8	−5.6	83	176.7	39	215.9
还苗		4.3	8	16.2	129.8	29.9	5.0	84	14.7	4	30.2
团棵		4.23	20	12.9	258.4	29.1	91	95	162.8	17	35.2
现蕾		5.17	24	20.4	489.6	31.7	12.3	88	122.5	10	92.3
成熟	脚叶	6.10	24	22.4	537.3	35.0	12.3	83	172.4	13	69.8
	腰叶	7.6	26	26.9	699.2	35.3	17.2	87	149.7	11	122.1
	顶叶	7.21	15	28.6	429.4	36.2	24.2	87	23.2	3	90.0
成熟期		7.21	65	25.6	1665.8	36.2	12.3	89	345.3	27	281.9
播种—成熟	合计		209		3298.6			18785	871.6	103	683.9
	平均			15.8		36.2	−5.6				

表 9.2 烟草生育期及气候状况

生育日期	播种	出苗	移栽	伸根期	旺长期	成熟期
				还苗—团棵	团棵—现蕾	现蕾—成熟
平均日期	12月26日	1月10日	3月26日	4月3—23日	5月17日	7月21日
播至本期时间（天）	——	16	92	28	23	65
积温（℃·天）	——	130.8	755.0	1143.2	1632.8	3298.6
前至本期时间（天）	——	16	76	28	24	65
积温（℃·天）	——	130.8	624.2	388.2	748.0	1655.8
降水量（毫米）	——	49.6	176.7	177.5	122.5	871.6
日照时数（小时）	——	28.4	215.9	65.4	128.4	281.9

备注：表中苗床期积温是大气实际温度值。

二、邵阳县气候资源有利于烤烟优质高产

气候资源与烟草生产的供求关系取决于光、热、水资源的数量、时空分布以及它们之间的配合状况。从气象角度分析,邵阳县气候资源有利于优质烟的形成与高产。

1. **热量资源**

　　一般苗期多用 8～10℃,移栽期用于 12℃来安排烤烟的适宜播栽期。烤烟全生育期要求大于 0℃以上总积温 3500℃·天左右,育苗期(播种—移栽)要求大于 8℃的活动积温 900℃·天左右。大田期要求(移栽—成熟采摘)大于或等于 10℃的活动积温 2700～3000℃·天。针对邵阳县气候分布特点,考虑烤烟播种育苗为工厂化漂浮式温床技术和地膜覆盖栽烟,本县适宜移栽期可划为三个区域:Ⅰ区为资江、夷水、檀江、沿河两岸平原温热区(≥10℃积温 5100～5400℃·天),适宜移栽期在 3 月 21—23 日(稳定通过 10℃初日);Ⅱ区为西部低丘温暖区(≥10℃积温 4800～5100℃·天),适宜移栽期在 3 月 23—25 日;Ⅲ区西部、中部丘陵温和区(≥10℃积温 4500～4900℃·天),适宜移栽期在 3 月 31 日—4 月 5 日。

　　2. 光能资源

　　烤烟是喜光作物,充足而和煦的光照条件是生产优质烟叶的必要条件。育苗至蹲苗伸根期要求天气晴朗,日照充足;成熟、采收期要求天气多云,光照和煦。一般认为烤烟整个生长期日照时数以 1000～1400 小时为宜,日照百分率在 40%以上。苗期要求日照时数 350～500 小时,大田期要求日照时数 500～700 小时,其中移栽到旺长期日照时数为 200～300 小时,成熟期为 280～400 小时,日照百分率大于 30%。

　　3. 水资源

　　移栽后整个大田期对水分的要求,具有中间多、两头少的特点。一般认为较适宜的降雨量及分布是:烤烟移栽期(3 月下旬)要有充足的水分供给,保证成活还苗。蹲苗伸根期(4 月上、中旬)要求雨量偏少,需 80～100 毫米降水;旺长期(4 月下旬至 6 月中旬)需水最多,需 260～300 毫米降水,只有雨量充沛,空气湿度适宜,才能促进烟株旺盛生长,积累更多干物质。烟叶成熟期(6 月中旬至 7 月中下旬),所需降雨量逐渐减少,需 120～160 毫米。

　　4. 优质烟形成的气象条件

　　优质烟苗期要求大于 8℃的活动积温 900℃·天左右,光照充足;大田生长前期要求日平均气温在 20℃以上,大于 10℃以上活动积温 1100℃·天左右,日照时数 200～300 小时,降雨量 350～400 毫米。成熟采烤期要求平均气温在 24℃左右,大于 10℃的活动积温 1600～1900℃·天,日照时数 280～400 小时,日照百分率大于 30%,降雨量 200～300 毫米。

　　从邵阳县烤烟生育期气象条件来看,邵阳县具有较大的优质烟生产潜力。

第四节　邵阳县烟草生育的主要气象灾害及防御措施

一、烤烟的主要气象灾害

　　1. 冬季严寒和冰冻

　　以日平均气温≤0℃,连续 5 天或 5 天以上为严寒期指标,有时还会出现程度不同的冰雪天气;出现日期大都在 12 月中旬,结束日期在 2 月中旬,邵阳县出现概率是 3 年一遇;严寒和冰冻期正值烤烟播种育苗时期,温度越低,冰冻时间越长,对烟苗生长越不利,给烟苗安全生长(出苗延迟、烟苗素质弱、移栽推迟)和苗床管理(冰雪造成育苗大棚损伤)带来很大困难。

　　2. 春季寒潮

　　春季寒潮指 3 月中旬至 4 月中旬出现的某旬平均气温偏低 2℃或以上,且较上一旬平均气温还要低的一种低温冷害(常用"倒春寒"表述,往往为连绵阴雨的低温天气)。按其产生天气恶劣程度和对烟叶生产带来的危害的大小,可分为轻度倒春寒、中等倒春寒、重度倒春寒。邵阳年出现几率为62%,大约是5年三遇;其中轻、中等的又占70%。此时烤烟正值移栽阶段,如遇长期低温阴雨天气,常造成烟苗不能及时移栽,或栽烟后影响烟苗前期营养生长和生殖生长,导致"早花",严重影响烟叶产量和质量。

3. 阴雨寡照

气象指标:任意10天日照时数<30小时(按平均每天不超过3小时合计)且10天内降水量≥40毫米,雨日>7天。将导致整个烟田气候生态恶劣,严重影响其生长发育,特别是根的生长,并导致病害严重发生。邵阳县几乎每年都有发生,其危害时段在3、4、5三个月中,只不过程度不同而已。

4. 暴雨、洪涝与渍害

暴雨以降水强度表示,以24小时内降水量的多少表述。按其降水强度又可分为暴雨(24小时降水量≥50毫米)、大暴雨(24小时降水量≥100毫米)、特大暴雨(24小时降水量≥250毫米)。暴雨又常导致洪涝,其标准是:任意连续10天总降雨量>200毫米;一日降雨量>100毫米的大暴雨;日降雨量>50毫米的暴雨持续2天以上,具备以上条件之一时,均可发生烟田淹涝或山洪暴发,冲毁烟田;也会由于暴雨后往往小雨或连续下暴雨,雨后天晴,气温高,湿度大,引起烟叶病害大量发生。当土壤渍水或水分过多时,根系生长发育不良,既容易造成烟叶病害大量发生,也容易引起烟株早花,邵阳县发生概率为34%。

5. 高温热害与干热风

邵阳县盛夏常出现连晴高温酷热天气,对烟叶生产带来影响。气象部门以极端最高气温≥35℃的天气称为高温天气。而干热风指日平均气温≥30℃持续3天或以上,同时14时出现三级以上偏南风,空气相对湿度在60%以下。其中以干热风危害较大,它对烟叶的早衰有显著影响,当日平均气温达30℃以上,日最高气温在35℃以上时,烟叶逼熟程度随温度的升高呈线性增加,有时甚至烟叶脱水枯萎死亡,严重影响烟叶的产量和质量。干热风多出现在6月下旬至7月上、中旬。

6. 干旱

把作物生长季节内降水量少于农作物需水量称之为干旱。就干旱对烟草生产的危害程度来说,起决定因素的应是烟草生长期受旱时段的降水量的多少。以连续20天内基本无雨(总雨量<1.0毫米);或连续40天内总雨量<30毫米;或连续41~60天总雨量<40毫米;或连续61天以上总雨量<50毫米为旱期,并在以上连续日期内不得有大雨或以上的降水过程出现。同时也可根据土壤湿度划分干旱等级指标:土壤湿度大于60%为无旱;土壤湿度大于50%小于或等于60%为轻度干旱;土壤湿度大于40%小于或等于50%为中度干旱;土壤湿度小于或等于30%为重度干旱。邵阳县出现干旱概率为56%,其中又以夏秋连旱比率较大,部分年份也会出现春旱(2011年就发生春旱)。

一旦发生干旱而引起土壤缺水,烟株水分亏损,正常生长发育受到影响(烟株矮小,叶片窄长),从而造成产量下降,质量降低。无雨或少雨是造成干旱的主要因素,严重的干旱往往与较高的温度和强烈的光照相联系。较高的温度和强烈的光照使土壤蒸发,叶面蒸腾加剧,空气湿度下降速度加快;它造成烟叶生理代谢失调,植株早衰,生育期缩短,形成"高温逼熟"现象,严重时会造成脱水枯萎死亡。

二、烤烟气象灾害的防御措施

1. 择优布局

将优质烟主要布局在气候适宜、土层深厚,土壤为沙壤、壤土,pH 为中性或微酸性,肥力中等,水利条件较好的农田、旱地种植。十分重要的是要考虑轮作和做到连片种植,同时在常年冰雹主要路径地带少种或不种烟。

2. 选种优良品种及适时播种

首先选用适应本地气候环境,具备优良品种特性和抗性的种子;播期以烟草生育期长短与晚稻移栽季节相衔接,以培育 6 叶龄的移栽大田烟苗按历年实际移栽集中期往前推算 70 天左右,一般在先年 12 月 20—25 日为宜。

3. 培育壮苗

针对播种育苗期间温度低、光照不足,时有低温冷冻危害的特点,生产上应采用顺应气候,改变和控制小气候环境,发达根系,培育壮苗,增强抗低温能力的漂浮式育苗。管理重点:一是提前获悉天气预报,及时给大棚扫雪除冰防损坏,严密的保温等措施抵御冰雪危害,二是分阶段进行温湿度管理,播种到出苗采取严格保温措施;出苗到十字期仍以保温为主,但在晴天中午气温高的情况下,要揭膜通风排湿(时间不能过长),防止病害发生;十字期到成苗,以避免极端温度为主(注意通风,棚内温度不超过 30℃),防止烧苗;成苗期加大通风量,使烟苗适应外界的温湿度条件。

4. 适时移栽

漂浮育苗叶龄 70 天左右,叶数 5～7 叶,3 月 20 日左右移栽;膜下移栽,苗龄 60 天左右,叶数 5 叶,3 月 15 日左右移栽。不论何种方式,都应选择阴天或晴天进行,栽后浇压根水。

5. 地膜覆盖

地膜覆盖是降低春季寒潮和阴雨寡照危害的有效措施。地膜覆盖栽培具有增温调湿,抗旱防涝,改善田间小气候,提高肥料利用率,增加光合物质积累,减轻病虫杂草危害,提早烟叶成熟期,避免后期高温影响,提高烟叶品质的功效。

6. 适时培土、揭膜

揭膜前选阴或晴天(有利于田间操作和不伤苗),烟株在 9～11 片叶时进行一次小培土;当烟株平均叶片数达 12～14 片或日平均气温稳定通过 18℃时,选晴暖天气及时揭膜(现蕾期揭膜),揭膜后进行大培土和中耕。

7. 看天气合理施肥

一般亩施纯氮 6～9 千克为宜,氮、磷、钾比例为 1∶1.5∶2.5。施肥量方面,雨水多的年份,气温相对偏低,光照偏少,肥料利用率下降,可适当增加肥料施用量;雨水适中或偏少、气温高,光照足的年份,施肥量可适当少些。

8. 充分利用空中云水资源

开展高炮人工增雨作业,降雨量少,土壤干燥,采取浇水、灌水(使畦沟灌有半沟水即可,让其水分浸透畦面)和喷灌防旱;而关键在搞好烟田水利设施建设,加强蓄水、用水管理,提高人工增雨能力,抵御干旱危害。

9. 开沟排水,搞好田间管理防渍涝

开沟排水(做到雨停沟干)是防御烟田渍涝和降低田间土壤湿度的有效方法,在此基础上搞好田间管理。一是中耕,多雨条件下应深中耕,少雨干旱条件下浅中耕。二是管理上,还苗期查苗补缺,防治地下害虫;伸根期(团棵期)防洪排涝,追肥,防治病虫害;旺长期(现蕾)防洪排涝,中耕、培土,防治病虫害;成熟期封顶打杈,摘除脚叶,防止底烘,抗旱防洪,防治病虫害。

10. 封顶打杈,成熟采收

封顶一般以初花打顶,特别是见蕾打顶为好,应在一天内完成,严禁雨天进行,避免病害发生。合理的田间密度和烟株叶片数可加大田间通风,改善小气候环境,降低高温危害。

烟叶应看天气采收。正常天气应成熟采收;干旱天气,当叶尖变黄,主脉发白时采收;阴雨连绵天气,下部叶易底烘,应及时采收;成熟叶遇雨返青,应待烟叶转黄时采收。

11. 建立健全气象灾害监测、预警预报防御网络体系,不断提高气象灾害的预报水平,尽力减轻灾害威胁,确保烤烟优质高产稳产。

表9.3列出了邵阳县烤烟生育期气象条件。

表 9.3 邵阳县烤烟生育期气象条件一览表

生育期	月、旬	有利气象条件	不利气象条件	烟区气候情况及利弊	顺应措施
育苗期	年前12月下旬—3月下旬	1—2月,日平均气温大于7.0℃,3月稳定大于10℃,最低气温大于4.0℃,光照充足,降雨少	阴雨天多,日照少,温度偏低,或忽冷忽热,寒潮倒春寒,冰雹等	邵阳烟区1—3月平均气温5.0～10.9℃,总降雨量223.9毫米,总日照时数221.5小时。加上烤烟育苗普遍采用漂浮式或温床育苗,气候条件能满足育苗要求	适时播种,漂浮育苗,防治病害
移栽伸根期	3月下旬—4月	4月下旬日平均气温在17.0℃左右,降水适中,雨日少,日照充足,无大到暴雨	雨天栽烟,雨量过多,阴雨寡照,温度偏低,暴雨危害和内渍,病虫害增多,根系发育不良	烟区春温多变,常出现"寒潮"天气。4月平均气温16.5℃,月雨量180.7毫米,月日照106.1小时,主要是温、光不足的影响	适时移栽,地膜覆盖栽培,防水排涝,防治病害
旺长期	5月	温度高,雨量适中,光照充足,日较差大,有利于烟株旺长	洪涝突出,"五月低温"影响,低温阴雨寡照,造成烟株早花,病虫害蔓延,影响烟株旺长	烟区平均气温21.3℃,月雨量209.1毫米,月日照124.3小时,大多数年份温、光、水条件较好、配合协调,但也有部分年份低温和暴雨突出,常出现在5月	防洪排涝,加强管理,中耕培土封顶打杈,防治病害
成熟期	6—7月	平均气温在25.0～28.2℃,大于等于35℃以上高温天气少,雨量正常,光照和煦,有利于优质烟叶形成	温度偏高,高温持续时间较长,光照过强,降水减少,易造成烟叶"高温逼熟",严重影响烟叶的产量和质量;同时突发性暴雨形成的洪涝也是灾害之一	平均气温25.0～28.2℃,总降雨量265.0毫米,总日照410.4小时。多数年份气象条件有利于优质烟形成。但少数年份雨量偏少,温度过高,光照过强,特别是出现"干热风"天气,降低烟叶品质	适时摘除底脚叶,改善光温条件,防洪排涝,防止病虫成熟采摘,科学调制

第十章 现代油茶与气象

"油茶"是我国南方重要的木本油料树种,是世界四大植物油料之一,在邵阳县已有悠久的栽培历史,同时油茶也是邵阳县的传统支柱产业,在县域经济发展中占有十分重要的地位。邵阳县油茶林面积和油茶产量居全市之首,全省前茅,邵阳县是"国家茶油之都",发展油茶产业对于邵阳县全面小康和富民强县建设具有重要意义。

油茶籽油是最好的食用油,主要成分是富含油酸和亚油酸的不饱和脂肪酸,含量占 90% 以上,亚油酸为 C18 脂肪酸,含量最高。食后易消化,又能促进脂溶性维生素的吸收,茶油中没有胆固醇,不易引起人体血管硬化和血压增高,茶油耐贮藏,不易败酸,不会产生引起人体致癌的黄曲霉素,茶油还是肥皂、凡士林、生发油、机械润滑油以及青霉素、链霉素油剂的原料。

茶饼为茶籽榨油后的副产品,用途广,价值高,是医药、制皂农药的重要原料。

油茶是邵阳县传统的木本油料树种,邵阳县现有油茶林 50 万亩,全省第一,全省前列。全县油茶林面积 6 万亩以上的 1 个,4 万亩以上的 2 个,1 万亩以上的 7 个,2008 年全县油茶产值达 1.3 亿元,但全县油茶平均亩产只有 5 千克,与湖南省林科院培育的油茶新品种示范村亩产 50 千克以上,最高亩产茶油 77.47 千克的标准还相差极大,油茶资源培育还有巨大的发展潜力。作为油茶大县的邵阳县,油茶发展还任重道远。县委县政府对油茶产业发展非常重视,已将油茶、生猪、烤烟、优质稻作为本县农业农村工作的四大支柱产业来抓。每年投资油茶产业的资金达 2000 万元。

油茶树是一种常绿、长寿树种,一次种植,长期受益。一般栽后 8~10 年郁闭成林,又可增加森林覆盖率,美化环境,保持水土,涵养水源,调节气候的生态效益。同时又是一个抗污染能力强的树种,每年新建加抚育改造经营油茶林 10 亩,稳产期后每年每户可增加收入 2 万元以上,等于在自家山上建起了一个"绿色银行",可将资源优势特化成"经济优势",可促进农民持续增收,帮助农民脱贫致富,壮大县域经济,实现富民强县。

油茶树生长在露天的大自然中,其生长发育与产量形成均受到天气气候条件的影响。为了充分利用邵阳县气候资源,兴利避害,特从气象角度对油茶生产与气象条件的关系作粗浅分析。

第一节 油茶树的生物学特性

一、油茶树的繁殖特性

1. 自然表象

油茶属山茶科山茶属的灌木树种,花两性、异花授粉,具有自花不育的特点,属虫媒花,在自然界中,通过长期的天然杂交,分化明显,良莠不齐。油茶林中每株油茶树的结果特性、个体差异较大,有的结果大且多,而且无大小年之分,而有的根本不结果,这些表象是由遗传基因所决定的。

2. 油茶花的构造及遗传学的基本知识

油茶花为完整的花,由花柄、花萼、花冠、雄蕊、雌蕊组成。性细胞通过减数分裂,染色体减少到原来的一半,精子和卵子结合,形成配子,染色体数目恢复正常,因此通过杂交的子代不仅会遗传父母的性状,也会发生变异。而正常的细胞分裂是染色体复制,变成原来的 2 倍,复制后的染色体向细胞两端分开,中间再形成细胞膜,最后变成两个细胞,因此正常生长的细胞没有变异,保持原来的性状。

3. 油茶品种选优

油茶通过长期的天然杂交,个体差异极大,必须将符合我们要求的,具有结果多,结果量大,无大小年区分的具有优良遗传品质的单株选出来,通过无性繁殖选育出湘西南地区的高产品种,进行推广种植。

4. 油茶良种繁育

从外地调回种子后,首先进行选种,将霉破烂、小粒、空壳的种子人工清除,精选出大粒的优良种子用 0.1% 高锰酸钾溶液消毒,再用井水清洗干净,将种子平摊在长 8 米、宽 1.2 米、厚 12~15 厘米的河砂坑上,用吉尔消毒,再在上面覆盖 10 厘米的河砂。其次是嫁接,接穗必须是良种,嫁接方法采用嫩枝芽接法。在嫁接完成后,移栽在大田中,上盖荫棚,下盖地膜,保持高温、高湿,促时芽贴快速逾合生长。

5. 油茶自然结果属性

油茶根系发达,是喜酸性的阳性树种,幼苗时稍耐荫,根系直立,在 pH 为 4.5~6.0 的酸性红壤上生长良好,寿命长达 100 年以上。油茶属两性虫媒花,花期 10~12 月,果实次年 10 月成熟,经济收益期 50 年以上,在立地条件优越的地区,百年大树也有挂果累累的。油茶属山茶科山茶属的灌木树种,花两性、异花授粉,具有自花不育的特点,属虫媒花,在自然界中,油茶花的蜜囊中分泌花蜜,气温高于 15℃,山蜂就会在油茶花之间采集花蜜,同时完成花粉传播,雌蕊在受精后,花冠在 3~4 天内迅速枯萎并保留在花托上,保护雌蕊并进一步分化,没有授精的花,逐渐凋谢,花期达 20 天以上。根据油茶成熟期以及生物学特性的不同,将其划分为三个品种类型如下。

(1)寒露籽

寒露前后成熟的油茶品种群叫"寒露籽",一般头年 10 月中旬到 11 月上旬开花。该品种群植株树冠小,多呈直立型;分枝角度小于 30°,叶小而密;果小皮薄,每个果实有种子 1~3 粒,寒露节前后果熟,花开;种子出油率 30% 左右;抗病性强,产量稳定,但采摘费工。

(2)霜降籽

霜降前后成熟的油茶品种群叫"霜降籽",一般头年 11 月中旬到 12 月上旬开花。该品种群树冠较大,树姿开张,分枝角度一般在 40°~60°,叶大稍厚,果实大,每果有种子 4~7 粒,有的更多。霜降前后果熟、开花。花籽出油率 25% 左右。抗病力中等,该品种群产量较高,为群众喜爱。

(3)立冬籽

立冬前后成熟的油茶品种群叫"立冬籽",一般头年 12 月上旬到 12 月下旬开花。该品种群树冠大,分枝角度大于 40°,叶大而稀,果实大,每果有种子 7~10 粒;立冬前后果熟,花开,茶籽出油率为 22%,抗病力中等。

二、油茶树的生长发育特性

1. 根系生长特性

油茶属直根性植物,主根发达,幼年阶段主根生长量一般大于地上部分生长量,成年时正好相反。成年时主根能扎入 2～3 米深的土层;吸收根主要分布在 5～30 厘米的土层中,且以树冠投影线附近为密集区,根系生长具有明显的趋水趋肥性。

油茶根系每年均发生大量新根,每年早春当土温达到 10℃时开始萌动,3 月份春梢停止生长之前出现第一个生长高峰,这时的土温 17℃左右;其后新梢生长交替进行,当温度超过 37℃时根系生长受到抑制,所以夏季树苑基部培土或覆草能降低地温,减少地表水分蒸发,利于根系的生长。9 月份,果实停止生长至开花之前又出现第二个生长高峰,这时的土温大约是 27℃,含水量 17% 左右。12 月后根系生长逐渐缓慢。

2. 新梢生长

油茶的新梢主要是顶芽和腋芽萌发,有时也从树干上萌生的不定芽抽发。油茶顶端优势明显,顶芽和近顶腋芽萌芽率最高,抽发的新梢结实粗壮,花芽分化率和坐果率均较高。树干不定芽萌发常见于成年树,有利于补充油茶树结构和修剪后的树冠复壮成形。

油茶幼树生长旺盛,在油茶生产区立地条件好、水肥充足时,一年可抽发春、夏、秋和晚秋等多次新梢,进入盛果期后一般只抽春梢,生长旺盛的树有时亦抽发数量不多的夏秋梢。

春梢是指立春至立夏间抽发的新梢,数量多、粗壮充实、节间较短是制造和积累养分的主要来源之一,也是主要的结果枝,强壮的春梢还可以成为抽发夏梢的基枝。春梢的数量和质量,决定于树体的营养状况,同时也会影响到树体生长、当年开花和来年结果枝的数量和质量。所以,培养数量多、质量好的春梢是争取高产稳产的先决条件之一。

夏梢是指立夏到立秋间抽发的新梢,一般集中 6—7 月间抽发。幼树能抽发较多的夏梢,促进树体扩展;初结果树抽发的夏梢,少数组织发育充实的也可当年分化花芽,成为来年的结果枝。

秋梢是立秋到立冬间抽发的新梢,一般在 9—10 月间抽发。以幼树和初结果的或挂果少的成年树抽发较多,但由于组织发育不充实,不能分化花芽,在亚热带北缘的晚秋梢还容易受到冻害。

3. 开花结果习性

在正常栽培情况下,油茶实生树一般 3～4 年开花结果,而油茶嫁接树则提早 2～3 年;造林后 4～6 年开始挂果并有一定产量,6～8 年后逐渐进入盛果期。一般盛果期平均亩产茶果 200～600 千克,优良新品种亩产茶果 1500 千克以上。

油茶的芽属于混合芽,花芽分化是从 5 月份春梢萌生和停止后、气温大于 18 时开始,当年春梢上饱满芽的花芽原基较多,以气温 23～28℃时分化最快,到 6 月中旬已能从形态上区分出来,7 月份时已可通过解剖观察到花器官的各个主要部分了,但要到 9 月份才能完全发育成熟。

油茶的挂果能力与结果枝或结果母枝的质量和数量密切相关。所谓结果枝是指在当年春季由混合花芽抽发的新梢,该新梢能分化出花芽,并能当年开花挂果。

油茶花期在邵阳县生产区为 10 月下旬到 12 上旬,以 11 月中旬为盛花期,开花时间通常为每天 09—15 时。

油茶开花坐果后,在 3 月份第一次果实膨大时有一个生理落果高峰,7—8 月是油茶果实膨大的重要高峰期,这个时期的果实体积增大占果实总体积的 66%～75%,也可能存在第二次落果高峰;8—10 月份为油脂转化和积累期,其中 8 月中旬至 9 月初、9 月底至 10 月采收前有两个高峰期,油脂积累占果实含油量的 60%。油茶"寒露籽"和"霜降籽"类型分别于 10 月上旬和 10 月下旬成熟。

第二节　油茶树对生态环境与气象条件的要求

油茶是我国南方重要的油料树种,分布范围广,包括亚热带的南、中、北三个地带。年平均气温 14～21℃,极端最低气温 −17.0℃,≥10.0℃积温 4250～7000℃·天,年降水量 800～2000 毫米,无霜期 200～360 天,在此范围内,一般均可生长,开花结果,但产量高低有所不同。

油茶树各个不同的生育期对气象环境条件要求也有差异。

一、油茶树生长与气象条件的关系

1. 油茶树根系生长与温度的关系

根据多年对油茶根系生长与地温的相关统计分析得出:油茶树根系萌动的最低温度为 10℃,根系生长的最适宜温度为 15～27℃,当地温低于 10℃或高于 35℃,根系生长受抑制,地温低于 8℃,根系停止生长。

2. 新梢生长与温度的关系

油茶幼树生长旺盛,一年可抽发春梢、夏梢、秋梢及晚秋梢等多次新梢,进入盛果期后,一般只抽春梢。

春梢是在立春至立夏间抽发的新梢,是制造积累养分的主要来源之一,也是主要的结果枝。

气温 10℃以上,春梢开始萌动,春梢生长的最适宜温度为 10～17℃,邵阳县历年日平均气温稳定通过 10.0℃的开始日期为 3 月 27 日,稳定通过 17.0℃的开始日期为 5 月 4 日,即 3 月下旬至 5 月初的温度条件有利于春梢生长,夏梢是立夏至立秋间抽发的新梢,5 月下旬至 6 月初开始抽发;历时 30～35 天,旬平均气温 23.1～26.2℃,有利于夏梢抽发。

3. 花芽分化与温度的关系

花芽分化的最低温度为 24.0℃,花芽分化最适宜的温度为 27.0～29.0℃,当温度高于 35.0℃或低于 20.0℃,花芽分化难于进行。

二、油菜树在邵阳县的生育状况

由表 10.1 可看出,油茶树在邵阳县的生育状况:

叶芽萌动日期出现在 2 月下旬,平均气温 7.3℃。

叶芽膨大期出现在 3 月上旬,平均气温 9.3℃。

叶芽开放期出现在 3 月中旬,平均气温 10.9℃。

展叶期出现在 4 月上旬,平均气温 14.2℃。

春梢抽发期出现在 4 月中旬,平均气温 16.6℃。

花芽膨大期出现在 6 月下旬,平均气温 26.2℃。

表 10.1　油茶树生育期与气象要素统计表

发育期		日期	气温（℃）			降水量（毫米）	雨日（日）	日照时数（小时）	蒸发量（毫米）
			平均	最高	最低				
叶芽萌动期		2月下旬	7.3	28.9	−8.1	20.3	4.2	20.6	15.1
叶芽膨大期		3月上旬	9.3	28.9	−0.7	25.3	5.9	22.5	18.7
叶芽开放期		3月中旬	10.9	31.4	2.7	32.9	5.7	23.7	21.7
展叶期		4月上旬	14.2	31.4	2.7	59.8	6.2	29.6	27.9
春季抽梢期		4月中旬	16.6	31.4	5.6	65.9	6.6	36.8	35.1
花芽膨大期		6月下旬	26.2	38.2	14.6	53.7	6.3	53.7	48.6
开花期	始期	10月上旬	20.0	34.6	5.7	17.8	3.0	44.8	38.9
	盛期	11月中旬	16.4	34.6	2.5	93.1	5.1	45.7	29.7
	末期	11月下旬	9.9	30.6	−2.4	13.7	3.5	35.4	20.4
果实成熟期		10月下旬	16.4	34.6	2.5	33.1	5.1	45.7	29.7
合计									

　　开花始期出现在 10 月上旬，平均气温 20.0℃，开花盛期出现在 11 月中旬，平均气温 16.4℃，开花末期出现在 11 月下旬，平均气温 9.9℃。果实成熟期出现在 10 月下旬，平均气温 16.4℃，由此可见，邵阳县的气候条件适宜于油茶树的生长和高产。

第三节　邵阳县气候资源有利于油茶生长高产

　　邵阳县地处衡邵丘陵盆地西南边缘向西部山地过渡地带，南部越城岭余脉河伯岭山脉蜿蜒，与东部四明山余脉高霞山山脉相接，形成东南屏障；中部黄荆岭石灰岩低山突起，喀斯特地貌发育，红壤岗地发育。地势南高北低，地貌类型以丘陵为主，丘陵占总面积的 43.7%，山地占 20.6%，岗地占 10.9%，平地占 23.66%，海拔最高点河伯岭 1454.9 米，最低点枳木山龙海滩 210 米，高差 1244.9 米，东有四明山、西有河伯岭、阳马岭，中部有黄荆岭横亘，北部地势低缓，一般海拔高度在 300～500 米。

　　邵阳县土壤的成土母岩以石灰岩、板页岩为主，占土壤总量的 90%，土壤有红壤、红黄壤、黄壤、黄棕壤、山地草甸土，而以红壤、黄壤和石灰土为主，土层深厚肥沃，理化性状与养分状况良好，呈微酸性，是油茶生长的理想条件。

　　邵阳县属东部亚热带季风湿润气候区，农业气候资源丰富，主要是三多一长，具体如下。

一、太阳辐射能多，增产潜力大

　　太阳辐射能是地球上一切生命活动所需能量的最主要的源泉，邵阳县全年太阳辐射能为 105.95 千卡/厘米²，相当于每亩一年能获得太阳辐射能 8 亿千卡左右，据研究，生成 1 千克物质（碳水化合物）需要 4250 千卡的能量，由此可见，我县太阳辐射能量增产潜力巨大。

二、热量资源丰富，作物生长期长

　　邵阳县气候温和，热量丰富，年平均气温在 16.2～17.8℃，多年平均气温为 16.8℃。最热是 7 月,7 月份平均气温 28.2℃,最冷月为 1 月,1 月份平均气温为 5.0℃,极端最低气温 -10.1℃,≥0℃以上活动积温 5128.5℃・天。

历年平均初霜日期为 12 月 4 日,终霜日期 2 月 21 日,无霜期 285 天,热量丰富,无霜期长,有利于油茶生育和高产。

三、雨量丰沛,光热水资源配合好,有利于油茶生长

邵阳县属东部亚热带季风气候区域,降水量丰沛,年降水量 1263.2 毫米,年降水日数 161 天。

4—6 月为雨季,历年平均雨季开始于 3 月 23 日左右,结束于 7 月 10 日前后,历时 100 天左右,雨季总降水量 561.2 毫米,占全年总降水量的 44%,水分条件可满足 4—5 月的油茶树花芽分化,和 3—5 月的春梢生长与 5—7 月的夏梢生长及 3—5 月的果实第一次膨大期,6—7 月的果实膨大高峰期的生理需要。

综上所述,光热水气象条件有利于邵阳县油茶生育和高产,为我县因地制宜发展油茶产业提供了良好的条件。

第四节 影响邵阳县油茶生产的主要气象灾害

油茶树生长在露天的大自然中,其生长发育及产量形成与气象条件有密切关系,据研究,影响邵阳县油茶高产的主要不利气象灾害是夏秋干旱和秋末冬初开花期的低温阴雨。

一、油茶产量与夏秋干旱(7—9 月)降水量的关系

7、8、9 三个月是油茶花芽分化,果实膨大的时期,油茶需水量大,若此时降水量少,天气干旱,根系吸收的水分不能满足茶树蒸腾的消耗,有机养分难以分解。植株营养物质的分配不能满足果实生长发育的需要,有碍花芽分化及花蕾的形成,造成次年的减产。

邵阳县 1970—1980 年的 10 年中,凡先年 7、8 月份干旱在 20 天以下,7、8、9 三个月的降水总量在 300 毫米以上,油茶年产量在 125 万千克以上。反之则次年减产。1974 年夏秋连旱 54 天,7、8、9 三个月降水量为 186 毫米,则 1975 年油茶产量为 35.2 万千克,1975 年油茶产量比 1974 年减产 89.8 万千克,1984 年 7—9 月降水量 367.3 毫米,1985 年油茶产量 283.5 万千克,比 1984 年 196 万千克增产 87.5 万千克,2006 年 7—9 月降水量 417.4 毫米,2007 年油茶产量 322.5 万千克,比 2005 年(181.5 万千克)增产 141 万千克。7 月干球,8 月干油,7 月份是油茶需水最高峰时期,然而 7 月正值我县全年月平均气温和蒸发量的最高时期,7 月中旬至 9 月在西太平洋副热带高压控制下,天气炎热高温、干旱少雨,此时正值油茶果实增长和油脂形成转化时期,高温缺水,势必影响油茶果实的生长和油脂的形成转化。因而说"7 月干球""八月干油",这是茶农多年油茶生产的实践经验。5—6 月干旱缺水,影响油茶果实膨大,油茶果籽小;7—9 月干旱,影响油茶果实膨大与油脂转化,含油率低,故采取保水措施,对油茶产量的提高具有重要意义。

7—9 月在西太平洋副热带高压控制下,高温、少雨蒸发量大,太阳辐射强烈,日照时数多(表 10.2),7 月平均气温为 28.2℃,极端最高气温 39.4℃,降水量 93.6 毫米,蒸发量 223.4 毫米,蒸发量比降水量多 129.8 毫米,日照时数达 255.5 小时;8 月平均气温 27.4℃,极端最高气

温 39.5℃,蒸发量比降水量多 82.8 毫米,日照时数达 230.6 小时;9 月份平均气温 23.7℃,极端最高气温 40.1℃,蒸发量比降水量多 86.6 毫米,日照时数达 169.9 小时。

表 10.2 7—9 月气温降水量、蒸发量、日照时数

项目 月	平均气温 （℃）	最高气温 （℃）	降水量 （毫米）	蒸发量 （毫米）	日照时数 （小时）
7	28.2	39.4	93.6	223.4	255.5
8	27.4	39.5	114.0	196.8	230.6
9	23.7	40.1	61.1	149.7	169.9
合计			268.7	567.9	656.0

自 6 月下旬开始至 9 月上旬,旬平均气温在 25.0℃ 以上,分别为 26.2℃、27.8℃、28.3℃、28.5℃、28.2℃、26.9℃、27.3℃、25.7℃,极端最高气温 35.0℃ 以上,7—9 月蒸发量比降水量多 299.2 毫米,缺水干旱对油茶果实膨大的不利影响是显著的。

二、开花期(10 月下旬—11 月下旬)日照时数与油茶产量呈正相关

油茶是虫媒花,油茶开花授粉需要昆虫作媒介,邵阳县的油茶品种大部分为寒露籽和霜降籽,10 月下旬至 11 月下旬是油茶的开花盛期,花期内如果降水量过多,油茶雌蕊柱头分泌的黏液被雨水冲淡,不利于传粉受精,同时传粉媒介昆虫的活动也减弱,甚至潜伏不动,大量油茶花不能受粉而凋谢,导致次年油茶减产。如 1970 年油茶开花期日照时数 127.5 小时,1971 年油茶产量 139 万千克,增产显著,由于花期阳光充足,有利于昆虫传粉授精和光合作用,而使油茶增产。

1978 年油茶盛花期 11 月日照时数 58.1 小时,1979 年油茶产量 79.5 万千克,减产严重,由于日照时数少,影响昆虫传粉受精,导致减产。花期低温时间过长,造成油茶产量显著降低。

三、低温、霜冻、冰冻与油茶产量的关系

油茶开花怕低温,若日平均气温低于 10℃,不利于油茶开花授粉。油茶开花期和幼果期怕霜冻和冰冻。低温霜冻直接破坏油茶的花器官,使花粉柱头受冻害,花粉不能发芽而影响授粉。如 1975 年的 11 月 14 日,出现霜冻,至 12 月底,共计出现霜冻日数 23 天,比历年同期平均霜日 5.2 天多 15.8 天,其中 11 月中旬至 12 月下旬低于 0℃ 的低温日数达 23 天,比历年平均值 4.9 天多 18.1 天,油茶林内温度下降,叶片上常见冰霜,此对正值油茶开花盛期,长期低温,大量传粉媒介昆虫冻死。据观察温度降至冰点 0℃ 以下时,暂未冻死的地蜂,也基本停止了活动。已开放的花朵也由于 0℃ 以下低温花粉中的酶转化代谢作用减弱,雌蕊淀粉转化糖分减少,影响花粉发芽和子房授精,因而油茶花的传粉受精无法进行,导致产量降低。

第五节 油茶树栽培技术

油茶适应能力强,但必须要有相应配套的栽培技术,效益才能得到充分发挥,否则不但难以达到增产丰收的目的,而且树体容易出现早衰退化现象。一些栽培技术上的农谚,如"冬挖金、夏挖银"说明是冬、夏季节垦复有利于油茶生长;"七月干球、八月干油"则说明了水分对油茶果实生长和油脂生长及转化的重要性。根据油茶的生物学特性,秋花秋实,一年花果不离枝,俗话说"抱籽怀胎",对养分需求量很大。所以,油茶栽培技术要把握好以下几个关键环节。

一、选择良种壮苗

良种是达到丰产的基本要素之一,目前生产上主要采用的良种是优良无性系和优良农家系,还有少量的杂交子代。其中优良农家系和杂交子代是1年生实生苗;优良无性系是芽苗砧嫁接2年生嫁接苗。苗木规格达二级苗以上(1年实生苗苗高20厘米,2年生嫁接苗高25厘米,基径粗0.4厘米,根系完整,无病虫害)。随着形势的发展和技术的进步,也逐步推开了1年生营养杯嫁接苗造林,有利于提高育苗效果和造林成活率。造林中要严格执行油茶种苗生产经营许可证、良种穗条销售凭证或林木良种质量合格证、良种苗木质量合格证、苗木标签等"三证一签"和检疫制度。

二、规划造林

油茶既可以在房前屋后零星栽植,也可集中建园栽植进行集约化经营。在建园时需进行林地规划,才能做到适地适树,实现高产稳产的目的。

1. 林地选择

自然条件:宜选择海拔500米以下,坡度25°以下,土层厚度大于60厘米,土壤较肥沃,pH为4.5～6.5的红壤、黄红壤的荒山荒地、迹地以及油茶或其他树种的低产林地。社会条件:领导重视、群众有要求、劳力充足、林地权属清晰、交通便利。

2. 整地

整地要在栽植前三个月进行。应根据土地坡度、土壤、植被情况,因地制宜采取全垦、水平梯级和穴垦等整地方式。提倡机械化整地和杂灌粉碎还山。一是全垦整地,适用于坡度小于10度的造林地。整地时顺坡由下而上挖垦,并将土块翻转使草根向上。挖垦深度一般30厘米以上。挖垦后按设计的株行距定点开穴,穴规格70厘米×70厘米×60厘米。在栽植前1个月左右覆土,覆土时取表土填平栽植穴。提倡全垦后沿等高线开挖竹节沟。二是水平梯级整地,适用于坡度10°～15°的造林地。整地时顺坡自上而下沿等高线挖筑水平阶梯,按"上挖下填,削高填低,大弯取势,小弯取直"的原则,筑成内侧低、外缘高的水平阶梯。梯面宽度和梯间距离应根据地形和栽植密度而定。开挖筑梯时表土和底土分别堆放。筑梯后按设计的株行距定点开穴,穴规格70厘米×70厘米×60厘米。也可按设计的株行距定线撩壕,壕深60厘米,底宽60厘米。在造林前1个月左右覆土,覆土时取表土填平壕沟或栽植穴。单行栽植的水平梯可采取先撩壕,在覆土时整成外高内低的梯面。三是穴垦整地,在坡度较陡、土壤结构松散的造林地宜采用穴垦整地。穴的规格:长宽深70厘米×70厘米×60厘米。在栽植前1个月左右覆土,覆土时取表土填平栽植穴。沿等高线每隔4～5行开挖一条拦水沟(竹节沟),沟底宽30厘米以上、深30厘米以上,以防止水土流失。

3. 施基肥

油茶造林每亩应施用农家肥2000～3000千克,或每亩施用饼肥100～150千克,或每亩施用油茶专用肥(基肥)300千克。基肥用量应根据油茶测土配方指标来科学确定。施基肥应在覆土时进行,基肥应施在穴的底部,与回填土充分拌匀,然后填满土待其沉降后栽植。

4. 栽植密度

每亩栽植密度 90～110 株,适宜的行距一般为 2.5～3 米,株距为 2.0～3 米。

5. 栽植季节

油茶造林一般在 11 月下旬至第二年 3 月上旬均可进行。且以春季栽植较好,栽植宜选在阴天或晴天傍晚进行。

6. 造林方法

采用植苗造林方式。栽植时要做到苗正、根舒、土实,深浅要适当,实生苗深栽至原土痕上 3 厘米左右(即两指深),嫁接苗要使嫁接口与地面平,踩紧、压实。起苗时保护好根系,长途调运的苗木须打泥浆,切忌风吹日晒。用二年生苗造林,应适当修剪部分侧枝、叶片。造林要搞好品种配置,选择花期、果期一致、适宜本地区生长的优良品系 5 个以上,采用行状或小块状方法配置造林。

三、油茶幼林管理

幼林期是指从定植后到进入盛果前期的阶段,此期的管理目标是促使树冠迅速扩展,培养良好的树体结构,促进树体养分积累,为进入盛果期打好基础。

1. 施肥措施

幼树期以营养生长为主,施肥则主要以氮肥,配合磷钾肥,主攻春、夏、秋三次梢,使施肥量随树龄从少到多逐年提高。定植当年通常可以不施肥,有条件的可在 6—7 月树苗恢复后适当浇些稀薄的人粪尿或每株施 25～50 克的尿素或专用肥。从第二年起,3 月份新梢萌动前半月左右施入速效氮肥,11 月上旬则以土杂肥或粪肥作为越冬肥,每株 5～10 千克,随着树体的增长,每年的施肥量逐年递增。

2. 抚育管理措施

与一般果园一样,油茶也怕渍水和干旱,所以雨季要注意排水,夏秋干旱时应及时灌水。

造林后 1～3 年每年春末夏初和秋季各中耕除草一次,除草松土,培蔸正苗,维修梯面。中耕除草时,要将铲下的草皮覆于树蔸周围的地表,给树基培蔸,用以减轻地表高温灼伤和旱害;冬季结合施肥进行有限的垦覆。每三年全面深挖(20～25 厘米)一次。提倡合理间作,以耕代抚,间作以花生、油菜及黄豆、蚕豆、豌豆等豆科作物为主,严禁间作高粱、玉米等高秆作物和红薯、西瓜等藤蔓作物,间作距树蔸的距离在 50 厘米以上。同时,提倡间种绿肥植物,绿肥要埋青。11 月份要施足保暖越冬肥,还可根据枝梢生长情况在 10—11 月份用 0.2% 的磷酸二氢钾(KH_2PO_4)溶液叶面喷施,增加新梢木质化程度,有利越冬。

3. 树型培育

油茶定植后,在距接口 30～50 厘米上定干,适当保留主干,第一年在 20～30 厘米处选留 3～4 个生长强壮、方位合理的侧枝培养为主枝;第二年再在每个主枝上保留 2～3 个强壮分枝作为副主枝;第 3～4 年,在继续培养正副主枝的基础上,将其上的强壮春梢培养为侧枝群,并使三者之间比例合理,均匀分布。

油茶在树体内条件适宜时,具有内膛结果习性,但要注意在树冠内多保留枝组以培养树冠紧凑,树形开张的丰产树型。要注意摘心,控制枝梢徒长,并及时剪除扰乱树形的徒长枝、病虫枝、重叠枝和枯枝等。

幼树前 4 年需摘掉花蕾,不让挂果,维持树体营养生长,加快树冠成形。

四、油茶成林管理

良种油茶进入盛果期一般为 8～10 年,在盛果期内,每年结大量的果实,需消耗大量的营养成分,所以成林管理的主要工作是加强林地土、肥、水管理,恢复树势,防治病虫害,保持高产稳产。

1. 土壤改良

为了促进土壤熟化,改良土壤理化性状,满足树体对养分的大量需求,改善油茶根系环境,扩大根系分布和吸收范围,提高其抗旱、抗冻能力,保持丰产稳产,需隔年对土壤进行深翻改土,一般在 3—4 月或秋冬 11 月份结合施肥时进行。在树冠投影外侧深翻 30～60 厘米,深翻时要注意保护粗根。

2. 施肥技术

盛果期为了适应树体营养生长和大量结实的需要,施肥要氮磷钾合理配比,每亩每株施速效肥总量 1～2 千克,有机肥 15～20 千克。增施有机肥不但能有效改良土壤理化特性,培肥能力,增加土壤微生物数量,延长化肥肥效,而且还能提高果实含油量。

在施追肥的基础上,还可根据气象情况、土壤条件和树体挂果量适当喷施一些适量的叶面肥,对促花保果、调节树势、改善品质和提高抗逆性大有帮助。叶面施肥多以各种微量元素、磷酸二氢钾、尿素和各种生长调节剂为主,用量少、作用快,宜于早晨或傍晚进行,着重喷施叶背面效果更好。

3. 灌溉技术

油茶大量挂果时也会消耗大量水分,我县一般是夏秋干旱,7—9 月的降水量大多不足 300 毫米,而此时正是果实膨大和油脂转化时期。此时,合理灌水可增产 30％以上,但在春天雨季时又要注意防水排涝。

4. 修剪技术

油茶的修剪多在采果后到春季萌动前进行。油茶成年树多只抽发春梢为主,夏秋梢较少,果梢矛盾不突出。春梢是结果枝的主要来源,要尽量保留,一般只将位置不适当的徒长枝、重叠交叉枝和病虫枝等疏去,尽量保留内膛结果枝。

油茶挂果数年后,一些枝组有衰老的倾向,或因位置过低或过里而变弱,且易于感病,应及时进行回缩修剪或从基部全部剪去,在旁边再另外选择适当部位的强壮枝进行培养补充,保持旺盛的营养生长和生殖生长的平衡。对于过分郁闭的树型,应剪除少量枝径 2～4 厘米的直立大枝,开好"天窗",提高内膛结果能力。通过合理修剪可使产量增长 30％以上,感病率降低 70％。

5. 油茶放蜂

油茶林放养蜜蜂技术是由中国林业科学院油茶研究所研究成功的新技术,通过多次试验,找到了蜜蜂中毒的原因和解毒的方法,筛选出了"解毒灵"1、2 和 6 号等多种高效廉价解毒药,并在此基础上研制出"油茶蜂乐"等蜂王产卵制激剂;还筛选出了合适油茶林的蜂种,如中国黑蜂、高加索蜂和高意杂交蜂等,只要采取系统的技术措施,不仅增加产量 35％以上,而且每亩每年可产蜂蜜 8～15 千克,还可节省大量的越冬喂蜂糖。

6. 病虫害防治

能造成经济损失的油茶害虫主要有油茶尺蠖和茶毒蛾为代表的食叶害虫,包括刺蛾类、菜蛾类、金龟子类和叶甲类；以茶梢尖蛾和油茶绵蚧为代表的枝梢害虫，包括油茶蛀梗虫和蚧虫类；以蓝翅天牛为代表的蛀干害虫；以及为害油茶籽的象甲等。油茶病害主要为炭疽病，烟霉病。油茶病虫害的防治多采用综合治理的措施，保护利用天敌进行生物防治，结合树体管理，在 4—7 月份定期喷洒波尔多液、多菌灵等杀菌剂可起到有效的预防作用。化学防治应针对不同的害虫进行，对食叶害虫可采取 90％敌百虫、50％辛硫磷乳油等药物进行防治；对蚜虫和介壳虫等刺吸式害虫，可用 40％乐果乳油或氧化乐果乳油防治；对茶梢蛾等钻蛀性害虫，可用 40％氧化乐果乳油实施防治。

7. 林地管护

要建立林地管护制度，项目乡镇、村要建立乡规民约制度，确定专人负责护林，及时防止人畜损坏，认真做好护林防火工作。

第六节　油茶低产林改造技术

油茶低产林是与良种丰产林相对而言，是指其生产潜力未能充分发挥出来的那些林分。

一、低产林分类及改造方法

1. 低产林分类

油茶低产林是指其生产潜力没有发挥或没有充分发挥出来的林分。根据立地条件、产量水平等可以将油茶低产林分为四类：

一类林为立地条件好、林相整齐、树龄适中、经营水平较高，年亩产油 5 千克以上的林分。

二类林为立地条件较好、林相不整齐、中壮龄植株占多数，老、残、病、劣株占 1/3 左右，经营水平一般，年亩产油 3～5 千克的林分。

三类林为立地条件一般、林分老化衰败，老、残、病、劣株占 2/3 以上，长期荒芜，年亩产油 2～3 千克的林分。

四类林为立地条件差或长期与其他树种混生，处于自然生长状态，年亩产油 2 千克以下的林分。

2. 低产林改造方法

油茶低产林改造方法按其形成的原因、低产林特点而采取相适应的改造措施，主要有抚育改造、嫁接换冠、更新造林三种方法。

二、改造的对象及指标

1. 社会条件

领导重视、群众有要求、劳力充足、交通较便利、油茶林地权属清晰。

2. 自然条件

油茶林地海拔 500 米以下，坡度 25°以下，土层厚度大于 60 厘米，土壤较肥沃，pH 为 4.5～6.5 的红壤、黄红壤。

3. 林分选择

一、二类油茶低产林，主要采取深挖垦覆、伐密补稀、开竹节沟、修枝亮脚、合理施肥、病虫害防治等综合措施，加以抚育改造，提高单产。对三类林选择立地条件较好，具有开发潜力的林地实施品改,可采取嫁接换冠的方法进行改造,可直接更新造林进行品种更替,对四类林可根据具体情况采取更新造林或转化为生态林。

三、技术措施

油茶低产林改造技术措施主要有:清理林地,密度调整、整枝修剪、垦覆深挖、蓄水保土、合理施肥、病虫防治、劣株改造等八大技术措施。

1. 清理林地

将林中的其他树木、藤灌木和杂草等全部清除,改混生林为油茶纯林,并挖除老残病劣油茶树。

2. 密度调整

将过密的疏伐、过稀的适当以良种壮苗补植,改密林、疏林为密度适中林,根据不同的立地条件使油茶林每亩保留 80 株左右。

3. 整枝修剪

剪除枯死枝、病虫枝、重叠枝、寄生枝、徒长枝、细弱内膛枝、脚枝、下垂枝等,培养良好的树体结构。

4. 垦覆深挖

第一年冬季要合理深挖一次,树冠外深度 20 厘米以上,树冠内稍浅。坡度小于 15°的林地全垦,坡度 16°~25°的林地采取带垦,挖一带留一带,两年轮换垦完。此后 3 年一深挖、每年一浅挖。

5. 蓄水保土

沿环山水平方向开竹节沟。沟底宽 30 厘米以上、深 30 厘米以上,节长因地而定,一般 1~1.5 米。沟间距:坡度 15°以下为 8 米,15°以上为 6 米,结合垦覆每年清沟一次。有条件的地方,结合垦覆逐年修筑等高水平梯带,防止水土流失。

6. 合理施肥

根据油茶生长结果状况及不同生长时期、油茶测土配方施肥方案进行精准施肥。以农家土杂肥为主,提倡绿肥上山,枯饼还山。大年增施磷肥,小年增施氮肥或复合肥。秋冬以有机肥为主,春夏季以 N、P 为主的复合肥为主。结合冬垦,施用经过腐熟发酵的土杂肥或枯饼肥,用量一般每株施土杂肥 10 千克或枯饼肥 1~2 千克。夏季追施以 N、P 为主的复合肥,每株 0.2~0.3 千克。施肥方法:结合垦覆,在树冠外缘开沟施入。提倡间种绿肥植物,绿肥要埋青。

7. 病虫防治

油茶成林中最为严重的病害是炭疽病和软腐病。油茶病虫害多以综合治理和预防为主,结合树体管理,在 4—7 月份定期喷洒波尔多液等杀菌剂可起到有效的预防作用。

8. 劣株改造

在立地条件较好的中幼龄林中,将部分不结果或结果不多的植株,可采用大树换冠的方法改造成良种株,从而提高林分的整体产量。

第七节　推广油茶蜜蜂授粉,提高油茶坐果率和经济效益

油茶是我国特有的木本油料树种,广泛分布于 16 个省(区),有 2000 多年的栽种历史,种植面积 400 多万公顷,湖南为全国油茶中心产区,面积 163.73 万公顷,其中结果面积 100 万公顷,面积和产量均居全国首位,是广大农村的重要经济来源。油茶生产的突出问题是单产低、效益低,全省平均每公顷产油仅 45 千克左右。低产原因,除品种低劣、经营粗放、密度不合理外,另一个重要原因是油茶属于异花授粉的虫媒树种,自花授粉基本不孕。据研究,油茶同株异花授粉坐果率仅 2.1%～7.9%,成果后,还因授粉不良,气候不利等生理因素大量落果,一般为 20%～40%,实际的成果率仅有 0.97%～2.0%,严重影响油茶产量和效益。

过去曾设想利用蜜蜂为油茶授粉,但长期以来,认为蜜蜂不上油茶树采蜜,视油茶地为放蜂禁区。主要是油花花粉中的生物碱含有大量的咖啡因、奎宁碱,会造成蜜蜂中毒烂子。为解决此问题,在中国林业科学院油茶科学研究所的支持下,通过合理使用"解毒灵"药剂处理,不仅能解毒,防止烂子,而且能促进蜂王产子,培育越冬适龄蜂。

养蜂业的难题之一是冬季蜜源缺乏,此时的气温,既不适应蜂群繁殖,又不能达到蜂群半冬眠的适宜温度,致使蜂王停产,成蜂衰老,群势迅速消减。

翌年春季因蜂量少,部分成蜂老化死亡,蜂群复壮时间长,速度慢,群势弱,又使油茶花、紫云英花等大量早春蜜源浪费。

油茶及蜜蜂资源的开发,较好地解决了这个问题。其技术要点如下。

1. 科学确定进场时间

蜜蜂采集油茶花蜜的时间,从油茶盛花期开始 3～5 天为宜,采蜜授粉期一般为 25 天左右。

寒露籽类型和霜降籽类型混杂的油茶林地,寒露籽盛花期早 10～15 天,进场时间为寒露子开花 5～10 天的晴天为宜。

2. 诱导蜜蜂采蜜

用干净的脸盆或其他容器放入一份白糖兑入等量的开水溶化,待糖浆冷却到 20～30℃时,将摘回的油茶花按糖浆 1:3 的数量浸入,搅拌均匀,盖严,不让其香味挥发,一夜之后滤出油茶花。清晨蜜蜂飞出之前,用油茶花糖浆喂食,一群标准蜂每日 100～200 克,以新鲜糖浆为佳,喂养 3～5 天,即可上油茶林采集。或采用注射器抽取 500 克油茶蜜,兑入 10% 白糖水 2.5千克,配制成糖浆喂养 2～3 天后上油茶林采集。

3. 强群采集的具体做法

(1)动员养蜂户利用棉花、芝麻、石栎、盐肤木、辣蓼、荞麦等秋季蜜源适当取蜜外,还因势利导,补充花粉和糖进行奖励饲养,促进蜂王产卵,培育幼龄蜂,供其强群进入油茶林。

(2)加强人工饲养,保持饲料充足,尽量做到蜂脾相称,小蜂群把多余的巢脾及时撤出,促使蜂群密集强壮。

(3)蜂群由于赶蜜源不及时或管理不善,群势很弱,根据生产需要,把两群或几群合并,使弱群变为强群。

4. 加强保温

(1)箱内、箱外保温,先把蜂脾集中到中间或一边,在两边或一边靠蜂脾放上隔板,空间用

稻草塞满,先盖上副盖并覆布或草纸,然后盖上草帘或棉絮,箱群之间仍用稻草充塞,箱背伴上稻草,压上土、石块。夜晚或较冷的天气,箱外应加盖薄膜,待气温升高、蜜蜂开始出勤时揭开。

(2)双群同箱保温。此法适宜弱群,方法是将两个弱群合养同一个箱内,中间用闸板隔开,分别开两个巢门,其他措施和第一种办法相似。

5. 喂食解毒药物

每标准群每日使用解毒灵水剂20～25克,傍晚19时左右放入蜂群内的盛药容器内,或逐脾喷撒,使当时进巢的蜜蜂脱毒。"蜂乐牌"解毒灵冲剂,一袋50克,开袋后徐徐放入温度为80℃左右的950克水中,反复搅动成溶液。按上述方法每标准群每日用量20～25克。进粉蜜蜂量大时,应加大药量均匀喷撒。为提高甜度和营养,可适当加入白糖溶液混合使用。油茶授粉期,每标准群用量1500克左右。

6. 测试方法

一个标准群(蜂量4万只),授粉覆盖面积约0.33公顷(5亩),南方好的蜂群3万只,一般2万～3万只,部分仅1.5万只,在确定覆盖面积时,视蜂量按标准群进行,每箱蜂覆盖面积可按0.27公顷(4亩)或0.2公顷(3亩)计算。授粉后1个月及翌年4月定点坐果数计算坐果率。9月实摘油茶果计算成果率。过秤计算产量。成蜂量测试采用目测法,蜂量不足采用割补法。

子脾量测试按网格法。蜂产品产量测试,先把蜂群折合为标准群,然后按有关标准推算。1988年1月测试验收浏阳:蜂蜜授粉区坐果率为81.2%,自然授粉区为38.2%,1989年9月验收蜜蜂授粉区坐果率为61.2%,自然授粉坐果率为33.4%,特别是油茶花期10－12月,野生昆虫一般进入越冬阶段,活动能力小,为油茶授粉机遇不多,迫切需要用蜜蜂授粉提高油茶坐果率,而此时,正是大部分蜜源植物枯萎凋谢之时,蜜蜂主要靠人工饲养,油茶为冬季蜜源开发利用后,解决了蜜源奇缺的困难,缩短了蜜蜂越冬时间和人工饲养期。同时,还增加了蜂产品量(花蜜、花粉、蜂量),节约越冬饲料糖。油茶蜂蜜营养丰富,据测定,每100克油茶蜜含果糖和葡萄糖56.8克、棉子糖7克、水芽糖8.4克、茶碱2.07毫克、生物碱K 3.79毫克、泽地黄皂苷134毫克,是理想的食品。花粉、蜂脾、蜂毒是重要的营养物质和医药物质,油茶资源丰富,若能大面积推广该项成果,其效益是相当可观的。

第八节　油茶农业气象灾害气候风险区划

气象灾害等级划分是根据《气象灾害术语和等级》(DB43/T234－2004)、气象灾害风险指数评价指标引用了相关研究成果,灾害气候风险指数 I(某种灾害的不同强度指数 S 及其相应出现频率 P 的函数)作为区划指标,其表达式为: $I_j = F(S,P) = S_i \times P_i$。式中,$I$ 为灾害强度($I=1$ 为轻度灾害,$I=2$ 为中度灾害,$I=3$ 为重度灾害);S_i 为灾害强度指数,P 为灾害发生频次;j 为灾害类别。

影响邵阳县油茶生长发育与产量形成的主要农业气象灾害是7—10月油茶果实膨大和油脂转化高峰期的干旱;10—12月油茶开花授粉期的连续阴雨寡照和低温霜冻、冰冻等。现分别对其做出气候风险区划,供参考。

一、干旱

7—10月是油茶果实生长与油脂转化积累的关键时期,干旱缺水会对油茶产量与质量造成严重损失。

1. 区划指标

根据油茶对水分的需求时段,选择 7—10 月降水量距平百分率指标作为气象干旱指标。

7—10 月降水量距平百分率 $P = \dfrac{p - \bar{p}}{p} \times 100\%$。

式中:P 为 7—10 月降水量(毫米),

$\bar{p}$ 为计算时段同期气候平均降水量,

轻度气象干旱(1 级):$-30\% < P \leqslant -20\%$;

中度气象干旱(2 级):$-40\% < P \leqslant -30\%$;

重度气象干旱(3 级):$-50\% < P \leqslant -40\%$;

特重气象干旱(4 级):$P \leqslant -50\%$。

干旱气候风险指数 = 1 级年频次 × 1/6 + 2 级年频次 × 2/6 + 3 级年频次 × 3/6。

2. 干旱灾害气候风险区划

根据上述指标,邵阳县的干旱灾害分为低风险区、中等风险区和重度风险区,见图 10.1,其中,低风险区主要位于邵阳县的河伯岭林场与五丰铺林场地区。中等风险区除河伯岭五丰铺林场等地区外,大部分地区为干旱灾害较明显的中等干旱风险区。重度风险区尤以石灰岩地貌、地下溶洞多的地方,如城天堂、黄荆、白马、新建、岩口铺等地旱情更严重。

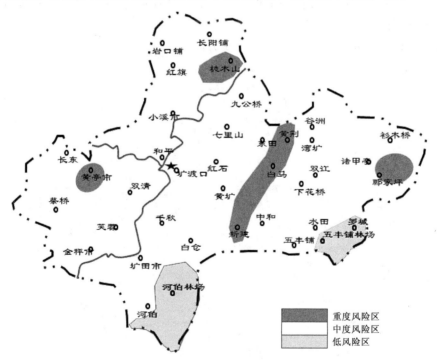

图 10.1 干旱灾害风险等级分布图

3. 干旱的危害及防御对策

6 月中旬—7 月下旬是油茶果实大小的质量增长最快的时期,期间果径增长占总值的 38.1%,果高增长占总值的 30.1%,果实质量增长占油茶果实总质量的 53.6%。期间若水分不足,缺水干旱,将导致果实生长受阻,淀粉等光合作用产物积累大幅度减少。如 2013 年 6 月下旬至 8 月下旬连续高温干旱 60 多天,使油茶减产 50% 以上,农谚有"七月干球,八月干油"之说。

夏秋干旱期间,在油茶林地采取灌溉和覆盖物防旱抗旱措施可增产 53.6%～86.1%,平均单果增重 7.0%～25.1%,干籽含油率提高 15.7%～30.6%。因此在油茶基地建设过程中,一定要考虑油茶的灌溉水源问题,在夏秋干旱来临之际准备充足的水源,采取培苑覆盖措施,减轻干旱灾害。

二、连阴雨

1. 区划指标

10—12 月,日降水量≥0.1 毫米的日数连续 7 天以上,且过程日平均日照时数≤1.0 小时。

轻度连阴雨(1 级):连续阴雨天 7～9 天。

中度连阴雨(2 级):连续阴雨天 10～12 天。

重度连阴雨(3 级):连续阴雨天 13 天或以上。

连阴雨气候风险指数＝(1 级年频次×1/6＋2 级年频次×2/6＋3 级年频次×3/6)。

2. 气候风险区划

根据上述指标将邵阳县 10—12 月连阴雨天数分为中等风险区和低风险区。

中等风险区:主要分布于邵阳县南部和东南部,包括河伯岭、五峰铺两个林场以及河伯岭镇的五皇、永兴、白仓镇的石盆村等地区。

低风险区:除中等风险区以外,其他地方均为低风险区。

风险区划图见图 10.2。

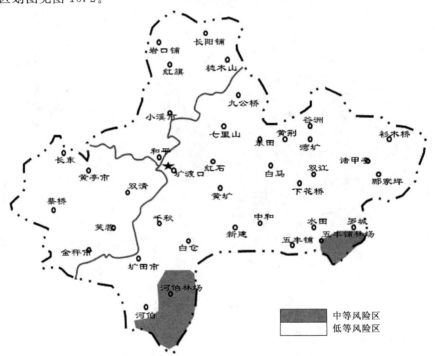

图 10.2　连阴雨灾害风险等级分布图

3. 秋冬连阴雨的危害及防御对策

（1）秋冬连阴雨的危害

油茶是虫媒花，油茶开花受精需要昆虫作媒介，邵阳县的油茶品种主要为寒露籽和霜降籽。10 月下旬始花，11 月盛花期，花期内若降水量和阴雨日数过多，油茶雌蕊柱头分泌的黏液被雨水冲淡，不利于传粉受精，同时传粉媒介昆虫的活动也减弱，甚至潜伏不动，大量油茶花不能受精而凋谢，导致次年油茶减产。如 1978 年油茶盛花期 11 月的日照时数仅 58.1 小时，阴雨日 14 天，1979 年油茶产量仅 79.5 千克，减产 40%。

（2）连阴雨的防御对策

①选择适应性强的早熟品种，避开连阴雨危害。

②选择连阴雨风险较轻的地方种植油茶，减少危害风险。

③精耕细作：做好油茶的施肥、灌溉、垦复除草、病虫防治和修剪，培蔸保墒，促使油茶植株健壮生长，提高油茶植株体的抗逆性，减少灾害损失。

三、低温、霜冻

邵阳县历年平均霜日为 15.3 天。最多年为 33 天，出现在 1975 年 11 月 23 日—1976 年 3 月 3 日。平均初霜日出现在 12 月 6 日，最早为 10 月 30 日，出现在 1979 年。终霜为翌年 2 月 21 日，最迟出现在 3 月 12 日，出现在 1969 年。0℃以下的霜冻，冰冻对油茶开花影响很大。

1. 区划指标

邵阳县地面气象观测站与气象哨的温度、霜冻、冰冻观测记录。

2. 低温霜冻、冰冻灾害气候风险区划

中等风险区：主要分布在河伯岭林场，五峰铺林场等海拔 500 米以上的地区。

低风险区：全县其他乡镇均为低风险区，风险灾害区划图见图 10.3。

3. 霜冻、冰冻的危害及对策

（1）霜冻、冰冻的危害

1975 年 11 月 14 日出现霜冻，至 12 月底共出现霜冻日数 23 天，比历年同期平均霜月 5.2 天多 15.8 天，其中 11 月中旬至 12 月下旬，低于 0℃的低温日数达 23 天，比历年同期平均值 4.9 天多 18.1 天，油茶树内温度下降，叶片上常见白霜，此时正值油茶开花盛期，长期低温，大量传粉媒介昆虫冻死，暂未冻死的地蜂，也基本停止了活动，已开放的花朵也由于 0℃以下的低温，花粉中的酶转化代谢作用减弱，雌蕊淀粉转化糖分减少，影响花粉发芽和子房受精，使油茶花的传粉受精无法进行，导致产量减低 40%。

（2）防御措施

①选择海拔低于 500 米以下背风向阳的缓坡和丘陵地种植油茶，减少和避开霜冻、冰冻危害。

②培育选择早熟耐寒性较强的优良品种，在寒露、霜降边成熟，则可在霜冻、冰冻来临前开花，可减少低温霜冻、冰冻灾害的危害。

③加强油茶培育管理，通过灌溉、施肥、中耕除草、防治病虫害、培蔸保墒，提高油茶树体的抗逆性，增强抗低温能力。

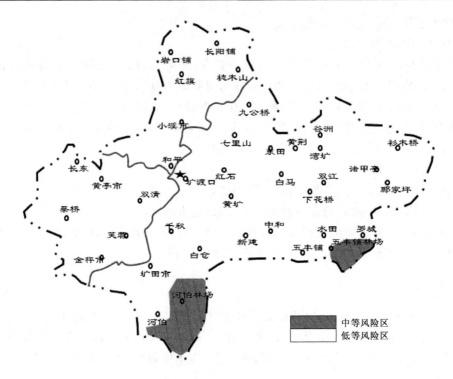

图 10.3　低温霜冻风险等级分布图

第九节　油茶种植农业气候区划

一、区划指标

1. 油茶区划指标确定的基本原则

(1)产量优先原则,区划因素要尽可能地使油茶获得高产。

(2)因素从简原则:在众多影响油茶生长发育的因素中选取关键因素。

(3)差异性原则:不同作物之间抗逆性和气候适宜性存在差异,应尽量选取对产量和质量有影响的关键因素。

(4)适度尊重种植习惯的原则:在同一个气候区内,多种作物均可种植,则根据现有的种植习惯而选取合理的气候区划指标。

(5)作物生存至上原则:作物要能生存或者生存的概率很大。

2. 区划指标来源

(1)相关文献资料;

(2)其他地方以往的农业气候区划成果;

(3)调查事实及专家经验;

(4)试验分析结果。

3. 油茶种植适宜性气候区划指标

油茶种植适宜性气候区划指标如表 10.3。

表 10.3 油茶种植适宜性精细化气候区划指标

指标	最适宜区	适宜区	次适宜	不适宜
年平均气温(℃)	16.0～18.0	15.5～16.0 或>18.0	15.0～15.5	<15.0
年日照时数(小时)	≥1400	1200～1400	1000～1200	<1000
11月降水量(毫米)	≤70	70～90	90～100	≥100
编码值 T	1	2	3	4
综合指标 P	3～4	5～7	8～10	≥11

二、区划结果

邵阳县年平均气温 16.8℃,年日照时数 1595.3 小时,11 月降水量 76.7 毫米,对照区划指标年平均气温、年日照时数均属最适宜区,仅 11 月降水量为适宜区,因而邵阳县的农业气候条件属于油茶种植适宜区和最适宜区的范围(图 10.4)。

图 10.4 油茶种植农业气候区划图

三、建议

从气候条件分析,邵阳县具有发展油茶产业的气候优势,气候温和,日照充足,发展潜力很大。根据气候环境条件对油茶种植适宜性的影响以及种植习惯与种植经济效益,对邵阳县油茶种植发展提出如下粗浅建议。

(1)充分利用气候资源,因地、因高制宜,油茶种植宜选择在山体中下部的缓坡地或低山丘陵海拔 500 米以下的土层深厚的土壤为佳。做大做强油茶产业,将邵阳县建设成富美"中国油茶之乡""中国茶油之都",实现油茶富民强县的目的。

(2)油茶树生长发育及产量形成与气象条件关系密切,虽然大气候环境适宜油茶生育与高产,但由于邵阳县地处内陆,气候的季风性与大陆性显著。热量、水分与日照在时间与空间上的分布都具有较大的不均匀性与差异性。低温、高温、干旱与冰冻对油茶产量的不利影响较大,而过去对气候条件与油茶产量形成的关系又没有引起重视,目前油茶生产仍处于"人种天养,广种薄收"靠天吃油的状态。因而必须加强油茶气象灾害防御的研究,健全油茶气象防御和油茶气象观测、产量、预报信息网络建设,做好气象为油茶服务,防灾减灾,确保油茶安全丰产。

(3)转变油茶生产传统的粗放观念,将油茶生产与粮食作物生产一样进行精耕细作、灌溉、施肥、垦翻除草、防治病虫害,以大幅度提高油茶产量,由几千克提升到上百千克。以增加油茶种植户的经济效益,才能确保油茶产业的可持续发展。

(4)建立油茶区域化、规模化、标准化的产业格局,建立以邵永高速和邵新公路为轴线的油茶产业带;以金称市、黄亭市镇、蔡桥乡、长乐乡、小溪市乡、九公桥镇、黄塘乡、白仓镇、塘田市镇等乡镇为中心的油茶产业群,以五峰铺镇、郦家坪镇、诸甲亭乡、下花桥镇、黄荆乡、谷洲镇、长阳铺镇、岩口铺镇、塘渡口镇、霞塘云乡等乡镇为辐射的油茶产业区;以县城新区为中心建设国家油茶产业园。

(5)培育扶植一批规模较大的集种植、加工、销售于一体的油茶龙头企业。按照企业+基地+农民合作社+农户的生产—加工—销售一体化的生产经营模式,建立油茶林生产基地。使企业与农民合作社与农户成为利益共享、风险共担的经济利益命运共同体。即使油茶种植户从油茶种植中获得更大的经济利益,也能让龙头企业在加工销售中获得最大的经济利益,实现双赢。

(6)加强生态建设,加强科技创新,加强技术指导,争创名优产品和知名品牌,不断提高市场竞争力,促进油茶产业的持续发展。

第十一章 现代养猪与气象

猪为六畜之首,生猪养饲业也是邵阳县农业四大支柱产业之一。据 2015 年统计,邵阳县每年出栏生猪头数为 104 万头,猪肉产量为 83125 吨,按乡村农户 24.06 万户计算,年平均每户养猪 4.32 头,按乡村人口 89.38 万元计算,年平均每人养猪 1.16 头。第一产业农村生产经营收入 4176.9 元/人,其中畜牧业为 1415.8 元/人,占农村第一产业经营收入的 33.0%,第一产业农村生产经营现金收入 2256.0 元/人,畜牧业为 1039.7 元/人,畜牧业占农村第一产业生产经营现金收入的 46%。即农村第一产业生产经营现金收入中,畜牧业占了半壁江山,因而养猪业在邵阳县农村脱贫致富奔小康建设中具有极为重要的作用。

猪生活在自然环境中,时刻与其生活的自然气候环境之间发生着物质、能量以及微生物的交替,并维持着一种动态平衡的状态。猪通过不断调节机体的状态以适应天气气候环境条件的变化。只要天气气候条件环境条件的变化在机体的适应范围内,机体的健康就不会受到影响,若气象环境条件的变化超出机体的适应范围,则机体的健康就要受到损害;猪的机体抵抗力下降,患病率升高。因而猪的健康状态与气象环境息息相关。

现代的养猪业,为了适应工业化生产和经济效益的要求,大规模、高密度的饲养方式被广泛应用,邵阳县已有规模养猪场 363 个,其中 300 头以上养猪户 362 户,1000 头以上养猪户 34 户,2000 头以上的养猪户 5 户,4000 头以上养猪户 1 户。饲养的品种大多是外来引进品种,养猪户往往过度强调生长速度、瘦肉率以及饲料转化率。生猪虽然生长速度和瘦肉率得到了极大的提高,但对于气象环境的抗逆性能却显著下降,对于气象等环境变得更为敏感。在高强度的品种选择压力下,生猪已成为一个远超正常生理功能的"蛋白质生产工厂"。因而当前的养猪业,气象等环境问题对猪群健康的影响达到了一个前所未有的高度。

影响猪群健康的环境因素很复杂,主要包括:(1)物理化学性因素,如温度、湿度、空气流动速度、光照、质量等;(2)心理性因素,如猪群的密度应激,限位栏饲养方式、饮水采食的争斗行为,注射药物或疫苗引起的刺激,限喂引起的饥饿刺激,猪群地位的竞争,进行分离产生的心理应激等;(3)生物性因素,如蚊虫、苍蝇、老鼠、寄生虫以及有害微生物(细菌、病菌、霉菌)等;不良的养殖环境已成为猪病高发、生产成绩低下的主要原因之一,现仅从气象角度对生猪肥育及疫病与气象环境条件的关系及防御对策做粗浅分析。

第一节 温度对生猪的影响及猪舍温度调控关键技术

温度是养猪生产中最为重要的环境因素之一,养猪能手说"把握了温度,就把握了猪群"有一定道理的。猪舍温度的科学控制对于健康养猪极为重要,合适的温度不仅可防止猪的热应激、冷应激、腹泻等疾病的发生,还可以有效提高猪的抵抗力和饲料报酬,是显著提高养猪经济效益的极为重要的手段。

一、生猪与温度的关系

猪是恒温动物,在一定的环境温度范围内,能依靠机体自身的生理调节作用机制来维持体温的恒定。在较低环境温度条件下,猪通过代谢作用的加强,靠从饲料中获得更多能量和减少散热来维持体温。当猪感到寒冷时,神经系统先将寒冷的刺激传给下丘脑下部前区的热平衡中枢,再通过神经系统的控制,使血管收缩,肌肉颤抖,躯体卷缩和相互依偎等来降低体表温度和减少散热面积,以减少散热,同时增加物理性产热,来维持体温恒定,这个过程称为物理调节。与此同时,猪的采食量增加,代谢作用加强,将食物中的化学成分转变为热能,保持体温恒定,这是化学性调节。在高温环境下,猪只则通过加强呼吸,减少采食量来维持体温的恒定。在传统养殖方式下,冬季寒冷时,猪会钻入草堆取暖;夏季高温时,猪只还能通过在泥水中打滚的方式来进行散热。

尽管猪能通过自身的调整来达到维持体温的恒定,但是在不适宜的温度条件下,猪只维持体温恒定往往是以损失养殖经济效益、生理机能及免疫力等为代价的。比如低温环境中,猪只将不得不增加采食量,加强分解代谢,降低合成代谢,以提供更多热量来维持体温恒定,而这将明显导致饲料报酬降低,生长速度、自身抵抗力等的下降。大量的数据已经表明,猪的采食量、饲料转化率以及健康状况和生长速度都与环境温度密切相关。为了最大限度地提高猪群的健康水平和养殖经济效益,为猪群提供一个舒适的温度是非常必要的。

不同体格和生长阶段的猪均有其最适宜的生活温度。一般认为,最适温度在等热区内。所谓等热区是指恒温动物主要借助物理调节,即可维持体热平衡的环境温度范围,在该区内动物的基础代谢水平最低。在等热区内,动物不需进行任何物理调节即能维持正常体温,该温度区域称为舒适区。等热区的下限温度称为下限临界温度,上限温度称为上限临界温度。

等热区与临界温度在养猪生产中具有重要的意义。在等热区内,动物机体为维持体温恒定所付出的代价最低,家畜生长发育最快,育肥效果最好,饲料利用率最高,饲养最为经济有利。当气温高于上限温度时,由于散热困难,猪的体温升高和采食量下降,生长育肥速率亦随之下降。气温低于临界温度时,机体代谢率提高,采食量增加,饲料消化率和利用率下降,饲养成本上升。

不同大小的猪只对于温度的需求有所差异,青年猪皮下脂肪厚,汗腺不发达,通过汗腺散热的能力差,只有通过体表皮肤及加快呼吸频率来调节体温,对高温的耐受能力差。而仔猪皮下脂肪薄,被毛稀疏,机体温度自我调节机制不完善,对温度要求比大猪要高。不同猪只对温度的要求见表 11.1。

表 11.1　不同猪只对温度的要求

类别	年龄	适宜温度(℃)
仔猪	0～1 周	32～34
	1～2 周	30～32
	2～3 周	28～30
	3～4 周	25～28
保育猪	5～7 周	25～28
	8～10 周	22～25

类别	年龄	适宜温度(℃)
育肥猪	10周后	18~25
公猪	成年后	18~25
母猪	成年后	18~25

二、温度对于猪群的影响

1. 温度对仔猪的影响

仔猪被毛稀疏,皮下脂肪很少,隔热能力差,而且初生时活力不强,机体体温调节机能不健全,对寒冷应激的抵抗力差,因此仅靠物理调节远不能维持体温的恒定。仔猪初生时对各系统机能的协调能力差,当物理调节不能维持体温恒定时,虽然体内也能通过提高脂肪和碳水化合物的氧化来增加产热,但效率很低。当仔猪暴露在过低的温度下时,极易出现腹泻、冷休克、活力下降等。1周之内发生的仔猪腹泻不仅能够造成仔猪的营养流失、脱水死亡,而且由于腹泻所造成的母乳中的抗体吸收不足,体内的抗体水平不足以保护仔猪遭受病原体的攻击,仔猪容易感染其他疾病死亡。早期保持圈舍的环境温度是降低仔猪死亡率的关键性措施,尤其在冬春季节外界环境温度偏低时,保持圈舍环境适宜温度具有非常重要的作用。

2. 温度对种猪繁殖性能的影响

种猪通常个体大,肥膘较厚,与幼龄猪比较,其对低温耐受能力较强,但耐高温的能力差。种猪最适宜的温度为18~25℃。当环境温度高于25℃时,母猪即出现热应激反应。当超过28℃时,每上升1℃母猪每天的采食量就会下降0.4~0.5千克。采食量下降将显著降低母猪的泌乳量,从而降低仔猪的生长性能和对疫病的抵抗力。哺乳母猪采食量下降将造成哺乳期掉膘严重,靠分解自身脂肪组织来提供乳汁,这将显著降低母猪断奶后发情率,推迟发情时间,并对下一胎母猪产仔数等多个方面造成严重影响。

母猪生活在过高的温度下,会出现张口呼吸、喘气等严重的热应激反应,并可对其繁殖性能产生明显影响。怀孕母猪在热应激状态下会出现受胎率下降、流产、死胎、弱仔等;分娩母猪表现出烦躁、产程延长,难产和滞产导致的发病率上升、采食量下降、泌乳量减少、失重较多等一系列问题。造成仔猪初生体重较轻、腹泻、增重减慢、存活率低;高温应激还可造成母猪继发"子宫炎—乳腺炎—无乳综合征"(MMA)疾病。2013年8月份湖南一个猪场的产房连续出现30余窝的仔猪顽固性黄白痢,死亡率高达80%。常规的抗生素,如氧氟沙星、硫酸新霉素治疗效果均不明显,给猪场造成了惨重损失。据当时诊治发现,产房虽然安装有风机,但温度高达38~40℃,初步诊断为高温所致,后紧急安装湿帘降温设备后,病情得到显著改善。总结其原因是,产房温度高,围产期母猪长期处于热应激状态,甚至出现呼吸性碱中毒症状。此时母猪分娩过程延长,出现难产、滞产等一系列围产期疾病。过高的产房温度导致母猪采食量显著下降,平均每头哺乳母猪每天的采食量不足3千克,导致大部分母猪产后母乳不足,母猪完全靠分解自身组织来提供奶水,奶水质量相当差,有害物质含量高。初产仔猪无法得到足够的高质量初乳,出现营养不足。更为严重的是无法得到初乳中的高质量抗体,仔猪体内抗体水平缺失或不足,无法抵御大肠杆菌的攻击,从而出现大量腹泻疾病的发生。这种由于母猪奶水差所造成的仔猪腹泻死亡与黄白痢不同之处在于常规的抗生素使用效果差或无效。

种公猪在高温环境下主要表现性欲下降,精子密度和精子质量下降等现象。当环境温度高于 25℃,公猪即开始出现热应激反应,此时精液质量下降。当环境温度长时间超过 35℃,公猪会出现大量死精、无精现象,受到热应激影响的公猪精液需要 2～3 月才能逐渐恢复,严重的可造成公猪彻底失去种用价值而被淘汰。

由于母猪和公猪在夏季高温季节的热应激反应,造成了很多猪场在夏季出现母猪分娩率、窝产仔数、每窝断奶仔猪数、断奶重、母猪断奶后 7 天内发情率等关键性指标均显著下降,因此给猪场造成了严重的经济损失。很多养殖场主在面对夏季生产成绩显著下降的猪场报表时,通常以"在夏季高温季节能达到这个成绩已经很不错了"这样的思维来自我安慰。

如何解决好夏季高温对猪只危害,减少热应激对生猪的影响,已成为养猪业特别是规模化猪场提高猪群繁殖性能的一个关键性问题。在生产中,虽然有部分企业通过添加一些抗热应激的添加剂,以及提高饲料能量水平等方法来降低猪群的热应激水平,但没有从根源上解决问题。虽然花费了大量的金钱,但是往往事倍功半,得不偿失。

3. 温度对生长育肥猪群生长性能的影响

温度对于生长育肥猪的主要影响包括采食量、生长速度、料重比、健康水平等多个方面。其中对料重比的影响也是养殖场最为关注的,过低过高的温度均会对料重比产生负面影响。温度过低时,猪群需要消耗大量的饲料来产生能量用于维持体温;而当温度过高时,猪群的采食量下降,猪群生长速度下降,出栏时间延长,猪群需要耗费大量能量用于维持日常基础代谢的能量需要。一般情况下,饲料成本占猪场总成本的 70% 左右。近年来饲料价格一路走高,如何降低全程料重比,对于提高猪场效益具有至关重要的意义,甚至对于解决我国粮食短缺的问题也具有十分重要的战略意义。

为了使猪群的生长速度和料重比均达到最佳状态,必须保持猪舍温度处在最适温度区间。表 11.2 列出了猪舍温度与料重比的关系。

一栋饲养 1000 头肉猪(60～80 千克/头)的猪舍,在 5℃、23℃、35℃ 的舍温条件下,若要达到日增重均为 800 克的目标,每天的耗料分别为 3.576 吨、2.336 吨和 3.184 吨。按 3400 元/吨计算,23℃ 喂养要比 5℃ 和 35℃ 情况下分别节省 4216 元和 2883 元。一个万头猪场正常存栏的保育猪和育肥猪在 4800 头左右,可知每天浪费的饲料在数万元以上。

表 11.2　猪舍环境温度对料重比的影响

体重阶段	不同温度下的料重比								
	5℃	10℃	15℃	20℃	23℃	26℃	29℃	32℃	35℃
20～30 千克		2.93	2.87	2.17	2.22	2.15	2.18	2.22	2.44
40～60 千克					2.46	2.63	2.58	2.87	3.01
60～80 千克	4.47	3.98	3.33	3.16	2.92	2.96	2.93	3.17	3.98
80～100 千克					3.27	3.51	3.47	3.46	4.21

另外一个值得注意的问题是:饲养生长育肥猪主要考虑的肯定是经济效益。但制约育肥猪的经济效益最为重要的指标有三个,分别是成活率、生长速度、料重比。这三个指标既有相关性,也有明显区别;既能相互协作,也能相互制约。要想使育肥猪的经济效益最大化,需要同时获得高的成活率、生长速度以及低的料重比,并且在这些指标之间要找到一个最佳平衡点,

不可盲目地追求单个指标的最优化。比如说,在 10~28℃ 的范围内,生长在 10℃ 下的猪群较生活在 28℃ 下的猪群采食量更多,生长速度更快,但是猪群的成活率下降,料重比上升。并且在考虑猪舍温度时,还必须考虑是实心地板还是漏粪地板。如果是实心地板,则必须要区分地板温度与空气温度。实心地板温度往往与空气温度差别巨大,而猪大部分时间是躺卧休息的,其影响更为明显。遗憾的是,虽然对温度与猪群采食量、生长速度以及料重比进行了较多的研究,但是并未指出试验设计的温度指的是空气温度还是地板温度,而且还缺乏空气温度和地板温度对猪的成活率、腹泻率以及其他生理功能的研究。由于这方面的数据匮乏,因此难以对生长育肥猪的最优温度进行分析。依照经验,猪群在采食及活动状态时,机体产热量大,较低的温度环境有利于猪群提高采食量,并有利用机体将多余热量排出。在躺卧休息状态时,机体产热量下降。同时休闲时机体 40% 左右的皮肤与地面直接接触,如果地板温度过低,易造成热量大量通过热传导损失,并且可能对胃肠道造成损害。因此在猪群休闲时,需要较高的地面温度。

综合分析可以这样理解,为了达到猪群最大的生长速度、最佳的料重比、最高的成活率,在考虑猪舍的最适宜温度时,可以采用较低的空气温度、较高的地面温度。使猪群不仅具备良好的采食量,同时也有利用猪群的健康和降低料重比。基于这一思路,在制订育肥舍的加热方案时,首选的不是空气加热方案,而是地暖加热方案,可以使猪舍保持较低的空气温度和较高的地面温度,不仅效果好,而且节省大量能源。

三、猪舍温度控制的关键性技术

温度控制的好坏,直接决定了养猪生产水平的高低和养猪的经济效益。一些猪场温度控制措施和设备完全缺乏,夏季高温炎热,冬季严寒,不考虑采取温度控制措施,而寄希望于通过添加一些所谓的抗热应激药物来达到减轻热应激危害的目的。其结果不仅是付出了高昂的经济成本,而且效果也非常不理想。这无异于舍本逐末。

猪舍温度控制与猪场所在地的气候条件有密切关系。邵阳县夏季炎热、冬季严寒的气候条件,猪舍温度控制要求做到冬季保温、夏季防暑。

猪舍温度控制是一个系统工程,需要从选址、朝向、保温建筑材料的选择、屋面设计、墙壁设计、门窗设计、跨度、地面设计等多个方面来进行优化,方能达到理想的效果。很多养殖场主可能认为在温度控制方面需要大量的投入,事实上,只要采取科学合理的设计,其造价不仅不会高于目前的传统式猪舍,相反还可以有所降低。

1. 猪场选址及朝向

我国处于北半球,冬季以北风为主,夏季以南风为主。因此在选址方面,猪舍的位置要求地势较高、开阔、背北风、向阳。邵阳县夏季多以东南风为主,因此猪舍设计一般为坐北向南,以南偏东 5° 为最好。这样的设计有利于猪舍内部空气流畅,防止太阳直射入猪舍内部,夏季有利于通风降温,冬季有利于保温。

2. 猪舍保温建筑材料选择

为了降低猪场运行过程中温度控制所需的能源消耗,保持猪舍内部良好的温度平稳,要求所有猪舍在设计和施工过程中,必须采取具有良好保温性能的材料。保温材料的科学运用可以有效地达到冬季保温、夏季隔热的目的,从而使猪舍内部保持冬暖夏凉的理想温度,并能有效节省能源的消耗,另外还可以使猪舍内部昼夜温差变化更为均衡。猪场常见建筑材料的导热系数[瓦/(米²·℃)]见表11.3。导热系数是指在稳定传热条件下,1米厚的材料,两侧表面的温差为1℃,在1秒内,通过1米²面积传递的热量。

表 11.3　猪场常见建筑材料导热系数

材料名称	密度(千克/米³)	导热系数[瓦/(米²·℃)]
铝合金	2500~2800	203
钢铁	7850	48.52
水泥砖	2150	1.28
玻璃	2500	1.09
黏土红砖	1700	0.81
泡沫混凝土	1000	0.27
膨胀珍珠岩	250	0.074
PVC板	1390	0.17
岩棉、矿棉板	150~200	0.05~0.08
聚苯乙烯泡沫板(EPS板)	12~30	0.03~0.05
聚苯乙烯挤塑板(XPS板)	32	0.028
酚醛板	55	0.025
聚氨酯板	35	0.020
空气	1.29	0.023

　　导热系数越低,材料的保温性能越好。从表11.3中可以看出,不同建筑材料的导热系数差异巨大,以常见的建筑材料黏土砖和聚苯乙烯泡沫板的导热系数比较,差异达到32倍。目前常见的24厘米厚的砖墙的保温效果仅仅与0.75厘米厚的聚苯乙烯泡沫板的保温效果相当。猪舍建筑材料应该尽量多地采用导热系数低的材料,这一措施不仅能够使猪舍运行过程中温度控制更为容易,而且还能够显著降低能源的消耗。需要注意的是一些导热系数低的材料,如聚苯乙烯泡沫板和挤塑板的防火性能差,采用时一定要做好防火措施。有条件的则尽量采用阻燃或耐火保温材料,如阻燃挤塑板、酚醛板、岩棉板及泡沫混凝土等材料。

　　3. 猪舍屋面设计

　　传统的猪舍设计中,屋面多采用石棉瓦建造。该方法的突出缺点就是保温性能差,可造成猪舍内部冬季严寒,夏季酷暑。在现代猪舍设计中,推荐采用轻钢结构,屋顶材料选择彩钢聚苯乙烯泡沫夹芯板或彩钢岩棉夹芯板。该材料具有安装方便、重量轻、保温性能好、价格低的优点,目前已在大型猪场得到了广泛应用。为了保证良好的保温隔热性能,要求夹芯板材具有足够的厚度。南方地区100~120毫米为宜。

第二节　湿度对猪群的影响及猪舍湿度调控技术

　　养猪有一句俗话"养猪无巧,栏干食饱"。意思是指养猪没有什么技巧,要保证猪舍内部干燥,猪能吃饱。可见古人即认识到干燥的栏舍环境对于猪群健康的重要意义。

一、湿度对猪群健康的影响

猪舍湿气的主要来源是：猪群呼吸产生的水汽，栏舍水槽、粪沟及潮湿的地板产生的水汽。猪舍内部的空气湿度需要控制在一个适度的范围，湿度过高过低均对猪群产生不利的影响。由于猪舍内部粪尿较多，用水频繁，产生大量水汽，同时猪群呼吸也产生大量湿气，因此通风不良的情况下，很容易造成猪舍湿度过高。猪舍湿度过高时对猪群的危害主要表现如下。

1. 有害细菌、霉菌及寄生虫等大量生长繁殖

细菌霉菌素在干燥的环境下很难繁殖，而在潮湿的环境则会大量生长，使猪舍内部有害菌数量显著增加，仔猪副伤寒、仔猪球虫病、呼吸道疾病等发生率将会显著增加，进而严重危害猪群的健康水平。

2. 猪的热应激增加，疾病发生率提高

在冬季气温较低时，由于潮湿空气的导热性为干燥空气的数倍，如果舍内湿度过高，就会使猪体散发的热量增加，使猪感觉更加寒冷，并引发湿疹等疾病，猪群容易出现呼吸道和消化道方面的疾病。当相对湿度由 45% 增加到 95% 时，猪的日增重下降 6%～8%，在夏季高温季节，过高的相对湿度会显著抑制猪呼吸散热的功能。因此相对湿度过高会使猪感到更为闷热，高温高湿的环境极易造成猪群的热应激甚至于出现热休克。

在部分干旱地区，尽管冬季空气干燥，但需要注意空气湿度不能太低。这是因为猪舍内部湿度过低会造成猪舍内部粉尘多。鼻子内部、呼吸道、肺部连同网状肺泡是由支撑发状纤毛的黏膜覆盖，当空气相对湿度小于 40% 时，纤毛的运动就会变得十分缓慢，于是灰尘易粘在黏膜上，刺激咳嗽，不利于排除病菌，从而导致呼吸道疾病的发生。表 11.4 列出了不同猪群的相对湿度范围。

表 11.4　猪舍内空气相对湿度控制范围

猪舍类别	相对湿度（%）		
	舒适范围	高临界值	低临界值
种公猪舍	60～70	85	50
空怀妊娠母猪舍	60～70	85	50
哺乳母猪舍	60～70	80	50
哺乳仔猪保温箱	60～70	80	50
保育猪舍	60～70	80	50
生长育肥舍	60～70	85	50

二、猪舍湿度调控的关键技术

猪舍潮湿产生的原因主要是水蒸气产生过多以及通风不畅造成的，其中水蒸气产生的主要来源是猪舍地板、粪沟内的水分蒸发以及猪群呼吸所产生的水汽。为了保持猪舍内部适宜的湿度，需要在减少水蒸气的同时加强通风换气。

1. 猪舍要建在地势干燥、坐北朝南的地方，并适度抬高猪舍地面

猪舍位置要在地势干燥、坐北朝南方向，有利于通风和排水。而且土壤干燥不返潮：猪舍地面要高出舍外地表，推荐抬高 800～1000 毫米。传统猪舍建设时，通常猪舍地板与地面相

平,粪沟下挖1米左右。这样做不仅造价增加,而且空气流通不畅,粪污排放困难,后续的粪污管道全部要相应深埋,施工费用增加,而且沉淀池清理非常不方便。而将猪舍地板抬高1米左右,粪沟可位于地平面以上。排污管道铺设非常方便,也可以非常方便采用粪沟通风模式。由于较地表高1米左右,因此窗户通风效果更好。国内也有部分猪场采用两层楼房养猪,猪饲养在第二层,采用全漏粪地板;下层高2~3米,用于粪污清理。这种设计能够较好地保持猪舍干燥,但主要缺点是造价太高,而且猪群周转及饲料投放比较麻烦,在地下水位较高的地方,不仅需要抬高地面,还要求猪舍地面选用防潮材料,力求地面干燥不返潮,并经常疏通圈舍外四周的排水沟系,达到平时无积水,雨停水即干的效果。

2. 增加通风量

猪舍除潮防湿的有效方法是做好通风换气措施。通过通风换气,一方面带走舍内潮湿的气体,吹干了地面;另一方面排出污浊的空气,换进新鲜的空气。但冬春气温低,要注意解决好通风与保温的矛盾,控制好通风量。舍内风速不应超过0.1~0.2米/秒,并在通风前后及时做好增温工作,力求使通风期间的温度变化幅度小于5℃,且在短期内能恢复正常。

通风可以把舍内水汽排出,但如何通风,则要根据不同猪舍的条件采取相应措施。一是抬高产床,使仔猪远离潮湿的地面。二是增大窗户通风面积,使舍外通风量增加。采用全开式平移推拉窗。在窗户完全打开后,其通风面积是传统窗户通风面积的2倍。在自然通风情况下,这种窗户的通风效果更为优良,对于降低猪舍内的湿度效果也更好。三是加开地窗,因为通过地窗的风直接吹到地面,更容易使水分蒸发。

3. 优化通风方式

在保证良好通风量的情况下,还需要对通风方式进行优化,以达到事半功倍的效果。主要优化点包括:粪沟风机的合理使用。在采用全漏粪地板类型或半漏粪地板类型的猪舍,采用粪沟风机通风能够极大提高通风换气的效率。可以使空气从上到下,通过漏粪地板排出舍外。不仅节省通风过程的能源损耗,还可以提高通风换气效果,极大地提高猪舍空气质量。

4. 保持地面平整,无积尿积水

很多猪场地板施工质量差,混凝土不达标,出现地板坑洼不平、坡度太少、混凝土起拱脱落等现象。猪舍内部积水积尿严重。不仅使舍内空气质量差,而且空气湿度大,严重影响了猪群健康。为此,需要在猪舍施工时,严格要求施工质量,栏舍地板混凝土要求水泥标号在425以上。碎石子、河沙要求含泥量低。实心地面在施工时,要求混凝土配比合理,搅拌均匀充足,必须采用振动台压实,混凝土厚度要在10厘米以上。栏舍地面要求平整,坡度控制在1.5°~2.5°,保证粪尿水能够及时排出。

5. 优化采用节水设计思路

节水设计思路主要体现在降低猪群饮水时的浪费,减少冲栏用水方面。目前猪场常用的鸭嘴式饮水器在猪饮水时,常有大量的水从猪嘴角溅出。不仅浪费水,加大后续粪污处理难度,而且造成猪舍地板潮湿,使猪舍湿度较高。有条件的猪场,要求采用节水设备,如饮水碗、气压自动平衡饮水阀、干湿自动料槽等设备,以减少饮水浪费。

传统猪舍地板设计时,多采用全实心地面,粪污清理工作量大,效率低,常采用大量水冲洗栏舍。不仅浪费水,也加大了后续粪污处理难度,而且造成猪舍地板潮湿,猪群容易腹泻。其解决思路是对猪舍地板及清粪工艺进行优化设计。

6. 优化地板结构和清粪方式

　　猪排泄的粪尿是造成猪舍高湿和空气不良的重要原因，良好的漏粪地板设计能够保证猪群粪尿及时掉入粪沟确保栏舍干燥干净。在设计配怀舍、分娩舍、保育舍以及生长育肥舍时，要根据猪群的生理需要和管理需要对漏粪地板、实心地面以及粪沟进行优化设计，做到栏舍内不积尿积粪，漏粪地板类型对于湿度也有较大影响。对于采用全漏粪水泡粪工艺的猪舍，由于整个猪舍下部积聚粪水产生了大量的水蒸气及有毒有害气体，因此如果没有有效的粪沟通风措施，将会造成猪舍内部湿度极大。为了降低猪舍内部湿度，采用半漏粪地板类型，即猪舍走道、猪群躺卧休息区采用实心地面，其他地方采用漏粪板，粪沟内安装刮粪机，及时清除粪污。这种设计方案不仅能够降低造阶，而且能够降低空气湿度，提高空气质量。

　　7. 保持合理饲养密度

　　猪群密度过大时，不仅栏舍粪尿产生量大，而且猪群难以形成定点排粪尿的习惯，造成栏舍内部粪尿污染严重，同时猪群通过呼吸产生了大量水汽，将进一步加大空气的相对湿度。为了有效利用栏舍面积，可以在夏季适当降低生猪饲养密度，而在冬季适度增加饲养密度。要求在夏季高温季节，每头育肥猪占猪栏舍面积在 1.5 平方米；而在冬季，每头育肥猪的栏舍占用面积可适度减少，大约在 1.2 平方米。由于冬季合理的密集饲养，有利于舍内保温；因此入冬后要兼顾保温与降湿的关系，保持合理的饲养密度。

　　8. 采用温湿度自动控制器

　　采用温湿度控制器与风扇连接，当温度或湿度达到设定值时，则风扇自动打开，加大通风量，降低温度和湿度。

第三节　光照对猪群的影响及猪舍采光控制技术

　　相对于温度和空气质量，猪舍采光常常得不到养殖场的足够重视。一些封闭式的猪场，主要采用人工光照。由于照明灯长期使用得不到清洁，灯身布满灰尘，使光照强度显著下降，还有部分猪场照明灯常年没有维修，这些因素均对猪场光照强度产生了极大的影响。

一、光照对生猪的影响

　　究竟光照强度对猪产生了哪些影响？尽管光照不科学造成的负面影响并不像温度和空气质量对猪群造成的负面影响那样明显可见，但是其带来的损失也是不可小觑。光照对仔猪的物质代谢、抵抗力、吮乳与增重、育肥的影响；光照对母猪的初情期、产仔性能、泌乳性能的影响；光照对于公猪的性成熟、精液品质的影响，研究报道表明，试验组仔猪（自然光源 50～100 勒克斯，补充光源 75 勒克斯，18 小时光照，6 小时黑暗）与对照组（自然光源 50～100 勒克斯，12 小时光照，12 小时黑暗）相比，试验组仔猪免疫力、合成代谢、成活率和增重均得到提高，从初生到断奶，平均断奶窝重提高 23.86 千克。育肥猪对光照强度的要求稍低，以 40～50 勒克斯为宜，适宜的光照能显著促进猪的新陈代谢，加速骨骼生长，活化和增强免疫机能，过高过低的光照强度则会产生负面影响，5～20 勒克斯和 120 勒克斯条件下，日增重下降 3.3%～11.3%。

　　光照对繁育母猪、公猪、保育猪以及生长育肥猪均具有重要的作用。对于种猪而言，光照信号通过刺激视网膜，将神经冲动传递给松果体，调节松果体褪黑素的分泌。短光照情况下母猪褪黑素合成和分泌加强，长光照则能抑制褪黑素合成和分泌。褪黑素能够抑制母猪生殖系统的发育,延迟性成熟。当延长光照时间和增强光照强度时,褪黑素对生殖系统的抑制作用下降,因此能够促进生殖器官的发育,促进性成熟。科学的光照强度和时间能够将母猪的性成熟时间提前。对于经产母猪,增加光照强度能够缩短母猪断奶后发情时间,提高母猪受胎率,增加断奶窝重,促进产后发情,减少哺乳期体重损失等。产房增加光照强度,能够提高母猪采食量,从而使母猪泌乳量也得到显著提高。对于公猪,科学的光照强度能促进公猪性成熟,提高公猪精液质量。

二、猪舍采光调控技术

根据以往研究者的研究成果,要求母猪、仔猪和后备种猪每天保持 14～18 小时的 50～100 勒克斯的光照时间。合理的光照制度可以增强猪的免疫功能,提高疾病抵抗力,促进猪的合成代谢,加速生长发育和提高日增重,促进性成熟,改善精液品质,提高受胎率、产仔数和断奶重。

自然光照优于人工光照,在猪舍建筑上要根据不同类型猪群的要求,给予不同的光照面积,同时要注意减少冬季和夜间过度散热和避免夏季阳光直射猪舍(猪场的采光参数见表 11.5)。在生产中,由于采用了双层中空玻璃窗户,其窗户面积还可以在该标准的基础上适当加大。

猪舍科学的采光设计能够有效提高种畜的繁殖能力,猪舍设计需要尽可能地加大窗户面积,加强采光条件。其优点是可促进母畜和公畜的发情,提高种畜的繁殖性能,同时还可增强猪只的采食量和抵抗力,提高猪的生产性能。

对于母猪舍和保育舍的采光系数为 1∶8～10,则 400 平方米的猪舍面积要求有效采光面积为 40～50 平方米,为了保证在采光条件的同时,不影响猪舍的保温要求,猪舍应采用双层中空玻璃。

对于商品猪,过强的光照会引起猪群精神兴奋,休息时间减少,甲状腺的分泌增加,代谢率提高,影响饲料利用率。而且光照强度过高容易造成猪群相互打斗,育肥猪还容易诱导提前发情,不利于育肥需要。因此生长育肥猪舍可适当降低光照强度,保持在 30～50 勒克斯。

表 11.5　猪舍采光参数

猪舍类别	自然光照		人工光照	
	窗地比	辅助照明(勒克斯)	光照度(勒克斯)	光照时间(小时)
种公猪舍	1∶12～1∶10	50～70	50～100	10～12
空怀妊娠母猪舍	1∶15～1∶12	50～70	50～100	10～12
哺乳母猪舍	1∶12～1∶10	50～70	50～100	10～12
保育猪舍	1∶10	50～70	50～100	10～12
生长育肥猪舍	1∶15～1∶12	50～70	30～50	8～10

注:1. 窗地比是以猪舍门窗等透光构件的有效透光面积为 1,与舍内地面面积之比;

2. 辅助照明是指自然光照猪舍设置人工照明以备夜晚工作照明用。

第四节　有害气体对猪群的影响及猪舍通风控制技术

猪群的健康水平,特别是猪呼吸道疾病的发生率与猪舍空气质量的好坏密切相关。有害气体、粉尘以及空气中的微生物病原体等都可以影响动物疾病的发生与传播。许多养猪场呼吸道疾病的发病率高,药物治疗效果差,给猪场造成了严重损失。表面上看,好像是多种病原菌,如支原体、副猪嗜血杆菌、胸膜肺炎放线杆菌等引起的,但是其根源性问题往往与畜禽舍内的空气质量有很大的关系。在实际生产中,由于饲养密度过大、通风控制不良、饲养管理不当等因素造成的空气质量问题已经成为我国养猪业呼吸道疾病高发的一个重要诱因。

控制猪场空气质量的关键性措施就是做好通风设计。良好的通风措施不仅能够有效降低猪舍内部有害气体的浓度,同时还可以降低猪舍空气中的粉尘含量和空气湿度,抑制有害微生物的繁殖,这是做好生猪健康养殖和疫病控制的关键性措施之一。

一、猪舍有害空气对猪群健康的影响

规模化养猪场,猪舍内部有害气体组分非常复杂。已发现的有100种之多,包括含氮化合物(如氨、酰胺、胺类、吲哚类等)、含硫化合物(如硫化氢、硫醚类、硫醇类等)、含氧组成的化合物(如挥发性脂肪酸类)、烃类(如烷烃、烯烃、炔烃、芳香烃等)、卤素及其衍生物(如氯气、卤代烃等)。

虽然猪舍内部的有害气体种类多,但是大部分浓度非常低,猪舍内最主要的有害气体还是以氨气、硫化氢、二氧化碳、呈悬浮状态的尘埃和微生物组成的气溶胶为主。有害空气质量对于动物的危害主要表现在以下几个方面。

(1)有害气体,如氨气和硫化氢等可直接刺激并危害黏膜,引起眼结膜炎、鼻炎、气管炎,以至肺水肿。

(2)氨气浓度过高,可吸附于黏膜表面,造成黏膜表面 pH 上升,抑制呼吸道黏膜表面的纤毛活动功能,使呼吸道对于有害物质的清除功能下降。

(3)有害空气可使呼吸道黏膜的完整性受损,给病原菌的入侵提供了条件。

(4)污浊空气中的尘埃上常附着大量病原体,大量的有害微生物还黏附在细小的尘埃上,与空气形成气溶胶,随动物的呼吸进入支气管甚至于肺泡,特别是当呼吸道黏膜受损后,这些微生物会大量快速地入侵呼吸道。

(5)长期处于有害气体浓度过高的环境中,还可以对猪的其他生理功能产生严重危害。如猪群长期生长于低浓度硫化氢环境中,会出现体质变弱、抵抗力降低、增重减缓;处于高浓度硫化氢的猪舍中,猪群会出现畏光、流泪、咳嗽,同时结膜炎、支气管炎、气管炎的发病率增高,严重时甚至可引起中毒性肺炎、肺水肿等疾病的发生。

大量的数据表明,猪舍空气质量差,猪群的支原体肺炎、副猪嗜血杆菌病、传染性胸膜肺炎等呼吸道疾病的发病率将显著增加。其用药效果往往不理想,菌株耐药性增强。不仅显著增加了用药开支,而且猪群的生长速度下降,死亡率上升,给养殖场带来极大的危害。

二、猪场空气质量卫生控制标准

为了保持一个良好的猪舍空气质量,要求对猪舍内的空气质量指标进行监控,表11.6列出了我国现行猪舍空气质量控制指标。需要注意的是,这些指标仅仅是一个最低标准,在设计猪舍时要将猪舍内有害空气浓度控制在远远低于这一指标,才能维持猪群一个良好的健康水平。

表 11.6　猪舍内部空气质量控制标准

项目　　　猪舍类别	氨气（毫克/米³）	硫化氢（毫克/米³）	二氧化碳（毫克/米³）	细菌总数（万个/米³）	粉尘（毫克/米³）
种公猪舍	25	10	1500	6	1.5
妊娠母猪舍	25	10	1500	6	1.5
哺乳母猪舍	20	8	1300	4	1.2
保育猪舍	20	8	1300	4	1.2
生长育肥舍	25	10	1500	6	1.2

三、猪舍空气质量控制措施

1. 综合考虑通风量、通风效率、通风方式、有害空气产生量的关系

猪舍空气质量好坏由多个因素决定,主要包括:通风量、通风效率、通风方式、有害空气的产生量等。提高通风量、通风效率、优化通风方式能够显著提高空气质量;而在通风量、通风效率和通风方式不变的情况下,减少有害空气的产生量也能提升猪舍的空气质量。因此在设计猪舍时,为了保持猪舍在运行期间有一个良好的空气质量,需要从多个方面进行综合考虑。比如说,及时清除猪舍内的粪污,则可以减少猪舍内有害空气的产生,在同样的通风模式和通风量的情况下,可以显著提高空气质量;由于有害气体,如氨气、甲烷、硫化氢等多是在粪沟内产生,通过在粪沟内安装风机进行通风的方式可以将有害气体迅速排出猪舍,在同等通气量的情况下,粪沟通风效率得到明显提高,空气质量会显著提升。一些猪场采用水泡粪工艺,巨量的粪尿与水混合后,在漏粪板下腐败发酵,产生了大量的有毒有害气体,如果通风方式和通风量不相应改变,则可能出现猪舍内部空气质量严重恶化的情况。

2. 保持科学合理的通风量

猪舍的通风措施根据通风目的不同可以分为两种类型:降温通风和换气通风。其中降温通风措施主要在气温较高的夏季采用,主要目的是有效降低猪舍内部空气温度,一般与湿帘设备配套进行,降温通风的同时也还具有换气的作用。换气通风则一般在空气温度较低的时候采用,其主要目的是引入新鲜空气,排出有害气体。在生产中,往往存在通风换气和保温之间的矛盾,特别是在寒冷的冬季,一些猪场为了保持猪舍内部的温度,忽略了换气,结果造成猪舍内部空气污浊,给生猪的健康养殖带来了极大的危害。提高通风换气的效率是有效缓解换气与保温二者矛盾的有效途径。为此,有必要对现有的通风措施进行适当的优化。猪舍通风量与风速的关系见表 11.7。

为了有效缓解猪群的热应激反应,降低气温是有效途径,同时在气温不变的情况下,提高空气流速也能发挥部分作用。目前猪舍内部空气流速要求达到 1.8 米/秒,其标准高于现行的国家标准。养殖场可以通过提高负压风机的通风量和通过在猪舍内部安装环流风机加快空气流速的效果。

表 11.7　猪舍通风量与风速

猪舍类别	通风量[米³/(小时·千克)]			风速(米/秒)	
	冬季	春秋季	夏季	冬季	夏季
种公猪舍	0.35	0.55	0.70	0.30	1.00
妊娠母猪舍	0.30	0.45	0.60	0.30	1.00
哺乳母猪舍	0.30	0.45	0.60	0.15	0.40
保育猪舍	0.30	0.45	0.60	0.20	0.60
生长育肥舍	0.35	0.55	0.65	0.30	1.00

注:1. 通风量是指每千克活猪每小时需要的空气量;

2. 风速是指猪只所在位置的夏季适宜值和冬季最大值;

3. 在月平均温度≥28℃的炎热夏季应采取降温措施。

3. 优化通风方式,提高通风效率

猪场中主要有害气体的相对质量分数分别为:二氧化碳 44、硫化氢 34、空气 29、氨气 17、甲烷 16。空气密度较低的气体,如氨气、甲烷往往处于猪舍的上层,可以通过猪舍屋顶的无动力换气扇或天花板风机来进行通风。而空气密度较大的气体,如硫化氢、二氧化碳、水蒸气以及悬浮在空气中的粉尘,往往存在于猪舍下层和粪沟内。根据这一特性,可以采取粪沟通风的方式进行。考虑到猪舍有害气体的物理特性,猪舍需要多种通风方式相结合才能达到良好效果。这一通风方式的主要优点是采用最少的通风量能排出最多的有害空气及粉尘,保证在冬季时不至于显著降低空气温度。同时,由于这些气体的主要产生场所是粪沟,采用粪沟通风能做到即产即排的效果。使通风换气效率得到显著增加,可使猪舍在最少通风量的情况下达到空气质量的要求。这在节能以及解决通风和保温矛盾两个方面均具有重要的意义。

第五节　推行生态清洁养猪,提高经济效益

猪病控制策略经历了"重治疗"到"防治并重",再到"防重于治",直到"养重于防"的观念的转变,其中的"养"字就是让猪生活在一个优良的适宜、舒服的小气候生态环境中,为其提供均衡、全面的营养,并加强饲养管理,依靠提高猪的机体综合免疫力来抵御疫病的侵扰。确保生猪"吃得饱、睡得好"猪体壮,生长快,经济效益高。

但目前绝大部分猪场养殖的生态小气候环境都较为恶劣,猪场规划设计不科学,冬季严寒冰冷,夏季炎热酷暑,空气污浊,蚊虫老鼠成灾,粪污横流。比这些设施落后现象更为严重的则是养猪观念上的落后陈旧。对恶劣小气候生态环境对猪群的严重危害还没有一个清晰的认识。不少人说几千年来老祖宗都是这样养猪的,"猪场太干净反而猪不长"的奇谈怪论。因而恶劣的养殖环境已成为我国养猪水平低下的根源性问题。成为我国大部分养猪场的短板。

为了提高养猪的经济效益,确保农民增收,必须大力推行生态清洁养猪。

(1)转变养猪的观念,树立清洁生态养猪新思路,为猪群营造一个温湿度适宜、通风透光、干净卫生的舒服的小气候生态环境的猪舍。让猪群吃得饱,睡得好,体格健壮,长得快,饲料报酬高,经济效益高。

(2)加强生猪气象科学研究,首先要进行调查研究与生猪气象观测工作,摸清生猪生长及

疫病与气象条件的关系,从中找出生猪气象指标与防御措施。

(3)建立生猪气象灾害监测防御体系,建立生猪气象信息情报资料数据库。开展生猪气象服务工作,规模养猪场要建立生猪气象观测、疫病监测的信息情报网络。确定专人负责做好气象为生猪生长及疫病气象预报服务工作。

(4)加强技术培训,每年要进行一次生猪气象服务技术培训工作,不断总结经验,提高服务水平,建立一支生猪气象技术专业队伍。确保养猪业的健康发展,为脱贫致富、富民强县、实现中国梦作出新贡献。

附录 A　气象术语简介

A.1　天气术语

1.1 天气:某一地区在某一短时间内大气中气象要素和天气现象的综合。

1.2 天空状况

1.2.1 晴:低云量 0～4 成或总云量 0～5 成,或者两者同时出现。

1.2.2 少云:低云量 3～4 成或总云量 4～5 成,或者两者同时出现。

1.2.3 多云:低云量 5～8 成或总云量 6～9 成,或者两者同时出现。

1.2.4 阴:低云量 9～10 成或总云量 10 成,或者两者同时出现。

1.3 天气现象

1.3.1 雨:滴状的液态降水,下降时清楚可见,强度变化比较缓慢,落在水面上激起波纹和水花,落在干地上可留下湿斑。

1.3.2 阵雨:开始和停止都比较突然、强度变化大的液态降水,有时伴有雷暴。

1.3.3 毛毛雨:稠密、细小而十分均匀的液态降水,下降情况不易分辨,看上去似乎随空气微弱的运动漂浮在空中,徐徐落下。迎面有潮湿感,落在水面无波纹,落在干地上只有均匀地润湿地面而无湿斑。

1.3.4 雪:固态降水,大多是白色不透明的六分枝的星状、六角形片状结晶,常缓缓飘落,强度变化较缓慢。

1.3.5 阵雪:开始和停止都较突然、强度变化大的降雪。

1.3.6 雨夹雪:近地面气温接近 0℃,雨和雪同时下降。

1.3.7 积雪:雪覆盖地面达到气象站四周能见面积一半以上。

1.3.8 冰粒:透明的丸状或不规则状的固态降水,比较坚硬,直径一般小于 5 毫米。

1.3.9 冰雹:坚硬的球状、锥状和形状不规则的固态降水,雹核一般不透明,外面包有透明的冰层,或由透明的冰层与不透明的冰层相间组成。大小差异大,大的直径可达数十毫米。常伴随雷暴出现。

1.3.10 冻雨:0℃左右或以下过冷却液态降水降落到地面表面后直接冻结而成的坚硬冰层。

1.3.11 雾凇:空气中水汽直接凝华,或过冷却雾直接冻结在物体上的乳白色冰晶物。

1.3.12 露:空气中水汽在地面及近地面物体上凝结而成的水珠。

1.3.13 霜:空气中水汽在地面和近地面物体上凝华而成的白色松脆的冰晶;或由露冻结而成的冰珠。

1.3.14 结冰:露天水冻结成冰。

1.3.15 雾:近地面空中浮游大量微小的水滴或冰晶,使水平能见度降低到 1.0 千米以内。

1.3.16 龙卷:一种小范围的强烈旋风。风速一般为 50～150 米/秒,最大风速达 200 米/秒。根据其产生的地区,龙卷分为陆龙卷(产生于陆地上空)和水龙卷(产生于内陆水面上空)。

1.3.17 浮尘:尘土、细沙均匀地浮游在空中,使水平能见度小于10.0千米。

1.3.18 扬沙:风将地面尘沙吹起,使空气浑浊,水平能见度在1.0千米至10.0千米以内的天气现象。

1.3.19 沙尘暴:强烈的风将大量沙尘卷起,造成空气相当浑浊,水平能见度小于1.0千米的风沙天气现象。

1.3.20 烟幕:大量的烟存在空气中,使水平能见度小于10.0千米。

1.3.21 闪电:积雨云云中、云间或云地之间产生放电时伴随的电光。但不闻雷声。

1.3.22 大风:瞬间风速达到或超过17.0米/秒(或目测估计风力达到或超过8级)的风。

1.3.23 雷暴:积雨云云中、云间或云地之间产生的放电现象。表现为闪电兼有雷声,有时亦可只闻雷声而不见闪电。

1.4 降水等级

1.4.1 降水量:降落在地面上的雨水未经蒸发、渗透和流失而积聚的深度,规定以毫米为深度单位。降水分为液态降水和固态降水。

1.4.2 降水量等级:降水量等级根据一定时间内降水量的大小划分,见附表A.1(参考湖南省地方标准《天气术语》(DB43/T232-2004)、《气候术语》(DB33/T233-2004)、《气象灾害术语和分级》(TB43/T234-2004)、《气象指数》(DB43/235-2004))。

附表 A.1

降水等级	时段	
	12小时降水量(毫米)	24小时降水量(毫米)
小雨	0.1~4.9	0.1~9.9
小到中雨	3.0~9.9	5.0~16.9
中雨	5.0~14.9	10.0~24.9
中到大雨	10.0~22.9	17.0~37.9
大雨	15.0~29.9	25.0~49.9
大到暴雨	23.0~49.9	38.0~74.9
暴雨	30.0~69.9	50.0~99.9
大暴雨	70.0~120.0	100.0~200.0
特大暴雨	>120.0	>200.0
小雪	0.1~0.9	0.1~2.4
小到中雪	0.5~1.9	1.3~3.7
中雪	1.0~2.9	2.5~4.9
中到大雪	2.0~4.4	3.8~7.4
大雪	3.0~5.9	5.0~9.9
大到暴雪	4.5~7.5	7.5~15.0
暴雪	≥6.0	≥10.0

1.5 降水概率:某一地区一定时段内降水的可能性大小,一般用百分数表示。

1.6 冷空气(寒潮)

1.6.1 冷空气:受北方冷空气侵袭,致使当地48小时内任意同一时刻的气温下降5℃或以上,且有升压和转北风现象。

1.6.2 强冷空气:受北方冷空气侵袭,致使当地 48 小时内任意同一时刻的气温下降 8℃ 或以上,同时最低气温≤8℃,且有升压和转北风现象。

1.6.3 寒潮:受北方冷空气侵袭,致使当地 48 小时内任意同一时刻的气温下降 12℃ 或以上,同时最低气温≤5℃,且有升压和转北风现象。

1.6.4 强寒潮:受北方冷空气侵袭,致使当地 48 小时内任意同一时刻的气温下降 16℃ 或以上,同时最低气温≤5℃,且有升压和转北风现象。

1.7 风

1.7.1 风的来向。人工观测,风向用十六方位法;自动观测,风向以度(°)为单位。发布天气预报一般按东、南、西、北、东南、东北、西南、西北八个方向。

1.7.2 风力(速):风速是指单位时间内空气移动的水平距离,风速以米/秒(m/s)为单位。风力以蒲氏风级为单位,见附表 A.2。

附表 A.2　蒲氏风力等级

风力等级	名称	风速		陆面地面物象
		(米/秒)	(千米/时)	
0	无风	0.0～0.2	＜1	静,烟直上
1	软风	0.3～1.5	1～5	烟示方向
2	轻风	1.6～3.3	6～11	感觉有风
3	微风	3.4～5.4	12～19	旌旗展开
4	和风	5.5～7.9	20～28	吹起尘土
5	劲风	8.0～10.7	29～38	小树摇摆
6	强风	10.8～13.8	39～49	电线有声
7	疾风	13.9～17.1	50～61	步行困难
8	大风	17.2～20.7	62～74	折毁树枝
9	烈风	20.8～24.4	75～88	小损房屋
10	狂风	24.5～28.4	89～102	拔起树木
11	暴风	28.5～32.6	103～117	损毁重大
12	飓风	32.7～36.9	118～133	摧毁极大
13	—	37.0～41.4	134～149	—
14	—	41.5～46.1	150～166	—
15	—	46.2～50.9	167～183	—
16	—	51.0～56.0	184～201	—
17	—	56.1～61.2	202～220	—

注:本表所列风速是指平地上离地 10 米处的风速值。

A.2　气候术语

2.1 气候:某一地区气象要素(温度、降水量、日照、雨日等)的统计平均值,即较长时间观测资料的平均值。

2.1.1 春:连续 5 天日平均气温稳定达到 10℃ 以上、低于 20℃,即 $10℃≤\overline{T}<22℃$。

2.1.2 夏:连续 5 天平均气温稳定大于 22℃,即 $\overline{T}>22℃$。

2.1.3 秋:连续 5 天平均气温稳定在 22℃到 10℃之间,即 22℃>$\overline{T}$≥10℃。

2.1.4 冬:连续 5 天气温稳定在 10℃以下,即 $\overline{T}$<10℃。

2.2 汛期

2.2.1 汛期 4—9 月:雨水增多,江河水位定时性上涨时期。

2.2.2 主汛期 5—7 月:雨水集中,江河水位定时性快速上涨时期。

2.3 雨季:入汛以后至西太平洋副热带高压季节性北跳之前一段时期。湖南雨季一般出现在 3—7 月。

2.3.1 雨季开始:日降水量≥25 毫米或三天总降水量≥50 毫米,且其后两旬中任意一旬降水量超过历年同期平均值。

2.3.2 雨季结束:一次大雨以上降水过程以后 15 天内基本无雨(总降水量<20 毫米),则无雨日的前一天为雨季结束日。雨季中若有 15 天或以上间歇,间歇后还出现西风带系统降水(15 天总降水量≥20 毫米),间歇时间虽达到以上标准,雨季仍不算结束。

2.4 雨水集中期:雨季中任意连续 10 天降水总量最大的出现时段。

2.5 雨水相对集中期:雨季中任意连续 10 天降水总量大于 150 毫米的出现时段。

2.6 高温期:日最高气温≥35℃连续 5 天或以上。单独出现为高温日。

2.7 严寒期:任意连续 5 天日平均气温≤0℃。

A.3 气象灾害术语和分级

3.1 洪涝:由于降水过多而引发河流泛滥、山洪暴发和积水。

3.1.1 轻度洪涝:以下三条,达到其中任意一条。

——4—9 月任意 10 天内降水总量为 200~250 毫米;

——4—9 月降水总量比历年同期偏多二成以上至三成;

——4—6 月(湘西北 5—7 月)降水总量比历年同期偏多三成以上至四成。

3.1.2 中度洪涝:以下三条,达到其中任意一条。

——4—9 月任意 10 天内降水总量为 251~300 毫米;

——4—9 月降水总量比历年同期偏多三成以上至四成;

——4—6 月(湘西北 5—7 月)降水总量比历年同期偏多四成以上至五成。

3.1.3 重度洪涝:以下三条,达到其中任意一条。

——4—9 月任意 10 天内降水总量为 301 毫米以上;

——4—9 月降水总量比历年同期偏多四成以上;

——4—6 月(湘西北 5—7 月)降水总量比历年同期偏多五成以上。

3.2 干旱:因长期无雨或少雨,造成空气干燥、土壤缺水的气候现象。

3.2.1 春旱:3 月上旬至 4 月中旬,降水总量比历年同期偏少 4 成或以上。

3.2.2 冬旱:12 月至次年 2 月,降水总量比历年同期偏少 3 成或以上。

3.2.3 夏旱和秋旱

3.2.3.1 夏旱:雨季结束至"立秋"前,出现连旱。

3.2.3.2 秋旱:"立秋"后至 10 月,出现连旱。

3.2.3.3 连旱:在连续 20 天内基本无雨(总降水量≤10.0 毫米)才作旱期统计,40 天内总雨量<30.0 毫米,41~60 天内总雨量<40.0 毫米,61 天以上总雨量<50.0 毫米;在以上旱期

内不得有大雨或以上降水过程;山区各干旱等级降低 10 天,滨湖区各干旱等级增加 10 天。

3.2.4 干旱等级

3.2.4.1 一般干旱:以下二条,达到其中任意一条。

——出现一次连旱 40～60 天;

——出现两次连旱总天数 60～75 天。

3.2.4.2 大旱:以下二条,达到其中任意一条。

——出现一次连旱 61～75 天;

——出现两次连旱总天数 76～90 天。

3.2.4.3 特大旱:以下二条,达到其中任意一条。

——出现一次连旱 76 天以上;

——出现两次连旱总天数 91 天以上。

3.3 冬酺:冬酺(烂冬、湿冬)是冬季(12 月至次年 2 月)总雨日比历年多 7 天或以上。

3.3.1 轻度冬酺:冬季降水日数比历年同期偏多 7～10 天。

3.3.2 中度冬酺:冬季降水日数比历年同期偏多 11～15 天。

3.3.3 重度冬酺:冬季降水日数比历年同期偏多 16 天或以上。

3.4 连阴雨:3 月 1 日至 10 月 30 日,日降水量≥0.1 毫米连续 7 天或以上,且过程日平均日照时数≤1.0 小时。

3.4.1 轻度连阴雨:连续阴雨天 7～9 天。

3.4.2 中度连阴雨:连续阴雨天 10～12 天。

3.4.3 重度连阴雨:连续阴雨天 13 天或以上。

3.5 春寒:3 月中旬至 4 月下旬旬平均气温低于该旬平均值 2℃或以上。

3.6 倒春寒:3 月中旬至 4 月下旬旬平均气温低于该旬平均值 2℃或以上,并低于前旬平均气温,则该旬为倒春寒。

3.6.1 轻度倒春寒:$\Delta T_i > -3.5℃$。

ΔT—表示出现倒春寒的旬平均气温与历年同期旬平均气温的差值。

3.6.2 中等倒春寒:$-5.0℃ < \Delta T_i \leqslant -3.5℃$。

ΔT_i—表示出现倒春寒的旬平均气温与历年同期旬平均气温的差值。

3.6.3 重度倒春寒:$\Delta T_i \leqslant -5.0℃$或多旬(含两旬)出现倒春寒。

ΔT_i—表示出现倒春寒的旬平均气温与历年同期旬平均气温的差值。

3.7 五月低温:5 月连续 5 天或以上日平均气温≤20℃。

3.7.1 轻度五月低温:日平均气温为 18～20℃连续 5～6 天。

3.7.2 中度五月低温:以下二条,达到其中任意一条。

——日平均气温 18～20℃连续 7～9 天;

——日平均气温为 15.6～17.9℃连续 7～8 天。

3.7.3 重度五月低温:以下二条,达到其中任意一条。

——日平均气温 18～20℃连续 10 天或以上;

——日平均气温为≤15.5℃连续 5 天或以上。

3.8 寒露风:9 月日平均气温≤20℃连续 3 天或以上。

3.8.1 轻度寒露风:日平均气温为 18.5～20℃连续 3～5 天。

3.8.2 中度寒露风:日平均气温 17.0～18.4℃连续 3～5 天。

3.8.3 重度寒露风:以下二条,达到其中任意一条。

——日平均气温≤17.0℃连续 3 天或以上。

——日平均气温≤20℃连续 6 天或以上。

3.9 高温热害:高温对农业生产、人们健康及户外作业产生的直接或间接的危害。

3.9.1 轻度高温热害:日最高气温≥35℃连续 5～10 天。

3.9.2 中度高温热害:日最高气温≥35℃连续 11～15 天。

3.9.3 重度高温热害:日最高气温≥35℃连续 16 天或以上。

3.10 干热风:日平均气温≥30℃,14 时相对湿度≤60%、偏南风速≥5.0 米/秒,连续 3 天或以上。

3.11 霜冻:在秋末春初季节日平均气温在 0℃以上时,在土壤表面、植物表面及近地面空气层温度降低到 0℃或 0℃以下的现象。发生霜冻的时候,可以有霜(白色的冻结物,也称白霜),也可以没有霜。一般是以地面温度小于或等于 0℃作为霜冻的标准。

3.12 冰冻:冰冻是指雨凇、雾凇、冻结雪、湿雪层。不指地面结冰现象。

3.12.1 轻度冰冻:连续冰冻日数 1～3 天。

3.12.2 中度冰冻:连续冰冻日数 4～6 天。

3.12.3 重度冰冻:连续冰冻日数 7 天或以上。

3.13 风灾:由大风引起建筑物倒塌、人员伤亡、农作物受损的灾害。

3.13.1 轻度风灾:风力 8≤f<9 级,农作物受灾轻,财产损失少,无人员伤亡。

3.13.2 中度风灾:风力 9≤f<10 级,农作物和财产损较重,人畜伤亡较少。

3.13.3 重度风灾:风力≥10 级,农作物、财产损失和人畜伤亡严重。

3.14 雹灾:坚硬的球状、锥状或形状不规则的固体降水,造成农作物、房屋损坏,甚至打死打伤人,通常与大风、暴雨相伴随。

3.14.1 轻度雹灾:雹块直径≤9 毫米,持续时间短暂、雹粒水造成的损失较轻。

3.14.2 中度雹灾:雹块直径 10～15 毫米,持续时间较长(2～5 分钟),冰雹密度较大。地面有少量积雹,造成的损失较重。

3.14.3 重度雹灾:雹块直径>10 毫米,降雹持续大于 5 分钟,冰雹密度大。地面有大量积雹,造成人畜伤亡。

3.15 恶劣能见度:由雾、降雨(雪)、沙尘、烟雾等视程障碍现象造成水平能见度在 1000 米以下。

3.16 雷击:由雷电引发的一种自然灾害,打雷时电流通过人、畜、树木、建筑物等而造成杀伤或破坏。它包括直接雷击、感应雷击和球状闪电雷击。

A.4　气象指数

4.1 气象指数:运用数理统计方法,对气温、气压、温度、风等多种气象要素和地理、天文和季节等其他因素综合进行计算而得出的客观量化的预测指标。

4.1.1 环境气象指数:研究大气圈、水圈、岩石圈和生物圈之间相互作用以及人类活动引起的大气变化、污染、辐射等对生物、各种设施及国民经济影响的客观量化指标。

4.1.2 紫外线指数:衡量某地下午前后到达地面的太阳光线中的紫外线辐射对人体皮肤、

眼睛等组织和器官可能的损伤程度的指标。主要依赖于纬度、海拔高度、季节、平流层臭氧、云、地面反照率和大气污染状况等条件。

4.1.3　森林火险天气等级：充分考虑气温、湿度、降水、连续无雨日数、风力和物候季节等多因子的共同影响后,林区内可燃物潜在发生火灾的危险程度(或易燃程度、蔓延程度)。

4.1.4　不同城市火险天气等级：充分考虑湿度、可燃物表面和内部的干燥程度、环境热状况、风力等多因子的共同影响后,城市内一般性可燃物潜在发生火灾的危险程度。

4.1.5　旅游气象条件：综合考虑气温、降水、大风等气象因素以及各种极端环境天气条件、事件,得到的是否适宜旅游的指标。

4.1.6　城市热岛效应：同一时间城区气温普遍高于周围的郊区气温,高温的城区处在低温的郊区包围之中,如同汪洋大海中的岛屿的现象。

4.1.7　空气污染气象条件：大气对排入空气中的污染物稀释、扩散、聚积和清除等状态的总描述。

4.1.8　空气污染气象条件预报：不考虑污染源的情况,从气象学角度出发,大气对排入空气中的污染物稀释、扩散、聚积和清除能力的预报。

4.1.9　人体舒适度指数：考虑了气温、湿度、风等气象因子对人体的综合作用后,一般人群对外界气象环境感受到舒适与否及其程度。

4.1.10　体感温度：考虑了气温、湿度、风速、太阳辐射(云量)及着装的多少、色彩等因素后,人体所感觉到的坏境温度。

4.1.11　穿衣指数：根据天空状况、气温、湿度及风等气象因子对人体感觉温度的影响,为了使人的体表温度保持恒定或使人体保持舒适状态所需穿着衣服的标准厚度。

4.1.12　中暑指数：在高温高湿或强辐射热的气象条件下,一般人群发生中暑的几率。

4.2　紫外线指数

4.2.1　通过到达地面的紫外线辐射量来转换为指数,取值范围为 0～15。

4.2.2　计算方法按式(1)：

$$F_{uv} = CAF \times 0.43 \times S_o \times (0.944 - 0.063 \times Z) \times \sin h / 25 \qquad (1)$$

式中：

F_{uv}——紫外线指数;

CAF——由于云量而引起的紫外线总辐射衰减量;

S_o——太阳常数;

Z——垂直能见度常数;

$\sin h$——太阳高度角函数。

4.2.3　强度等级划分如附表 A.3：

附表 A.3　紫外线指数的分级说明

级别	紫外线指数 F_{uv}	紫外线辐射强度
一级	0,1,2	最弱
二级	3,4	弱
三级	5,6	中等
四级	7,8,9	强
五级	10 和大于 10	很强

4.3 森林火险天气等级

4.3.1 时段:10 月—次年 4 月。

4.3.2 计算方法、等级划分及等级描述与说明应符合 LY/T1172—95 的规定,其中湖南的物候订正指数的确定见附表 A.4。

附表 A.4 各月物候订正指数

月份	10	11	12	1	2	3	4 月上半月	4 月下半月
物候订正指数	10	10	14	12	10	8	5	10

4.4 城市火险天气等级

4.4.1 计算方法按式(2)

$$Ffire = Ifj \times [(e^{(-0.0022 \times H_{min})} - 0.442) + (dT)^2 + \log(N_{10}) + N_1^2 + V_m^2] \qquad (2)$$

式中:

$Ffire$——火险指数;

Ifj——季节常数;

H_{min}——最小相对湿度;

dT——气温日较差;

N_1——到当天为止日降水量≤2 毫米的连续天数(只要>2 毫米则记为 0);

N_{10}——到当天为止日降水量≤10 毫米的连续天数(只要>10 毫米则记为 0);

V_m——最大风速。

4.4.2 等级划分如附表 A.5

附表 A.5 城市火险天气等级的分级说明

等级	城市火险指数 $Ffire$	等级说明
一级	≤0.50	低火险(基础Ⅰ级)
二级	0.51~0.55	较低火险(基础Ⅱ级)
三级	0.56~0.65	中等火险
四级	0.66~0.75	轻高火险
五级	>0.75	高火险

4.5 旅游气象条件

4.5.1 计算方法按式(3)

$$Fly = 10 - (N + Fuv + 3 \times dT + 3 \times dV + Kr + Kw + Khot)/5 \qquad (3)$$

式中:

Fly——旅游指数;

N——总云量;

Fuv——紫外线指数;

dT——平均气温;

dV——平均风速;

Kr——雨量指数,当日雨量≥25 时,取值 20;当日雨量小于 25 且大于 5 时,取值 5;其他情况时取值 0；

　　Kw——恶劣天气指数，当天有恶劣天气（如大雾、雷电、冰雹等）时取值 5；否则为 0。

　　$Khot$——最高气温指数。当日最高气温 ≥35 时，取值 10；其他情况为 0。

4.5.2 等级划分如附表 A.6

附表 A.6　旅游气象条件的分级说明

等级	城市火险指数 $Ffire$	等级说明
一级	≤0.50	气象条件差，不适宜旅游
二级	0.5～1.5	气象条件差，不太适宜旅游
三级	1.5～3.0	气象条件一般，基本适宜旅游
四级	3.0～6.0	气象条件良好，适宜旅游
五级	＞6.0	气象条件优，极适宜旅游

4.6 城市热岛效应

4.6.1 时段：5—9 月。

4.6.2 指数值反映为中心城区与郊区的气温差，预报值为一天中可能出现的最大值。

4.6.3 计算方法按式（4）

$$Fdhor = 0.12 \times Ifx - 0.36 \times \overline{V} - 0.13 \times T_{\min} + 5.87 \tag{4}$$

式中：

　　$Fdhor$——城市热岛强度指数；

　　Ifx——风向指数；当天为偏南风时 Ifx 取值 0；前一天若出现偏南风加 1，加到 2 为止，当天为偏北风时则 Ifx 取值 −1，前一天若出现偏北风减 1，减到 −3 为止；

　　$\overline{V}$——平均风速；

　　$T_{\min}$——最低气温。

4.6.4 强度等级划分如附表 A.7

附表 A.7　城市热岛效应的分组说明

等级	城市火险指数 $Ffire$	等级说明
一级	≤0.50	强度微弱，城市温差在 0.1～0.5℃
二级	0.5～1.0	强度弱，城郊温差在 0.5～1.0℃
三级	1.0～2.0	强度中等，城郊温差在 1.0～2.0℃
四级	2.0～3.0	强度弱，城郊温差在 2.0～3.0℃
五级	＞3.0	强度极强，城郊温差在 3.0℃以上

4.7 空气污染气象条件

附表 A.8　空气污染气象条件的分级说明

等级	空气污染气象条件指数 $Ffire$	等级说明
一级	＜−4.0	气象条件好，非常有利于空气污染物稀释、扩散和清除
二级	−4.0～−2.0	气象条件较好，有利于污染物稀释、扩散和清除
三级	−1.0～1.0	气象条件一般，对空气污染物稀释、扩散和清除无明显影响
四级	2.0～4.0	气象条件较差，不利于空气污染物稀释、扩散和清除
五级	≥5.0	气象条件差，非常不利于空气污染稀释、扩散和清除

4.8 人体舒适度指数

4.8.1 内容可以包括平均值、最小值、最大值或者变化范围。

4.8.2 计算方法按式(5):

$$K = 1.8 \times T - 0.55 \times (1.8 \times T - 26) \times (1 - RH) - 3.2 \times \bar{V} + 3.2 \qquad (5)$$

式中:K 为人体舒适度指数;T 为平均气温;RH 为平均相对湿度;V 为平均风速。

4.8.3 等级划分采用九级划分法,具体见附表 A.9

附表 A.9　人体舒适度指数的分级说明

等级	人体舒适度指数 K	描　　述	等级	人体舒适度指数 K	描　　述
零级	61~70	热感觉定为舒适			
一级	71~75	热感觉定为温暖、较舒适	负一级	51~60	热感觉定为凉爽、较舒适
二级	76~80	热感觉定为暖、不舒适	负二级	41~50	热感觉定为凉、不舒适
三级	81~85	热感觉定为热、很不舒适	负三级	20~40	热感觉定为冷、很不舒适
四级	>80	热感觉定为很热、极不适应	负四级	<20	热感觉定为很冷、极不适应

4.9 体感温度

4.9.1 度量为温度单位

4.9.2 预报不分等级,直接发布温度范围

4.9.3 计算方法按式(6)

$$T_g = T_a + 0.252 \times (1 - 0.9M_c)I_a + T_u - T_v \qquad (6)$$

T_g 为体感温度;

T_a 为气温(计算最高体感温度使用最高气温,计算最低体感温度使用最低气温);

M_c 为总云量系数;

I_a、T_v 为最大和最小风速对体感温度的修正值;

T_u 为最大相对温度对体感温度的修正量。

4.10 穿衣指数

4.10.1 计算方法如下:

时段为 6 月 1 日—8 月 31 日;或在 5 月和 9 月中,如果出现日最高气温>30 度时,按式(7):

$$I = (33 - (T_{MAX} + T_{MIN})/2)/16; \qquad (7)$$

其他情况和时段按式(8):

$$I = (33 - T_{MIN})/12.84。 \qquad (8)$$

两式中:

I 为穿衣指数;

T_{MAX} 为最高气温;

T_{MIN} 为最低气温。

4.10.2 等级划分见附表 A.10

附表 A. 10　穿衣指数的分级说明

等级	穿衣指数 I（克罗）	适宜衣着
一级	0.1～0.6	夏季着装,适宜着短袖上衣、短裤、短裙、薄 T 恤
二级	0.7～0.9	夏季着装,适宜着衬衣、T 恤、裙装
三级	1.0～1.4	春秋装,适宜着厚衬衣、针织长袖衫、长袖 T 恤、薄衬衣加西服或夹克
四级	1.5～1.6	春秋装,适宜着毛衣、西服、夹克夹衣、套装内着棉衫
五级	1.7～1.9	春秋装,适宜着毛衣、西服、外套、风衣、内着棉毛衫
六级	2.0～2.3	冬季装,适宜着厚外套、大衣、皮夹克、内着毛衣
七级	2.4～3.5	冬季装,适宜着棉衣、大衣、皮夹克、内着毛衣
八级	3.6～4.7	冬季装,适宜着厚棉衣、呢大衣、皮夹克、皮裘、内着毛衣

注:1 个克罗热阻的衣服相当于 1 件西服,4 个克罗热阻的衣服相当于 1 件棉衣。

4.11 中暑指数

4.11.1 时段:5—9 月。

4.11.2 计算方法按式(9):

$$F_{zs} = 0.42 \times T_3 + 0.33 \times T_{-35} + f \qquad (9)$$

其中：$T_{-35} = \sum_{i=1}^{N} (Ti - 35), (n = 1, 2, 3, \cdots, n)$

式中：

F_{zs} 为中暑指数；

T_3 为连续三日的平均气温；

f 为 14 时相对湿度对中暑指数的修正值；

Ti 为到当天为止连续出现的高温日的最高气温（只要日最高气温＜35℃,则记为 0）。

4.11.3 等级划分见附表 A. 11

附表 A. 11　中暑指数的分级说明

等级	中暑指数 F_{zs}	等级说明
一级	≤−1.0	不会中暑
二级	−1.0～0.0	不易中暑
三级	0.0～2.0	较易中暑
四级	2.0～4.0	容易中暑
五级	＞4.0	极易中暑

A. 5　二十四节气的农业意义

二十四节气的每一个节气都有它特定的意义。仅是节气的名称便点出了这段时间气象条件的变化以及它与农业生产的密切关系。现在把每个节气的含义简述如下。

夏至,冬至　表示炎热的夏天和寒冷的冬天快要到来。一般说来,我国各地最热的月份是 7 月,夏至是 6 月 22 日,表示最热的夏天快要到了,我国各地最冷的月份是 1 月,冬至是 12 月 23 日,表示最冷的冬天快要到了,所以称作夏至,冬至。又因为夏至日白昼最长,冬至日白昼最短,古代又分别称之为日长至和日短至。

春分,秋分　表示昼夜平分。这两天正是昼夜相等,平分了一天,古时统称为日夜分。这两个节气又正处在立春与立夏,立秋与立冬的中间,把春季与秋季各一分两半,因此也有据此来解释春分和秋分的。

立春,立夏,立秋,立冬　按照我国古代天文学上划分季节的方法是把四立作为四季的开始,自立春到立夏为春,立夏到立秋为夏,立秋到立冬为秋,立冬到立春为冬。立是开始的意思,因此,这四个节气是指春、夏、秋、冬四季的开始。

此外,不论二至,二分还是四立,尽管源自天文,但它们中的春、夏、秋、冬四字都具有农业意义,那就是前面讲到的春种、夏长、秋收、冬藏。在古代一年一熟的种植制度下,简单四个字就概括了农业生产与气象关系的全过程,在一定程度上反映了一年里的农业气候规律。

雨水　表示少雨雪的冬季已过,降雨(主要不是降雪了)开始,雨量开始逐渐增加了。

惊蛰　蛰是藏的意思,生物钻到土里冬眠过冬叫入蛰。它们在第二年回春后再钻出土来活动,古时认为是被雷声震醒的,所以叫惊蛰。从惊蛰日开始,可以听到雷声,蛰伏地下冬眠的昆虫和小动物被雷声震醒,出土活动。这时气温和地温都逐渐升高,土壤已解冻,春耕可以开始了。

清明　天气晴朗,温暖,草木开始现青。嫩芽初生,小叶翠绿,清洁明净的风光代替了草木枯黄、满目萧条的寒冬景象。

谷雨　降雨明显增加。这时期雨水对谷类作物的生长发育很有作用。越冬作物需要雨水以利返青拔节,春播作物也需要雨水才能播种出苗。古代解释即所谓雨生百谷。

小满　麦类等夏熟作物籽粒已开始饱满,但还没有成熟,所以称作小满。

芒种　芒指一些有芒的作物,种是种子的意思。芒种表明小麦、大麦等有芒作物种子已经成熟,可以收割。而这时晚谷黍、稷等夏播作物也正是播种最忙的季节,所以芒种又称为"忙种""春争日,夏争时",这个夏就是指这个节气的农忙。

小暑,大暑　暑是炎热的意思,是一年中最热的季节,小暑是气候开始炎热,但还没到最热的时候,因此称小暑。大暑是一年中最热的时候,因而称为大暑。

处暑　处是终止,躲藏的意思。处暑是表示炎热的夏天即将过去,快要"躲藏"起来了。

白露　处暑后气温降低很快,虽不很低,但夜间温度已达到成露的条件,因此,露水凝结得较多,较重,呈现白露。

寒露　气温更低,露水更多,也更凉,有成冻露的可能,故称寒露。

霜降　气候已渐渐寒冷,开始有白霜出现了。

小雪、大雪　入冬以后,天气冷了,开始下雪。小雪时,开始下雪,但还不多不大。大雪时,雪下得大起来,地面可有积雪了。

小寒、大寒　寒是寒冷的意思,是一年中最冷的季节。小寒是气候开始寒冷,但还没有到最冷的时候,因此称为小寒。大寒是一年中最冷的时候,因而称之为大寒。这两个节气是相对小暑、大暑来说的,相隔正好半年,符合我国的实际情况。

附录 B 气象灾害预警信号

台风预警信号分四级,分别以蓝色、黄色、橙色和红色表示

蓝色:24 小时内可能或者已经受热带气旋影响,沿海或者陆地平均风力达 6 级以上,或者阵风 8 级以上并可能持续。

黄色:24 小时内可能或者已经受热带气旋影响,沿海或者陆地平均风力达 8 级以上,或者阵风 10 级以上并可能持续。

橙色:12 小时内可能或者已经受热带气旋影响,沿海或者陆地平均风力达 10 级以上,或者阵风 12 级以上并可能持续。

红色:6 小时内可能或者已经受热带气旋影响,沿海或者陆地平均风力达 12 级以上,或者阵风达 14 级以上并可能持续。

暴雨预警信号分四级,分别以蓝色、黄色、橙色、红色表示

蓝色:12 小时内降雨量将达 50 毫米以上,或者已达 50 毫米以上且降雨可能持续。

黄色:6 小时内降雨量将达 50 毫米以上,或者已达 50 毫米以上且降雨可能持续。

橙色:3 小时内降雨量将达 50 毫米以上,或者已达 50 毫米以上且降雨可能持续。

红色:3 小时内降雨量将达 100 毫米以上,或者已达 100 毫米以上且降雨可能持续。

暴雪预警信号分四级,分别以蓝色、黄色、橙色、红色表示

蓝色:12 小时内降雪量将达 4 毫米以上,或者已达 4 毫米以上且降雪持续,可能对交通或者农牧业有影响。

黄色:12 小时内降雪量将达 6 毫米以上,或者已达 6 毫米以上且降雪持续,可能对交通或者农牧业有影响。

橙色:6 小时内降雪量将达 10 毫米以上,或者已达 10 毫米以上且降雪持续,可能或者已经对交通或者农牧业有较大影响。

红色:6 小时内降雪量将达 15 毫米以上,或者已达 15 毫米以上且降雪持续,可能或者已经对交通或者农牧业有较大影响。

寒潮预警信号分四级,分别以蓝色、黄色、橙色、红色表示

蓝色:48 小时内最低气温将要下降 8℃以上,最低气温小于等于 4℃,陆地平均风力可达 5 级以上;或者已经下降 8℃以上,最低气温小于等于 4℃,平均风力达 5 级以上,并可能持续。

黄色:24 小时内最低气温将要下降 10℃以上,最低气温小于等于 4℃,陆地平均风力可达 6 级以上;或者已经下降 10℃以上,最低气温小于等于 4℃,平均风力达 6 级以上,并可能持续。

橙色:24 小时内最低气温将要下降 12℃以上,最低气温小于等于 0℃,陆地平均风力可达 6 级以上;或者已经下降 12℃以上,最低气温小于等于 0℃,平均风力达 6 级以上,并可能持续。

红色:24 小时内最低气温将要下降 16℃以上,最低气温小于等于 0℃,陆地平均风力可达 6 级以上;或者已经下降 16℃以上,最低气温小于等于 0℃,平均风力达 6 级以上,并可能持续。

大风(除台风外)预警信号分四级,分别以蓝色、黄色、橙色、红色表示

蓝色:24 小时内可能受大风影响,平均风力可达 6 级以上,或者阵风 7 级以上;或者已经受大风影响,平均风力为 6～7 级,或者阵风 7～8 级并可能持续。

黄色:12 小时内可能受大风影响,平均风力可达 8 级以上,或者阵风 9 级以上;或者已经受大风影响,平均风力为 8～9 级,或者阵风 9～10 级并可能持续。

橙色:标准:6 小时内可能受大风影响,平均风力可达 10 级以上,或者阵风 11 级以上;或者已经受大风影响,平均风力为 10～11 级,或者阵风 11～12 级并可能持续。

红色:标准:6 小时内可能受大风影响,平均风力可达 12 级以上,或者阵风 13 级以上;或者已经受大风影响,平均风力为 12 级以上,或者阵风 13 级以上并可能持续。

沙尘暴预警信号分三级,分别以黄色、橙色、红色表示

黄色:12 小时内可能出现沙尘暴天气(能见度小于 1000 米),或者已经出现沙尘暴天气并可能持续。

橙色:6 小时内可能出现强沙尘暴天气(能见度小于 500 米),或者已经出现强沙尘暴天气并可能持续。

红色:6 小时内可能出现特强沙尘暴天气(能见度小于 50 米),或者已经出现特强沙尘暴天气并可能持续。

高温预警信号分三级,分别以黄色、橙色、红色表示

黄色:连续三天日最高气温将在35℃以上。

橙色:24小时内最高气温将升至37℃以上。

红色:24小时内最高气温将升至40℃以上。

干旱预警信号分二级,分别以橙色、红色表示

橙色:预计未来一周综合气象干旱指数达到重旱(气象干旱为25~50年一遇),或者某一县(区)有40%以上的农作物受旱。

红色:预计未来一周综合气象干旱指数达到特旱(气象干旱为50年以上一遇),或者某一县(区)有60%以上的农作物受旱。

雷电预警信号分三级,分别以黄色、橙色、红色表示

黄色:6小时内可能发生雷电活动,可能会造成雷电灾害事故。

橙色:2小时内发生雷电活动的可能性很大,或者已经受雷电活动影响,且可能持续,出现雷电灾害事故的可能性比较大。

红色:2小时内发生雷电活动的可能性非常大,或者已经有强烈的雷电活动发生,且可能持续,出现雷电灾害事故的可能性非常大。

冰雹预警信号分二级,分别以橙色、红色表示

橙色:6 小时内可能出现冰雹天气,并可能造成雹灾。

红色:2 小时内出现冰雹可能性极大,并可能造成重雹灾。

霜冻预警信号分三级,分别以蓝色、黄色、橙色表示

蓝色:48 小时内地面最低温度将要下降到 0℃以下,对农业将产生影响,或者已经降到 0℃以下,对农业已经产生影响,并可能持续。

黄色:24 小时内地面最低温度将要下降到零下 3℃以下,对农业将产生严重影响,或者已经降到零下 3℃以下,对农业已经产生严重影响,并可能持续。

橙色:24 小时内地面最低温度将要下降到零下 5℃以下,对农业将产生严重影响,或者已经降到零下 5℃以下,对农业已经产生严重影响,并将持续。

大雾预警信号分三级,分别以黄色、橙色、红色表示

黄色:12 小时内可能出现能见度小于 500 米的雾,或者已经出现能见度小于 500 米、大于等于 200 米的雾并将持续。

橙色:6 小时内可能出现能见度小于 200 米的雾,或者已经出现能见度小于 200 米、大于等于 50 米的雾并将持续。

红色:2 小时内可能出现能见度小于 50 米的雾,或者已经出现能见度小于 50 米的雾并将持续。

霾预警信号分二级,分别以黄色、橙色表示

黄色:12 小时内可能出现能见度小于 3000 米的霾,或者已经出现能见度小于 3000 米的霾且可能持续。

橙色:6 小时内可能出现能见度小于 2000 米的霾,或者已经出现能见度小于 2000 米的霾且可能持续。

道路结冰预警信号分三级,分别以黄色、橙色、红色表示

黄色:当路表温度低于 0℃,出现降水,12 小时内可能出现对交通有影响的道路结冰。

橙色:当路表温度低于 0℃,出现降水,6 小时内可能出现对交通有较大影响的道路结冰。

红色:当路表温度低于 0℃,出现降水,2 小时内可能出现或者已经出现对交通有很大影响的道路结冰。

参考文献

阿里索夫,1957.气候学教程[M].北京:高等教育出版社.

北京农业大学,1980.农业气象[M].北京:中国农业出版社.

陈耆验,1989.利用气候资源,发展特色农业[M].北京:气象出版社.

程庚福,曾申红,1987.湖南天气及其预报[M].北京:气象出版社.

冯定原,王雪娥,1991.农业气象学[M].南京:江苏科学技术出版社.

冯秀藻,陶炳炎,1991.农业气象学原理[M].北京:气象出版社.

广西壮族自治区气象局,1988.广西农业气候资源分析与利用[M].北京:气象出版社.

广州市气象局,2003.林业与气象[M].广州:广州地图出版社.

广州市气象局,2003.年畜牧水产与气象[M].广州:广州地图出版社.

韩湘玲,1991.作物生态学[M].北京:科学出版社.

贺维农,1981.农业常用数据资料[M].北京:农业出版社.

湖南农学院,1980.畜牧兽医[M].长沙:湖南科学技术出版社.

湖南省农业厅,1980.农业技术手册[M].长沙:湖南科学技术出版社.

湖南省气象局,1979.湖南气候[M].长沙:湖南科学技术出版社.

湖南省气象局,1981.湖南气候[M].长沙:湖南科学技术出版社.

湖南省气象局资料室,1981.湖南农业气候[M].长沙:湖南科学技术出版社.

湖南省烟草专卖局,2010.湖南烟草种植区划[M].长沙:湖南地图出版社.

江苏泰州畜牧兽医学校,1992.实用养猪大全[M].北京:中国农业出版社.

陆忠汉,陆长荣,王婉蓉,1984.实用气象手册[M].上海:上海辞书出版社.

么枕生,1959.气候学原理[M].北京:科学出版社.

南京农学院,1979.作物栽培学[M].上海:上海科学技术出版社.

欧连跃,赵忠凯,王嘉秀,1980.农业技术员手册[M].天津:天津科学技术出版社.

青先国,2008.水稻高产高效实用技术[M].长沙:湖南科学技术出版社.

邵阳县农业区划委员会,1983.邵阳县农业区划数据集[M].长沙:湖南人民出版社.

邵阳县史志办,2017.邵阳县年鉴2016年[M].长沙:湖南人民出版社.

邵阳县志编纂委员会,2008.邵阳县志[M].长沙:湖南人民出版社.

张洪程,2011.水稻新型栽培技术[M].北京:金盾出版社.

张家诚,林之光,1985.中国气候[M].上海:上海科学技术出版社.

张培坤,郭力民,1999.浙江气候及其应用[M].北京:气象出版社.

中国科学院,1999.竺可桢文集[M].北京:科学出版社.

中国科学院动物研究所,1999.猪病防治手册[M].科学出版社.

庄瑞林,2008.中国油茶[M].北京:中国林业出版社.